彩图1 固始鸡

彩图2 卢氏鸡

彩图3 正阳三黄鸡

彩图4 双莲鸡

彩图5 杏花鸡

彩图6 北京油鸡

彩图7 仙居鸡

彩图8 大骨鸡

彩图9 丝羽乌骨鸡

彩图10 狼山鸡

彩图11 霞烟鸡

彩图12 河田鸡

彩图13 清远麻鸡

彩图14 武定鸡

彩图15 惠阳胡须鸡

彩图16 藏鸡

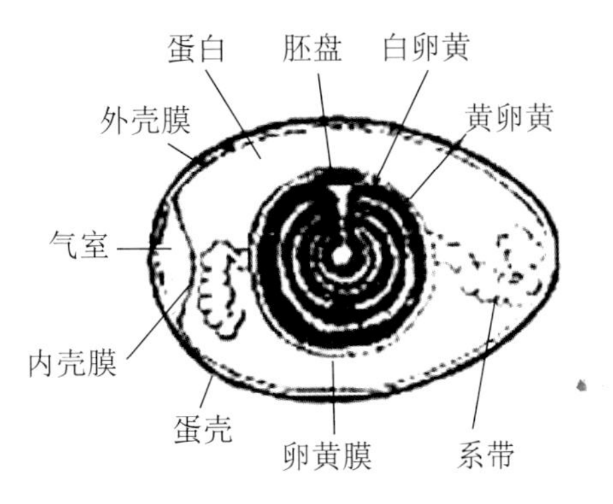

彩图17 蛋的构造模式图

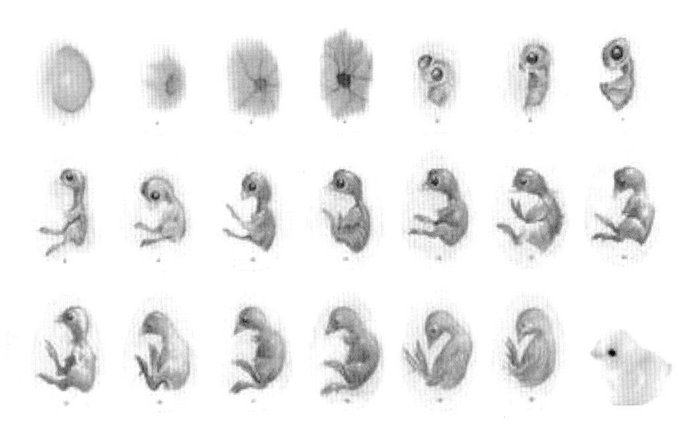

彩图18 鸡胚发育特征

彩图19 地面育雏麻鸡实景图

彩图20 网上育雏芦花鸡苗实景图

彩图21 立体笼养育雏笼

彩图22 维生素A缺乏症——羽毛逆立，病雏衰弱

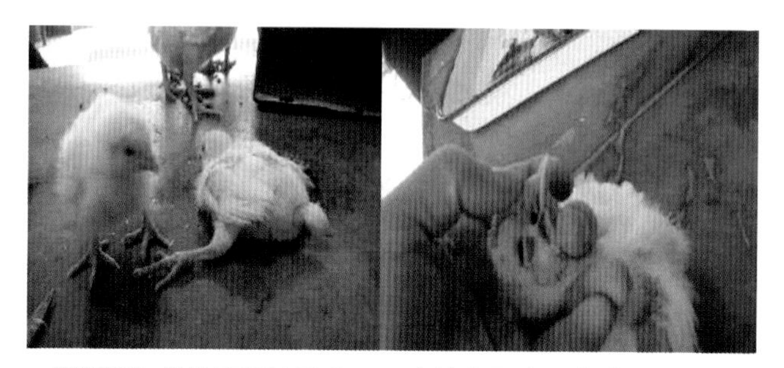

彩图23 维生素D缺乏症——鸡站立困难，喙嘴质地变软

彩图24 病鸡头颈后仰呈“S”状

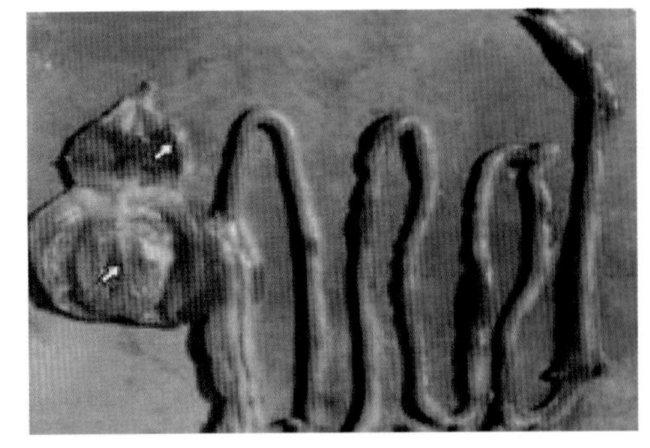

彩图25 病鸡腺胃乳头出血、肠出血、有枣核样溃疡

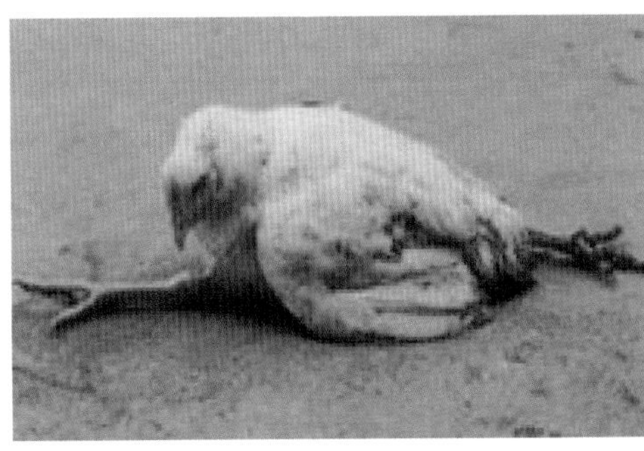

彩图26 病鸡表现“劈叉腿”神经症状

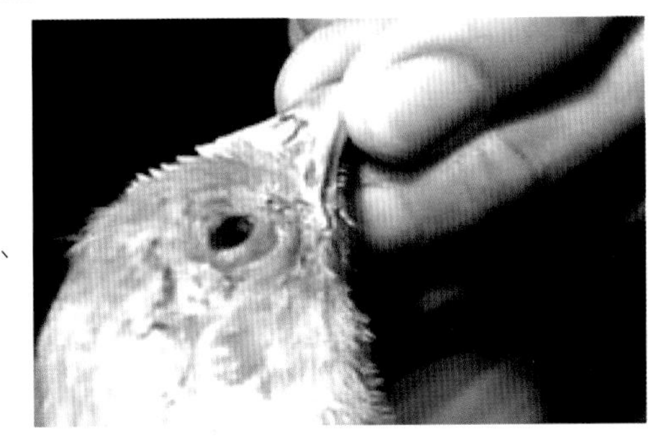

彩图27 病鸡表现虹膜增生、退色，瞳孔边缘不整

彩图28 病鸡皮肤上呈现肿瘤结节

彩图29 传染性法氏囊病
——病鸡羽毛松乱如刺猬状，精神沉郁

彩图30 传染性支气管炎
——病鸡呼吸困难，伸颈张口呼吸

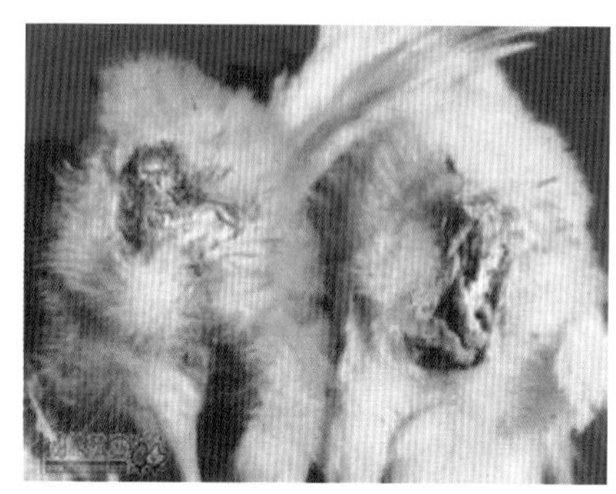

彩图31 病雏鸡肛门周围绒毛被粪便严重污染，粪便干结封住肛门

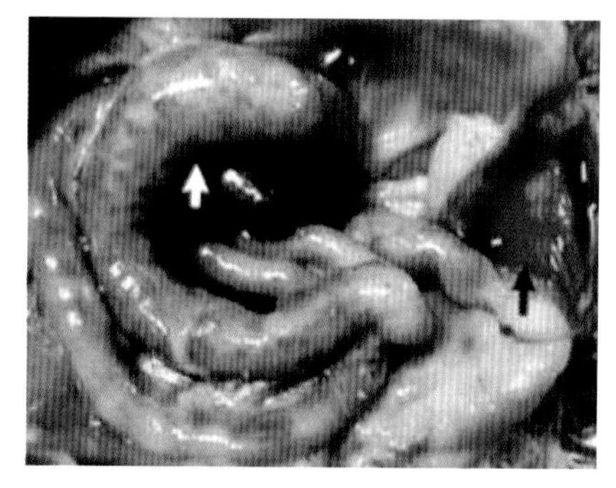

彩图32 鸡感染球虫病——盲肠扩张充满气体，肠腔内有红色、暗红色血液或干酪样物

畜禽科学养殖致富丛书

土鸡科学养殖技术

刘玉梅　吕琼霞　王玉琴　主编

化学工业出版社

·北京·

本书共分为九章，主要介绍了土鸡生产概述、土鸡的品种及选择、土鸡的繁育、土鸡的营养需求与饲料配制、土鸡场的建设及设施、种用土鸡的饲养管理技术、商品土鸡的饲养管理技术、肉蛋兼用型土鸡的品种选择和饲养管理技术及土鸡的疾病防治技术。本书是科学养殖土鸡的指导书，呈现了当前新的饲养管理技术及疾病防治手段。

本书密切结合生产实际，注重科学性、实用性、系统性和先进性，重点突出，通俗易懂，可供相关技术人员、养殖户阅读，也可作为大专院校相关专业师生的参考用书。

图书在版编目（CIP）数据

土鸡科学养殖技术/刘玉梅，吕琼霞，王玉琴主编. —北京：化学工业出版社，2017.9
ISBN 978-7-122-30245-8

Ⅰ.①土… Ⅱ.①刘…②吕…③王… Ⅲ.①鸡-饲养管理 Ⅳ.①S831.4

中国版本图书馆CIP数据核字（2017）第168336号

责任编辑：漆艳萍　　装帧设计：韩　飞
责任校对：王素芹

出版发行：化学工业出版社
（北京市东城区青年湖南街13号　邮政编码100011）
印　　装：三河市延风印装有限公司
850mm×1168mm　1/32　印张10　彩插4　字数267千字
2017年9月北京第1版第1次印刷

购书咨询：010-64518888（传真：010-64519686）　售后服务：010-64518899
网　　址：http://www.cip.com.cn
凡购买本书，如有缺损质量问题，本社销售中心负责调换。

定　　价：49.80元

编写人员名单

主　　编：刘玉梅（河南科技大学）

吕琼霞（河南科技大学）

王玉琴（河南科技大学）

编写人员　刘玉梅　吕琼霞　王玉琴

张自强　文凤云

前言

FOREWORD

随着社会的发展和人们生活水平的不断提高，饮食文化在观念上呈现了由量到质的改变。健康、绿色、无公害、无污染已成饮食消费定势。在禽蛋消费领域，近年来人们吃土鸡肉、土鸡蛋已成为一种追求健康的时尚。我国有着丰富的土鸡品种资源，土鸡骨细、肉厚、皮薄、肉质嫩滑、味香浓郁、营养全面，土鸡蛋蛋白浓稠、蛋黄颜色好、味道好，深受消费者青睐，随着土鸡市场价位的一路攀升，土鸡养殖业当前已成为我国养殖业中的一个新兴产业，也成为农村新的经济增长点。为了帮助养殖户进一步提高生产效益，适应规模化土鸡养殖业的发展要求，我们编写了本书。

本书所用药物及其使用剂量仅供读者参考，不可照搬。在生产实际中，所用药物学名、常用名和实际商品名称有差异，药物浓度也有所不同，建议读者在使用每一种药物之前，参阅厂家提供的产品说明以确认药物用量、用药方法、用药时间及禁忌等。购买兽药时，执业兽医有责任根据经验和对患病动物的了解决定用药量及选择最佳治疗方案。

本书共分为九章，第一章的第一节由王玉琴教授编写；第一章的第二节、第二章至第九章由刘玉梅博士和吕琼霞博士编写。张自强博士和文凤云博士参与了书稿整理和校对工作。本书密切结合实际，注重科学性、实用性、系统性和先进性，重点突出，通俗易懂，不仅适合土鸡场饲养管理人员和养殖户阅读，也可作为大专院校、农村函授及相关培训班的辅助教材和参考用书。

由于笔者水平有限，书中难免会有疏漏和不妥之处，敬请广大读者批评指正。

编　者

土鸡科学养殖技术

目录
CONTENTS

第一章

土鸡生产概述

第一节　土鸡的生产特点及现状

一、我国土鸡的生产特点

土鸡也叫“柴鸡”“草鸡”“黄鸡”等，是各地优良地方品种的统称。我国饲养土鸡的历史悠久，源远流长。但目前行业内对什么是土鸡（蛋）没有统一的认识和定义，概念比较模糊，同时我国也没有相关的品种规定和标准，市场比较混乱。实际上，广义上的土鸡就是指从古代家养驯化而成，从未经过任何杂交和优化配种的鸡。若与国外鸡杂交后，通常称为“仿土鸡”，如含外血较大，则不能称作真正意义上的土鸡了。土鸡有别于笼养鸡，长期以自然觅食或结合粗饲料喂养而成，具有较强的野外觅食能力和生存能力，具有耐粗饲、就巢性强和抗病力强等特性，肉质鲜美。土鸡蛋在城乡市场上非常畅销，且蛋价也高于普通鸡蛋，营养价值高。土鸡肉口味鲜美，营养丰富，土鸡和土鸡蛋市场需求前景广阔。过去，农户饲养土鸡一直大多为家庭副业，且饲养方式也十分简单，饲养量很小，效益不高。近年来，随着人们生活水平的提高，土鸡作为绿色食品市场行情十分走俏。在经济比较发达的地区，土鸡养殖已形成专业化和高效率的社会产业之一。目前，我国优良土鸡品种众多，较知名的有固始鸡、卢氏鸡、三黄鸡、仙居鸡、大骨鸡、狼山鸡、双莲鸡、桃源鸡、河田鸡、霞烟鸡、丝羽乌骨鸡、武定鸡、清远麻鸡、茶花鸡、杏花鸡等数十多个地方品种。这些优良地方品种土鸡，具有抗逆性强、繁殖性能好、肉质优良的优点。大多数土鸡是在林间、牧场或果园内放养，更贴近绿色环保的要求，故而更受消费者的青睐。除具有以上优势外，我国土鸡生产还具有以下特点。

1. 品种多，生产性能参差不齐

我国幅员辽阔，有十分丰富的土鸡品种资源。目前，我国记录在案的土鸡品种有100多个，列入畜禽资源保护名录的也有几十个。但是，我国东、南、西、北生态环境各不相同，在这样特定的环境中，才形成了各具地方特色的生产性能差异较大的众多土鸡品种。

2. 群体混杂，整齐度差

因土鸡未经系统的选育提纯，目前又处在土鸡开发利用的起始阶段，人们重开发、轻选育，市场上土鸡的来源混杂，群体整齐度差，体现在毛色、外貌、生产性能和体重大小等方面。

3. 生活力强，未经病源净化

土鸡由于生活在管理粗放的传统养殖条件下，其适应性强、生活力高、抗病力强，这是土鸡最大的优点。但土鸡未经严格的病源净化，鸡群携带的病原较多，在规模化饲养条件下，可能面临比其他鸡种更多的疫病控制的困难和风险。

4. 品种质量好，但需要适度饲养

土鸡品种质量好是其赖以长期存在和发展的根本原因。土鸡是自然放牧，自由采食为主，人工喂养为辅。土鸡在山、草、林、闲地间运动，以籽实、根、茎、叶、昆虫、矿物质为食，人工补饲多为玉米、麦麸、剩渣、菜叶、杂草等，产品纯正美味，生态安全。除了选择优质土鸡品种外，选择适合土鸡的饲养方式也很重要。目前，我国多采用前期全价饲料饲养，后期较大运动范围、较好的养殖环境和相对较低的饲养密度等养殖措施，保证了土鸡的原汁原味。

5. 饲养管理技术水平低，产业整体水平落后

我国是家禽资源大国，丰富的家禽资源造就了一批土鸡企业的辉煌，但更多的土鸡企业尚未走进世界家禽行业的前列。目前，国内许多土鸡企业饲养规模大，但规模化的鸡场少；鸡舍建筑不合理，功能区域划分不健全，大部分都是简易鸡舍，饲养条件差；免疫不均，抗体效价不一；产蛋数量不足，破蛋、坏蛋多，种蛋质量堪忧；规模化、规范化养殖技术有待提高，这些都不符合现代化家禽产业发展的要求。

6. 缺乏系统选育，育种水平低

随着土鸡（蛋）市场的不断扩大和土鸡（蛋）价格的上涨。土鸡产业迅速发展，但据调查，目前许多企业的供种主要是地方性的育种小公司，很少来源于具有供种技术的大企业，品种没有经过审定，造成发病率高，产肉率、产蛋率低，饲养成本高等不良后果。据专家介绍，当前，国内在土鸡育种方面存在性状遗传规律研究不深入、不系统；利用方向不明确，乱交乱配；选育方法不规范、效果差；育种记录缺失；良种繁育体系不健全等主要问题。目前，土鸡育种的企业较少，且很多土鸡供种企业采用大群饲养，没有个体的生产和繁殖性能观测，由于采用大群交配，来源于上代个体的性能无法考证，其通常的做法是将不符合毛色要求的鸡剔除，短期来看，后代的生产性能比原来的地方鸡种有所提高，但随着世代增加，还是有退化现象产生，性能不稳定。有些企业通过更换公鸡或只留公鸡，从外场引入母本，以减缓近交系数的增加。但对引入鸡群的健康状况和生产性能了解甚少，也不是长久之计。此外，土鸡供种企业所供的种未做营养代谢方面的试验，所供鸡种缺乏饲养标准，仅是参考其他同类型鸡种的标准，不可避免地造成饲养成本的增加，而且大部分的土鸡供种企业未做鸡白痢和禽白血病的净化工作。

二、土鸡养殖的常见问题和解决策略

1. 常见问题

（1）盲目跟风　近几年来，无公害食品或绿色食品市场需求逐年增加，越来越多的农民把资金投入到土鸡散养中。但是，大多数养殖户没有详细调查研究，盲目跟风，误听误信，加上生产过程中管理不到位，产品质量差，导致严重亏损。甚至有养殖户根本不考虑养殖场地及周围环境等实际条件，盲目购进大量种鸡，结果由于配套设施跟不上，导致大批土鸡丢失、死亡，造成严重的经济损失。

（2）养殖户缺乏对养殖卫生的重视　一些养殖土鸡的散户认为土鸡放养就不必对卫生有太多的重视，实际上这种想法是不正确的。由于养殖户不重视卫生，在养殖的地区和鸡舍遍布着污染物，蚊虫滋生，不仅对当地居民的生活环境造成不利影响，还会增加土鸡疫病发病率。更有甚者，一些养殖户对发病之后的环境不及时清理，将病死的土鸡随便堆放，尤其在潮湿的季节或地区，对环境和水源都产生不利的影响，严重的还可能让整个土鸡群体暴发疫病，甚至威胁到养殖户的人身健康。部分养殖户还缺乏合理的现代消毒意识，没有定期合理的消毒方案，土鸡相比于普通的家养鸡有着较强的适应能力和抗病能力，但是仍需现代消毒策略进行保障，消毒处理要注重方法，否则仍会出现问题。

（3）养殖户对鸡种缺乏分辨能力　品种决定生产能力高低，健康的雏鸡是提高经济效益的先决条件。如果只图眼前利益，购买质次价低、来源不可靠甚至染病的雏鸡，结果将导致失败。鸡苗就是幼年的土鸡，很多养殖户不分辨就直接购入鸡苗，导致土鸡的生长速度缓慢、生存质量良莠不齐，疫病发病率和死亡率都会增加，导致养殖户难以收回成本，经济效益减少，最终不利于整体的土鸡养殖业。另外，不同种类的鸡只进行无差别混养也不利于土鸡整体的生长，出于成本考虑的土鸡过密养殖也会导致最后养殖成本的增加。

（4）土鸡科学饲养技术不足，饲育方法不科学　经过这几年的大力发展，农村土鸡散养已经逐步显示出了现代化养殖的模式，但是很多散养户对于自己摸索出来的传统养殖和管理方法很自信，对于农业局宣传的农村土鸡散养管理技术缺乏认真、主动的学习。土

鸡在大部分情况下可自己觅食，但是仍需采用合理的饲料进行饲育，在这方面大部分养殖户没有家禽养殖的饲料配制和营养配比观念，所以在饲料的选择上采用比较粗糙的策略，而且为了节约饲养成本，大部分养殖户采用的是简单的配料模式，这样在某种程度上不利于提高土鸡的质量。虽然有些散养户具备一定的养殖管理技术，但是他们的养殖规模、养殖设施等决定了他们养殖管理技术的局限性。例如由于没有科学合理的养殖计划，大多数圈舍面积小、饲槽、饮水等用具以及饲料、药品不能满足需要；夏季的防暑降温、冬季的防寒保暖以及通风换气工作无法保证。养殖户缺乏科学的饲养管理技术，购进鸡苗后任由土鸡自由采食，致使鸡只增重缓慢，同时鸡只丢失、受伤和死亡较多，也是造成养殖效益不高的一个重要原因。总体来说，对于农户土鸡散养的科学养殖技术还存在着不足。

（5）土鸡养殖的疾病预防体系不完善，疾病防控风险大　如果养殖户缺乏疫病防制观念，不按程序规范免疫，消毒不彻底，不注意环境卫生整治，不及时隔离、淘汰病死鸡，导致传染病暴发，或者疾病反复发生，不能及时治疗，将会造成较大的经济损失。也就是说，不控制疫病往往造成血本无归。很多农村养殖户缺少严格的卫生防疫制度，不能严格执行防疫操作规程和免疫程序。而且疫苗的保管、运输、使用环节又较多，容易疏忽的问题也较多。有的农户怕麻烦，把所有的疫苗改为饮水免疫，有的随便改变饮水免疫时间和免疫次数。有的农户为了省事几种疫苗同时免疫，容易出现相互干扰和拮抗作用。导致免疫失败。因此，按科学的免疫程序进行计划免疫是控制疫病发生的关键。由于土鸡疾病的流行具有地域性、季节性等特点，很多养殖户都没有制定出一个适合当地土鸡散养防疫的预防程序，都是依靠县农业局来进行集中免疫。在集中免疫中，由于乡畜牧站预防人员技术不过硬、预防设施不足等原因，在预防的过程中会出现土鸡过敏死亡、交叉感染的现象。而且没有和养殖户本身的实际情况结合起来，所以防疫程序并没有起到最大效应。同时，有一些散养户对于集中预防存有抵触心理，就可能造成漏防的现象。这都给农村土鸡散养带来隐患。另外，有些养殖户具有一定的防疫经验，但出于成本的考虑，他们会选择价格较低的疫苗进行防疫，但是目前市场监管不完善，所以低价疫苗的安全程度和是否有效也是一个大问题。而且疫苗的保存和弃置也有一定的规范，而大部分养殖户并不了解这些规范，如果操作不当，反而会使得养殖场的发病率上升。

2. 解决办法

（1）市场调查是关键　土鸡养殖前的市场前景调研与分析是获得预期经济效益的关键环节。养殖户必须首先了解当地市场对土鸡品种的外貌、规格及相关产品性能的要求，避免产品不适应市场的要求而遭受损失。其次养殖户也必须对土鸡的销售渠道、养殖成本等做深入调查与分析。

（2）合理布局土鸡舍　为了土鸡养殖的卫生考虑，从一开始就要对土鸡的养殖鸡舍在设计上有所注重，在鸡舍的建设方面，要注重鸡舍的通风，而且鸡舍的一些条件要在成本允许的范围内有所改善，有效地提高土鸡养殖舍对于土鸡健康养殖的促进作用，不能因为传统的养殖理念就把土鸡养殖地点选在自己的院内，而应该尽量避免养殖户的居住地和养殖地在一起。鸡舍的选址要尽量选在生活区域的下风处，避免养殖场产生异味，在鸡舍和居住区之间还应该设立一定的隔离，防止闲杂人等和养殖范围内的其他动物进入这个区域。在鸡舍的建造过程中应该注意对温控和通风做好处理，鸡舍也应该有一定的灾害防控能力，尽量减少在灾害天气下的损失。

（3）注意土鸡场的环境消毒，避免疫病传播　在土鸡全部出栏放养后和养殖鸡换代时要进行合理的消毒，要保障鸡舍的每个角落都进行清扫污物、冲洗并且喷洒消毒药物，这样才能减少鸡舍中土鸡的发病率和死亡率。同时消毒过程中还要注意对鸡舍中的污物进行无害化处理。另外，大多数农户都是散养土鸡，与病原微生物接触的机会比较多，易造成疾病的发生和流行。又因现在农户缺乏科学的防制意识，当少数土鸡发病时，不采取任何有效的防制隔离措施，导致疾病蔓延，最终引起大批土鸡死亡，造成严重的经济损

失。也有的农户把病死鸡乱扔、乱丢，排泄物、垃圾未经处理乱堆、乱放，以致病源扩散。因此，应对发病土鸡进行隔离，对病死的土鸡进行适时的消毒和填埋。进入生产区的人员必须换鞋，消毒，淋浴，更换场内工作服和防疫鞋，戴口罩。生产区需要的物品必须经过严格消毒后方可进入；进鸡舍的工作人员必须走净道，严禁经过较脏的过道或其他区域。进入一栋鸡舍后，当日不得再进入其他鸡舍，工作需要时，可由小日龄鸡舍到大日龄鸡舍，否则重新洗澡换工作服；场内垃圾、废弃物要严格焚烧处理，病死鸡在化粪池内无害化处理。每周必须清理整顿场区 1 次，彻底处理掉垃圾废物。场内职工家属及来访者，原则上在门卫室接待。特殊情况需征得场主同意，并郑重填写《承诺书》，穿隔离服后方可按防疫规定入场；控制工作人员进出场次数，并需事先经场主同意。工作人员进场时换穿生活区衣服，自己穿来的衣服在门卫室消毒后存放；直接从市场来的人员不允许进入生活区；场外各种车辆均不得进场。饲料车等特殊车辆需主管同意并经严格清洗、消毒、登记后方可进入。司机穿隔离服、换鞋，经消毒、登记后进场。

(4) 完善养殖的检疫工作　养殖过程中的检疫工作十分重要，合理的防疫体系和防疫规划能够大大减少土鸡养殖的发病率，防疫工作要以预防为主，制定定期的免疫程序，对土鸡进行防疫接种，预防病虫害的发生，在流行病季节要对流行病进行防控。在疫苗的购入和处理方面要采用质量较好的疫苗。从长远的角度考虑成本问题，并且采用正确的疫苗使用办法，从而增强疫苗的使用效果。另外，土鸡疫病的流行具有地域性，比如像传染性法氏囊可能集中出现在一个地区，别的地区则不出现。因此，在制定土鸡免疫程序时，一定要把当地疫病的流行特点考虑在内。

(5) 注重鸡苗的选择　鸡苗质量对提高鸡群均匀度和成活率、减少疾病发生、确保鸡群正常生长发育有着极其重要的作用。优质鸡苗和一般鸡苗甚至是劣质的鸡苗在养殖过程中有着完全不同的体现，最后取得的经济效益也是天壤之别。在选择鸡苗的时候要注重对土鸡的品种、健康程度和疾病情况进行合理筛查，并且要查看鸡场的各种证件是否符合相关的规程，选择生长较好、健康且精神饱满的鸡苗作为养殖用土鸡。育雏的时候要注重和成年土鸡分开养殖，这样有利于鸡苗营养的强化和生存率的提高。

（6）优化饲育方法　在饲料方面要进行合理的选择，根据土鸡的不同生长阶段选择合适的饲料进行饲养，而且要注重选择科学的喂养方式，配合优质的营养饲料，使土鸡一直保持一个较好的健康状态。对于土鸡的喂养应该适度，这是为了保持它们的活性，保障放养时的质量，在土鸡的饲料当中可以适当地添加一些大蒜和细沙等，对土鸡的健康也有帮助。有的农户饲喂雏鸡 1 周不给饮水，只给青菜类饲料，致使雏鸡脱水死亡。另外，有的农户对饲料保管不善，长期存放，受潮变质，容易诱发各种疾病。因此，优化饲育方法对土鸡的健康至关重要。

三、土鸡养殖的优势

1. 具有较高的经济收益

随着社会的进步和人们生活水平的日益提高，人们的生活水准产生了大幅度变化，特别是吃食方面，普遍追求无公害和土味、野味。由于大多数土鸡是在林间或果园内放养，更贴近绿色环保，这正迎合了人们对“土”字的要求，故而更受消费者的青睐。利用优质土鸡苗，在环境优美、无污染的大自然放养，在林地间可食天然虫草、蚱蜢、蚯蚓等，又以玉米、稻谷、地瓜、糠麸等杂粮为主要饲料，运动充足。所以，其鸡体紧凑，羽毛光亮，眼大有神，皮薄骨细，肌肉丰满结实，脂肪沉积适度，胴体漂亮，肌肉中氨基酸含量高。鸡肉味道鲜美，营养丰富，市场需求前景广阔。土鸡蛋在城乡市场上也非常畅销，且蛋价也高于普通鸡蛋，营养价值高。同时，由于土鸡和土鸡蛋营养丰富，是少年儿童发育和老年病后恢复的进补品，有着圈养鸡所不具备的特点，因此，土鸡产品在市场上供不应求，有着良好的发展前景和较高的经济收益。据统计，土鸡一般年产蛋 10～15 千克，其经济效益比普通蛋鸡高出 30%～

50%。此外，一些保健土鸡蛋效益更高。

2. 充分利用生物饲料资源，降低饲养成本，饲料报酬率高

土鸡野外放养地点一般在荒山、果林和农闲田中。这些地方有大量可食的昆虫和野草等天然饲料资源。在开放散养的条件下，土鸡可以在这些场所自由觅食和运动，从中获取自身生长所需的营养物质，尤其是能量饲料。一般鸡群以春、夏、秋三季在田野、山林中觅食昆虫、草籽为主，农村俗称“打野”，养殖户仅补饲少量精料即可，相对于饲养普通鸡只来说可大大降低饲料成本，同时也充分利用了生物资源。人工饲养土鸡报酬率很高。据统计，肉用土鸡的料肉比为2.3∶1，而肉猪的料肉比则是3.5∶1，肉牛的料肉比是5∶1，所以，肉用土鸡的饲料报酬率最高。据测算，饲养土鸡比饲养笼养鸡，可节约成本30%～50%，节约饲料30%～35%，减少用药5%～8%。此外，肉用土鸡中的有些品种出壳后在地面平养35～40天，就可以长到1.7千克以上。所以，土鸡养殖投资小，饲养的资金周转较快。

3. 有利于除草、灭虫，提高粮菜水果品质

土鸡在果园觅食及大范围活动过程中，可挖出草根、踩死杂草、捕捉害虫，从而达到除草灭虫的作用，节约了生产成本。另外，土鸡粪为农业提供优质的有机肥料，一只鸡全年可积鲜粪50～60千克。鸡粪含有丰富的氮、磷、钾，是高效的有机肥料。对促进农业增产起到了很大的作用。风干土鸡粪含粗脂肪0.61%、粗蛋白质14.33%、粗纤维7.22%、粗灰分5.22%、磷1.11%、水分6.95%，施用这种肥料生产出来的水果、蔬菜的自然味道和口感上就会比一些其他的蔬菜、水果要好很多，因而改善了水果、蔬菜的品质。

4. 减少环境污染

以往批量养鸡基本上是利用村庄里的房屋，鸡粪的臭气及有害气体的散发，严重污染了村庄空气的清洁度，利用果园、山林、田地养殖土鸡大大减少了对村庄的环境污染。

第二节　土鸡的生物学特性

一、土鸡的外貌特征

土鸡多以鲜活鸡供应市场，外观特征是土鸡的包装性状。消费者对土鸡的冠形、冠色、羽毛形状、羽毛颜色、羽毛光泽和完整性、肤色、胫脚的颜色、胫长、体重及肌肉丰满程度等都有严格的选购标准。土鸡在国内分布很广，品种繁多，不同品种具有不同的外形特征和内部结构，以及不同的生产性能和不同的经济用途。尽管土鸡品种繁多，血缘混杂，不同地区、不同的消费者对土鸡的外貌特征和屠体体表要求存在很大的差异，但土鸡的外貌特征一般符合如下标准。

1. 基本要求

土鸡一般体形适中，外观清秀，胸肌丰满，腿肌发达，身躯狭长，头小，胫细、短、多无毛，骨架大，羽毛美观、杂色居多。母鸡翘尾，公鸡尾呈镰刀状。其冠多样（桑葚状、豆状、玫瑰状、杯状等）、大而红润、肉髯发达，有的个体有胡须。爪直、短，显著别于笼养鸡。

2. 羽毛特征

土鸡羽毛要求丰满，紧贴身躯。土鸡羽毛花纹多样，不同品种差异明显，有白色、红色、黄色、黑色、芦花羽、浅花羽、青花羽、栗羽、麻羽、灰羽、草黄色、金色、咖啡色等。公鸡颈羽、鞍羽、尾羽发达，有金属光泽。土鸡的羽毛是其天然标志，生产中要根据消费者的不同需求选留合适的羽色和花纹。

3. 冠形特点

土鸡的冠形多样，如桑葚冠、豆冠、玫瑰冠、杯状冠、角冠、平头和毛冠等。土鸡冠颜色要求红润（乌冠除外），冠大，肉髯发达，有的个体有胡须。

4. 胫脚

胫脚的颜色可以分为白色、肉色、深褐色、黄色、红色、青色和黑色等。有的个体呈黄绿色和蓝色。不同消费者对胫色要求不同，例如南方市场较喜欢青色胫和黄色胫。土鸡以光胫为主，但也有毛胫、毛脚。趾有双四趾的，有一侧四趾一侧五趾的，也有双五趾。爪短直，不像笼养蛋鸡那样长，但却显健硕，精神有力。土鸡的胫部较细，与其他饲料鸡有明显的不同。

5. 皮肤

土鸡皮肤薄，紧致，毛孔细，呈网状排列。由于品种间相互杂交，因而现在市场上出售的土鸡皮肤有白色、黄色、灰色和黑色等。

二、土鸡与普通饲料鸡的区别

1. 外形区别

（1）体形区别　土鸡一般小巧玲珑，外观清秀，身躯狭长、紧凑，胸腿肌健壮；饲料鸡躯体较大且肥，样子笨拙。

（2）鸡冠区别　土鸡鸡冠成年后非常红、鲜艳，尤其要下蛋时，红得如欲滴鲜血；饲料鸡鸡冠为淡红色，像是失去了血色。

（3）嘴区别　土鸡嘴尖锐且磨出光泽，会用嘴啄人；饲料鸡一般不啄人。

（4）羽毛区别　土鸡羽毛颜色多样，异彩纷呈，一批土鸡中羽毛颜色多不一样。羽毛紧凑、滑顺、有光泽。土鸡一般多在成年后出售，从其身上拔毛，羽杆内无毛囊液（营养液），不带血；饲料鸡羽毛颜色单调，多为白、黑、麻、黄，一批饲料鸡中往往羽毛颜色一致。羽毛一般松散，无光泽（毛色晦暗）。饲料鸡多在其未成年之前就开始出售，羽毛还在生长期，从其身上拔毛，羽杆内多有毛囊液（营养液），带血。

（5）脚区别　土鸡由于品种关系，相对饲料鸡来说，其脚要小、要细，脚瘦无肉，但结实且硬。脚颜色以黄色居多，也有青色、黑色、白色等，一般一批土鸡脚颜色不一致。爪子尖打磨的比较光滑，不像饲料鸡那么尖锐。脚上皮肤多磨出老茧（脚底有大块老茧），脚皮肤粗糙，颜色相对较暗（较深）。饲料鸡相对土鸡脚要大、要粗，较肥有肉。脚颜色以黄色、黑色居多，一般一批饲料鸡脚颜色是一致的。饲料鸡爪子较土鸡尖锐且易折断受损。脚上无老茧，脚皮肤光滑、细嫩，颜色相对较白（偏浅）。

2. 生长期和重量区别

土鸡的放养周期一般在120天以上，成年母鸡重约1.5千克，成年公鸡重约2.5千克。土鸡生长时间充分，肉质细嫩、鲜美。饲料鸡因为注意成本，一般饲养45～90天就上市出售了。因为生长过快，肉质粗糙无味。饲料鸡养到成年，母鸡有2.25千克以上，公鸡有3千克以上。

3. 皮肤、内脏和肉质区别

（1）皮肤　土鸡皮肤颜色偏黄（土鸡中的绝大部分品种如此），皮薄，毛孔细，呈网状排列，皮下脂肪分布均匀，无淋巴；饲料鸡皮厚、松弛，毛孔较粗，皮肤光洁度较差，颜色很淡很白，有淋巴。

（2）肉质　土鸡每天都处于寻食、争斗、奔跑中，腿肌、胸肌发达，土鸡的肉摸上去结实而有弹性。因为土鸡生长缓慢，花费近几个月的时间慢慢长肌肉，肌肉纤维比较细，肉质嫩，宰杀后，可以看出土鸡的骨头比较硬，很少有幼骨。饲料鸡恰好相反，为了尽可能降低养鸡成本，达到最大化商业利益，一般选择生长迅速的鸡种，快的肉鸡45天，慢一点的肉鸡90天就可出售。鸡长得快，生长就毛糙，肌肉纤维较粗，肥厚不结实。成年土鸡脂肪少且呈淡黄色，成年土鸡脂肪较多且呈金黄色。如发现鸡体内有大量金黄色脂肪即可判断为土鸡。饲料鸡一般在鸡未成年之前就上市出售了，出售时还处于成长期，故体内脂肪较少，且脂肪颜色淡黄或发白。

（3）内脏　嗉囊是鸡消化系统的一部分，起储存食物的作用，位于鸡前胸位置。土鸡一般在山林、农田、园地放养，这种情况下土鸡的嗉囊就进化得特别大，饱腹后将食物储存在嗉囊内慢慢消

化。而饲料鸡则不同，养殖场多采取定点喂食，鸡没有挨饿的可能性，因此嗉囊不用储存过多的食物而变得很小。土鸡的食物非常丰富，具有多样性，因此土鸡肌胃大且厚，切开后内多有沙子，为辅助消化食物用。鸡内金（肌胃内壁）较厚，容易分离，且颜色为深黄。饲料鸡因吃配合粉碎的饲料，没有得到锻炼，胃较小且薄，肌胃切开后，内含沙子少。鸡内金（肌胃内壁）较薄，颜色为淡黄或发白。另外，成年母土鸡出售时，卵巢中还可见大小不一的小蛋，小蛋颜色为橙红色。这种现象只有土鸡才有，有此特征即可认定是土鸡。饲料鸡卵巢上不可能出现橙红色的小蛋（吃饲料的母鸡卵巢上的小蛋是淡黄色或白色）。事实上市场出售的饲料鸡多为未完全性成熟，卵巢上看不到小蛋。

三、土鸡的解剖结构

1. 土鸡的消化系统

（1）喙　土鸡的喙尖而硬，根部粗壮、喙形略弯，适合于地面采食，可撕裂较大食物，也可采食地面生长的嫩草和蔬菜。

（2）口腔　土鸡口腔内无齿，颊部退化，无咀嚼功能，食物在口腔中停留的时间很短。此外，土鸡的唾液腺不发达，唾液中含有少量的淀粉酶，在消化食物上所起的作用不大。土鸡舌肌不发达，舌较硬，舌黏膜上无味觉乳头，饲料的味道对采食量影响较小。影响采食的主要因素为饲料形状和颜色。

（3）食管　食管位于颈部皮下，气管的左侧，很容易扩张，有利于饲料通过，很少发生食管阻塞。食管上接咽部，下与腺胃相连，在进入胸腔前形成膨大的嗉囊，嗉囊可以储存食物，嗉囊内侧腺体分泌的黏液可以软化较干的饲料，饲料在嗉囊中停留时间长短与饲料的种类有关，嗉囊中的饲料在微生物和淀粉酶的作用下进行初步消化。

（4）胃　腺胃（前胃）呈纺锤形，胃壁厚，内腔不大。腺胃的主要功能是分泌消化液并且与饲料充分混合。食物在腺胃中停留的时间很短，很快进入肌胃。肌胃紧接腺胃之后，体积为腺胃的 2～

3倍，略呈扁圆形。肌胃的胃壁大部分由厚厚的平滑肌构成，收缩时能产生巨大压力，借助此压力和坚硬的内层角质膜和肌胃腔中的沙砾来磨碎较大的饲料颗粒，因此土鸡舍内饲养时一定要注意在饲料中添加沙砾。

（5）肠　土鸡的肠管分为小肠和大肠两个部分。土鸡对饲料的消化和吸收大部分在小肠内完成。小肠与大肠交界处有一对细长分叉的盲肠，在微生物作用下可消化分解粗纤维。土鸡的盲肠容积有限，只有6%～10%的饲料进入盲肠，因此其消化粗纤维的能力有限。土鸡的大肠较短，可以吸收饲料中的水分，维持正常的粪便形态。土鸡的肠管较短，仅为体长的5～6倍，食物通过消化道的速度比家畜快，仅需12小时左右，饲料的消化率较低。

（6）泄殖腔　土鸡翻开肛门后即可露出泄殖腔。泄殖腔是消化、泌尿和生殖系统末端的共同通道，直肠通过泄殖腔将粪便排出体外，有时可见粪便上有白色的尿液。

2. 土鸡的生殖系统

土鸡的繁殖以生殖系统的活动为基础。两性的性腺产生雌、雄配子，配子在输卵管伞部受精形成合子，继而运行依次通过蛋白分泌部、峡部、子宫部和阴道部，形成完整的种蛋，通过孵化发育成新的个体。同时，生殖系统还产生性激素，引起一系列有关的形态、行为以及生理生化变化。土鸡的生殖系统不同于胎生哺乳动物，公鸡的睾丸、附睾在腹腔内，交配器官是退化了的生殖突起，精子头部是长锥形。精子能在母鸡输卵管里的精子腺窝中生存达24天，并具有受精能力。母鸡能每隔25小时左右排卵1次，只有左侧卵巢和输卵管发育，受精卵排出母鸡体外后未达到孵化临界程度（24℃）会暂停发育。

（1）公鸡的生殖系统　公鸡的生殖系统由睾丸、附睾、输精管和交配器组成。人工授精人员最需要了解的是公鸡交配器的构造。公鸡没有像哺乳动物一样的阴茎，但有一个包括乳嘴、腺管体、阴茎和淋巴壁四部分组成的交配器。交配器位于泄殖腔腹侧，平时全部隐藏在泄殖腔内。性兴奋时，腺管体、阴茎和淋巴壁中的淋巴管

相互连通，淋巴壁勃起、淋巴液流入阴茎体内使其膨大，并在中线处形成一条加深的纵沟，位于中线前端的正中阴茎体（中央白体）也因淋巴液的流入而突出于正前方，此时整个阴茎自肛门腹侧推出并插入母鸡泄殖腔。

（2）母鸡的生殖系统　母鸡生殖系统由卵巢和输卵管两部分组成，通常只有左侧的卵巢和输卵管发育完全并且有生殖功能，而右侧的卵巢和输卵管在早期的发育过程中逐渐退化，出壳后只保留了一小段痕迹。输卵管由喇叭部、膨大部、峡部、子宫部以及阴道部等构成。母鸡的外生殖器阴道口和排粪口、排尿口共同开口于肛门，即泄殖腔。

3. 土鸡的呼吸系统

土鸡的呼吸系统包括鼻腔、咽、喉、气管、鸣管、支气管、肺和气囊。其中鼻腔、咽、喉、气管、支气管是气体进出肺的通道，肺是气体交换器官，鸣管是发声器官，气囊有储存空气的作用。

（1）鼻腔　土鸡鼻腔短而狭窄，被软骨性鼻中隔一分为二，前以鼻孔与外界相通，后以鼻后孔通咽。鼻孔呈卵圆形，位于上喙基部。鼻腔不仅是气体进出的通道，也对进入的空气有清洁、温暖和湿润的作用。

（2）喉　喉位于咽底壁，舌根后方，由环状软骨和2个杓状软骨构成支架。喉没有会厌软骨和甲状软骨。喉口呈缝状，吞咽时闭合，防止食物误入气管，喉内不形成声带，不能发音。

（3）气管、鸣管、支气管　气管较长，呈管状结构，由许多完整的软骨环构成支架，相邻软骨环相互重叠，可以伸缩，以适应颈的灵活运动。在颈部，气管与食管伴行，分为2个支气管入肺。气管分叉处形成鸣管，鸣管是禽类特有的发声器官。

（4）肺脏　土鸡的肺脏很小，健康的肺为鲜红色，紧贴在胸腔背侧面，并嵌入肋骨间隙内。支气管入肺后，形成初级支气管。初级支气管分出次级支气管，次级支气管又分出许多三级支气管（又称为副支气管），呈袢状连接于次级支气管之间。此外，相邻三级支气管之间还具有吻合支。因此，鸡肺内的支气管分支形成相互通连的管道，而不是像哺乳动物那样呈树枝状。以上这些支气管都不具有气体交换功能，只有从三级支气管反复分支形成的呼吸毛细管，其壁上包绕丰富的毛细血管具有呼吸功能，是进行气体交换的场所。

（5）气囊　气囊是禽类特有的器官，是由支气管的分支出肺后形成的膜性囊。气囊共有 9 个：1 个锁骨间气囊、1 对颈气囊、1 对前胸气囊、1 对后胸气囊、1 对腹气囊。气囊的容积很大，占全部呼吸器官总容积的 85%～90%，较肺容积大 5～7 倍。因此，气囊能更多地储存空气，并在呼吸运动过程中起着类似风箱的作用，驱使气体在吸气期和呼气期 2 次通过肺脏，即不论在吸气或呼气时，肺脏内均可进行气体交换，以适应鸡体强烈的新陈代谢。对于家禽来讲，由于缺乏汗腺，呼吸器官也具有降温的作用，主要是以水蒸气的方式排出热量。

4. 土鸡的泌尿系统

土鸡的泌尿系统由肾和输尿管组成。两个肾脏位于体腔背壁，每个肾有根输尿管连接泄殖腔。公鸡的泄殖腔有 5 个排泄口，分别是 1 对输精管开口、1 对输尿管开口和 1 个粪道开口；母鸡的泄殖腔有 4 个排泄口，分别是 1 个输卵管开口、1 对输尿管开口和 1 个粪道开口。鸡的尿是以固体尿酸盐的形式和粪便一起排出体外的。鸡尿液的主要成分为尿酸盐，是蛋白质代谢的最终产物。尿酸盐在泄殖腔内同粪便混合，呈白色糊状物随粪便排出。

5. 土鸡的循环系统

（1）心脏　鸡的心脏呈圆锥形，外覆心包，位于体腔前部稍偏于右，夹在肺的左右叶间，可分为两心室和两心房，心房与心室间有房室口相连通，左右心室内有动脉起始部开口，称动脉口，有瓣膜，防血液倒流。左右心房和左右心室间有房间隔和室间隔。

（2）血管和血液　鸡的血管分动脉、静脉和毛细血管，其主要功能是输送血液，进行物质交换。血液中有红细胞、白细胞和血小

板。其红细胞有一个较大的核，白细胞根据其细胞内有无颗粒分为有粒白细胞和无粒白细胞。无粒白细胞有淋巴细胞和单核细胞；有粒细胞根据颗粒的着色性质分为嗜酸性粒细胞、嗜碱性粒细胞和中性粒细胞。淋巴细胞能产生免疫抗体，单核细胞具有趋化性和一定的吞噬能力，可形成巨噬细胞。

6. 土鸡的神经系统

神经系统是指挥和协调动物机体生命活动的中枢。它通过各种反射活动，使动物体各种生理功能与外界环境相适应，鸡的神经系统由中枢神经和外周神经组成。

（1）中枢神经系统　中枢神经系统由脑和脊髓组成，鸡的脑不如哺乳动物发达，可分为大脑、小脑和延脑三部分，无明显的脑桥。大脑由两大脑半球组成，是体内各部分活动的总指挥，大脑半球之后是小脑，起维持平衡的作用。延脑协调呼吸、消化和血液循环。鸡的脊髓细长，从枕大孔与延髓连接处起向后延伸，其后端不形成马尾。

（2）外周神经系统　外周神经系统也称周围神经系统，是神经系统的外周部分，它一端与中枢神经系统（脑或脊髓）相连，另一端通过各种末梢装置与机体其他器官、系统联系。鸡的外周神经系统与猪、牛相似，脑神经有12对，脊神经有39～41对，其中最粗大的为坐骨神经。

四、土鸡的生活习性

1. 耐寒喜暖

土鸡全身布满羽毛，形成了良好的隔热层，而且每年秋季要换上一身完整洁净的羽毛过冬，因此土鸡具有较强的耐寒性。但同所有其他鸡一样，没有汗腺，散热主要依靠呼吸和排泄，加之全身羽毛形成的有效保护层，因此它非常怕热。当气温超过26.6℃时，随着气温的上升，呼吸散热愈明显；当气温超过30℃时，产蛋率和生长速度下降；当气温超过36℃以上时，鸡群会出现热昏厥死亡的现象。

2. 体小灵活

土鸡体形小，重量轻，羽毛丰满，利于飞翔、攀高。土鸡反应灵敏，胆小怕惊吓，任何意外的声响、动作、物品的突然出现和生产程序突然变更，都会导致鸡只的惊叫、逃跑、炸群等应激反应。

3. 换羽

土鸡有换羽的习性。换羽分为年龄性换羽和季节性换羽。小鸡出壳后全身布满绒毛，随日龄的增加逐渐将绒羽换成正羽；7～8周龄、12～13周龄、18～20周龄还要进行3次不完全更换羽毛。如果在土鸡新羽刚长出、旧羽未完全脱换完毕时屠宰上市，则新羽很难拔净，留在皮肤内影响屠体美观，所以土鸡要避免换羽期上市。慢羽型的土鸡在90日龄时背部、颈部、腿部和腹部的羽毛尚未长齐，“卖相”不佳。每年的秋季和初冬，土鸡群会出现季节性换羽。换羽时土鸡停产。换羽期间应配以足够的蛋白质、维生素和含硫氨基酸，以保证羽毛正常生长所需的营养。

4. 冬休性

冬休性是指鸡在光照时间缩短、气温下降、营养供应不足的自然条件下停止产蛋的一种习性。土鸡的产蛋性能受营养、温度和光照的影响较大，每年春、秋季是其产蛋率较高的时期。土鸡生产要均衡发展，就要人为地创造有利于土鸡产蛋的环境条件。

5. 性成熟较晚

土鸡性成熟较晚，开产时间较晚。土鸡的性成熟受季节影响较大，春天饲养的土鸡开产早，秋季饲养的土鸡开产晚。

6. 食性杂，耐粗饲

长期放养的土鸡能采食树叶、草籽、嫩草、青菜、昆虫、蚯蚓、蝇蛆、沙砾等，也可在果园、收获后的庄稼地采食落在地上的果实和谷物。土鸡耐粗饲的能力很强，动物性、植物性、单细胞类和矿物质饲料都可被土鸡充分利用，但在粗饲条件下生长缓慢。土鸡主要靠角质化的喙啄食，对食物的机械消化作用主要在肌胃内进行，鸡的嗉囊是食物的暂存场地。鸡的嗉囊与腺胃、腺胃与肌胃交

接处较狭窄，易阻塞。因此，加工饲料时，要防止枯枝、铁丝、铁钉、羽毛、塑料布、编织线、棉线等不易消化的物质混入饲料，以免被鸡误食形成阻塞，而后发展为软嗉病、硬嗉病。放养时，注意清理牧场异物。

7. 善飞翔

土鸡体形小，体重轻，活泼好动，羽毛丰满，利于飞翔、攀高。放养条件下，活动范围广，采食面积大，觅食能力强。大规模高密度饲养条件下则会发生争斗、啄肛、啄羽。

8. 栖高习性

土鸡晚上喜欢在树枝、木杆、绳索上休息，也喜欢飞到高处，对此，饲养管理过程中应给予足够的重视，防止损坏电线、水管，或鸡只外逃。

9. 敏感性强，应激反应大

土鸡反应敏感，易受惊吓而逃避到树枝丛、掩护物下，因此常出现刮伤、夹伤或抓伤等现象。因此，饲养土鸡的场所应避免噪声、陌生人、外来动物和转群等不良刺激，应给其创造一个安静、稳定的生长环境。

10. 合群认巢，易于建立条件反射

土鸡有很强的群居性，喜欢成群活动和采食，特别是以 1 只公鸡为首形成的自然交配群。刚出壳几天的雏鸡就会找群，一旦离群就会叫声不止。鸡生长到一定的日龄，相互之间争斗。根据个体之间争斗能力的强弱在鸡群中形成一种由强到弱排成的秩序，我们称其为群体序列。群体序列利于群体的稳定。放牧饲养时，早上放出之前和晚上收圈时用哨子或口哨给鸡一个信号，然后再喂料，反复进行训练，经过 1 周后，鸡群就会建立起条件反射。晚上收圈时吹哨子或打口哨，鸡群就会回到鸡舍内。

第二章
土鸡的品种及选择

第一节　土鸡种类及品种选择

一、土鸡的种类

土鸡在国内分布很广，品种繁多，不同品种具有不同的外形特征和内部结构，以及不同的生产性能和不同的经济用途。土鸡按经济用途可分为以下四个种类。

1. 蛋用型土鸡

以产蛋为主，体形较小，细致紧凑，趾高身长，后躯发达，外形呈"V"字形；冠髯特别发达，皮薄冠大，羽毛紧贴，活泼好动；代谢旺盛，性成熟早，产蛋量多，一般年产蛋可达180～220个，无就巢性，抗病力弱，肉质较差。

2. 肉用型土鸡

以产肉为主，体形较大，体驱深宽而短，冠较矮小，颈短而粗，趾骨短粗，肌肉发达，羽毛蓬松。优质肉用型土鸡有以下几个特点。

（1）食用品质好　土鸡肉嫩而鲜美，含有适当的肌间脂肪和皮下脂肪，前者可改善鸡肉嫩度和增加香味，后者使鸡皮有一定的弹性，咀嚼时口感良好。

（2）胴体品质优　胴体丰满，皮肤一般为浅黄色，骨细肉多，

腹部脂肪不多。

（3）适当长的饲养期 由于土鸡饲养时间较长，有利于鸡肉内风味物质的积累，确保其食用品质。

（4）活体羽毛丰满、健康活泼 一般土鸡上市时体重1.5～2千克，料重比2.7～3.2。我国很多优质肉用土鸡都是在优良地方鸡种基础上吸收部分速生型肉鸡血统选育而成的。引入速生型肉鸡血统的目的是改善地方鸡种生长速度慢和胴体不够丰满的缺点。

3. 肉蛋兼用型土鸡

体形介于蛋用型与肉用型之间，保持着两者的优点。肉质良好，产蛋较多，年产蛋量160～200枚。而当产蛋能力下降后，肉用经济价值也较大。兼用型土鸡性情比较温顺，体质健壮，觅食能力较强，仍有就巢性。

4. 专用型土鸡

具有特殊性能的类型，一般作药用或观赏用，如丝毛鸡、原鸡、长尾鸡、贵妇鸡、矮脚鸡和斗鸡等。

二、土鸡品种的选择

土鸡质量的好坏与很多因素有关。在最初的选择上，优良土鸡仔品种的选择十分重要，因为好的土鸡苗能更好地适应环境，身体健康才能带来丰富的营养和肉质鲜美的口感。俗话说“苗好一半谷”，意思是说秧苗质量的好坏可以决定稻谷一半的收成。同理，土鸡鸡苗品种的优劣，也在很大程度上决定着土鸡的生产性能和经济效益。因此，土鸡品种的选择是培育优良土鸡品种的第一步。实践证明，优质土鸡品种选择要充分考虑以下四个方面。

1. 土鸡的生产性能

土鸡的生产性能是选择优质土鸡苗时要考虑的核心环节。生产性能主要指产蛋率和产肉率，以及土鸡蛋、土鸡肉的质量。我国地方品种土鸡中的蛋用型和肉蛋兼用型土鸡品种众多，通常未经系统选育，并且各地的生态环境和饲养方式也不尽相同。因此，不同地方品种的土鸡不仅产蛋率、产肉率以及蛋、肉质量相差很大，而且同一群体内不同个体间的产蛋率、产肉率和蛋、肉质量也很不一致。因此，选择土鸡品种时，要充分调查这种土鸡的生产性能。优质的肉用土鸡 180 日龄公鸡体重 3.5～4.0 千克，母鸡体重 2.4～3.0 千克；肉蛋兼用型年产蛋 140～160 枚，成年公鸡体重 3～3.5 千克，成年母鸡 2～2.5 千克；优质蛋用鸡 100～130 天开产，年产蛋 160～200 枚。乌鸡 180 日龄公鸡体重 1.7～1.9 千克，母鸡体重 1.4～1.6 千克，年产蛋 120～150 枚。

2. 种鸡场

土鸡饲养效益的好坏与所养土鸡的品种有密切关系。很多种鸡场限于研发和技术实力，缺乏种群提纯和净化能力，鸡苗的生产性能和抗疫病能力都比较差。如果鸡的品种不纯正，整齐度就差，很难取得高产。所以，从信誉度高、质量好、无传染病的正规场家选择适合当地自然条件、品种纯正、优质、健康、生长快、产肉率或产蛋率高的土鸡苗，是养好优质土鸡的基础。由于各鸡场种鸡饲养管理和孵化技术及疫病防治措施不同，可导致不同种鸡场孵出鸡苗的生产性能存在显著性差异。如有些种鸡场生产的雏鸡明显存在成活率低、发病率高、免疫效果差等现象。所以，养鸡者要坚决克服不讲质量抢购廉价雏鸡苗的倾向。在引雏前一定要了解该种鸡场销售的鸡苗在当地饲养情况的反映，特别是雏鸡成活率和雌雄鉴别准确率、生产水平以及经种蛋可垂直感染的几种疾病控制情况，不能图价格低而从疫区购雏。

3. 目标市场的消费习惯

首先要根据当地的需求情况，如对土鸡羽毛色泽、肤色、体重大小、肉质等的喜爱倾向以及在市场上的价格差别，选择销路广、产品价格高的品种进行饲养。我国地域辽阔，由于历史、文化、地域等多重因素，不同地区形成了不同的消费习惯。如河南人喜欢青脚细腿、体形偏大的土鸡，湖南人喜欢体形中等的黄羽鸡，广东人喜欢黄皮、黄喙、黄脚的三黄鸡。因此我们必须根据目标市场的消

费习惯选择适销对路的土鸡品种。一旦选养了某一优良品种，只要市场需求不变，就不要频繁更换，这是养鸡能否具有销路和效益的重要前提。

4. 土鸡的环境适应能力

土鸡在育成期后都要在野外放养，不同地域的外界环境差异很大（如温度、湿度、气流、光照、植被、天敌等条件），应激因素很多。加之散养土鸡管理相对粗放，所以散养土鸡的品种必须对养殖区域的环境有较强的适应能力，否则在野外放养阶段就有可能出现较多的伤亡或严重影响生产性能的发挥。各地几乎都有优良的地方土鸡品种，不同品种土鸡对当地气候环境较适应，自我采食能力强，又具有耐粗饲、抗病力强、繁殖性能高等特点。因此，一般而言，我们应该选择经过提纯的本地土鸡品种或与养殖地纬度相差不大的土鸡品种，这些土鸡品种经过长期进化，对当地的环境条件已充分适应。

第二节　土鸡的主要品种

我国幅员辽阔，各地自然生态环境复杂多样，不同的自然生态环境和人为培育、繁殖、选择，逐步形成了各具特色的地方禽类资源。因此，我国有近百个各具特色的土鸡品种，下面从品种形成的地理环境、外貌特征和品种性能等方面对我国多个著名的土鸡品种做一详细介绍。

一、固始鸡

1. 概述

固始鸡分布在以河南省固始县为中心的一定区域内，在特定的地理、气候等环境和传统的饲养管理方式下，经过长期择优繁育而成的具有突出特点的优秀鸡，是我国著名的肉蛋兼用型地方优良鸡种。固始鸡耐粗饲，抗病力强，适宜野外放牧散养；肉质细嫩，肉味鲜美，汤汁醇厚，营养丰富，具有较强的滋补功效；母鸡产蛋较多，蛋大，蛋清较稠，蛋黄色深，蛋壳厚，耐储运。活鸡及鲜蛋在明清时期为宫廷贡品，20 世纪六七十年代被指定为京、津、沪特供商品，赢得了“土鸡之王”和“王牌蛋”的美誉，是国家重点保护畜禽品种之一。现主要分布于淮河流域以南、大别山脉北麓的商城、新县、淮滨等 10 个县、市，安徽省霍邱、金寨等县也有分布。

2. 产地环境

固始鸡原产于河南省固始县。产区由山地和丘陵岗地构成两种主要的地貌类型，全区水系以淮河为主干，溪谷纵横形成较有规律的河系排列，河流密度较高，水量丰富，年平均降水量为 1140 毫米。气候属亚热带向暖温带过渡的季风类型，年平均气温为 15.3℃，年平均日照时数为 2100 小时，能充分满足双季稻和一些喜温作物生长的需要。土壤为棕壤土，呈中性或微酸性。农作物有水稻、小麦、大豆、玉米、花生等，林、牧、副、渔业资源颇为丰富。

3. 外貌特征

固始鸡属黄鸡类型，具有产蛋多、蛋大壳厚、遗传性能稳定等特点，为蛋肉兼用鸡。个体中等，外观清秀灵活，体形细致紧凑，结构匀称，羽毛丰满，尾形独特（彩图 1）。公鸡羽色呈深红色和黄色，镰羽多带黑色而富青铜光泽。母鸡羽色以麻黄色和黄色为主，白色、黑色很少。尾形分为佛手状尾和直尾两种，佛手状尾羽向后上方卷曲，悬空飘摇，别致、美观。初生雏绒羽呈黄色，头顶有深褐色绒羽带，背部沿脊柱有深褐色绒羽带。两侧各有 4 条黑色绒羽带。成年鸡冠型分为单冠与豆冠两种，以单冠居多。冠直立，冠齿为 6 个，冠后缘冠叶分叉；冠、肉垂、耳叶和脸均呈红色，喙短略弯曲，呈青黄色，胫呈靛青色，四趾，无胫羽。皮肤呈暗白色。这种鸡性情活泼，敏捷善动，觅食能力强。固始鸡一旦与其他品种杂交，其青嘴、青腿的特征便告消失。因此，青嘴、青腿是固始鸡的天然防伪标志。

4. 品种性能

（1）生长与产肉性能　固始鸡早期增重速度慢，60 日龄公、

母鸡体重平均为265.7克；90日龄公鸡体重487.8克，母鸡355.1克；180日龄公鸡体重1270克，母鸡966.7克。150日龄半净膛屠宰率公鸡为81.76%，母鸡为80.16%；全净膛屠宰率公鸡为73.92%，母鸡为70.65%。

（2）产蛋与繁殖性能　平均开产日龄170天，年平均产蛋量为150.5枚。平均蛋重50.5克，蛋壳质量好。在丝羽乌骨鸡、仙居鸡、萧山鸡、北京油鸡、狼山鸡等多个优质土鸡品种中，固始鸡蛋壳最厚，母鸡就巢性能强。繁殖种群公母配比1∶(12～13)，平均种蛋受精率为90.4%，受精蛋孵化率为83.9%。

二、卢氏鸡

1. 概述

卢氏鸡属小型肉蛋兼用型地方品种。卢氏鸡原产地及中心产区为河南省卢氏县。主要分布在卢氏县磨沟口、潘河、木桐、徐家湾、狮子坪、朱阳关、文峪、瓦窑沟等乡镇，周边其他乡镇也有少量分布。卢氏鸡个体轻巧、觅食能力强、耐粗饲，其生活习性、肉蛋品质与野鸡十分相似，是适合山地放养的古老鸡种。早在20世纪80年代就被收入《中国畜禽优良品种志》河南卷。2001年被河南省科协列为科研项目，同年11月被河南省畜牧局列入《河南省畜禽品种资源保护名录》。2003年列入《中国畜禽遗传资源保护名录》。2006年5月被誉为受国家原产地保护的地理标志性产品。

2. 产地环境

卢氏县地处河南省西部，地势西高东低、南高北低，平均海拔800米。年平均气温12.7℃，最高气温39.3℃，最低气温大约13.5℃；无霜期184天。年降水量649毫米，年平均日照时数2019小时。属亚热带与暖温带的过渡带。无霜期短，气候垂直变化大，具有大陆性气候的共同特点，季节性变化明显。农作物主要有小麦、玉米、甘薯、大豆、花生等。卢氏县生态环境稳定，自然隔离好，人们居住分散，鸟兽和林副产品种类繁多，在长期的农牧实践中，人们选择产蛋多、肉质鲜美的个体作种用，经长期选择形成了这个品种。

3. 外貌特征

卢氏鸡属小型蛋肉兼用品种，体形紧凑，匀称，羽毛、翅紧贴，头小清秀，眼大而圆，颈细长，腿脚长（彩图 2）。性情活泼，机敏，易受惊，善飞。毛色杂，母鸡以麻色为多，约占 52%，其次为白色和黑色。公鸡以红黑色为主，约占 80%，其次为白色及黄色。虹彩呈橘黄色或棕褐色，冠形以单冠为主，占 82%；喙以青色为主，其次为黄色、粉色；趾多为青色。雏鸡绒毛以黑色为主，喙、胫多为青色。

4. 品种性能

（1）生长速度与产肉性能　平均初生重 39 克；30 日龄重 75 克；60 日龄重 229 克；90 日龄公鸡重 657 克，母鸡重 568 克；120 日龄公鸡重 994 克，母鸡重 825 克；150 日龄公鸡重 1205 克，母鸡重 970 克；成年公鸡重 1700 克，母鸡重 1100 克。150 日龄公鸡和 180 日龄母鸡屠宰测定，公鸡、母鸡平均半净膛屠宰率为 79.7%，平均全净膛屠宰率为 72%。

（2）产蛋性能与繁殖性能　卢氏鸡一般情况下年产蛋 150 枚左右，在饲养水平较高的徐家湾、磨口等地产蛋可达 200 多枚。最早开产日龄为 120 日龄左右，母鸡开产体重为 1.17 千克，开产蛋重为 44 克，公鸡开啼日龄为 56 天，体重 0.66 千克。平均蛋重 51.25 克，蛋形为椭圆形。蛋壳颜色粉色居多，自然状态下约有 3.6%的个体产绿壳蛋，且所产的绿壳蛋蛋清浓，蛋黄呈橘红色，经检测具有“三高一低”（高锌、高碘、高硒、低胆固醇）特点，还富含对人体神经发育有重要作用的卵磷脂、脑磷脂和神经磷脂，同时含有很多胆碱物质，这些物质可帮助增强记忆力，经常食用能增强免疫功能，被誉为“鸡蛋中的人参”，因而极具开发利用价值。公鸡性成熟期 88 天。母鸡就巢性较弱，就巢时间多在夏、秋两季。公、母鸡利用年限 1～2 年。

三、正阳三黄鸡

1. 概述

正阳三黄鸡分布在河南省驻马店市正阳、汝南、确山三县交界一带，方圆百余里29个乡的文殊河流域。具有许多稳定遗传的有利经济性状，是培育和创造我国新鸡种的宝贵基因库，有重要的保存利用及科学研究价值。三黄鸡因嘴黄、毛黄、爪黄而得名，由于其在正阳县分布广、数量多、品质好，被《河南省地方优良畜禽品种志》定名为正阳三黄鸡。正阳三黄鸡具有生长快、产蛋多、耐粗饲、适应性广、抗病能力强、肉质鲜美等特点。一般情况下，一只母鸡长150天体重可达1.75千克，公鸡可达2千克，一只母鸡一年可产蛋180～220枚，而且所产鸡蛋均为红壳。正阳三黄鸡的肉、蛋不仅味道好，还具有补气、养血、利尿的功能，素有三黄药鸡、中华名贵鸡种之称，是我国稀少的特优型地方良种土鸡之一。

2. 产地环境

正阳县位于驻马店地区东南部，地处淮北平原，南与罗山、信阳隔淮河相望，东邻新蔡、息县，北靠汝南、平舆，西与确山接壤。境内地势平坦，稍有起伏。海拔35.4～102.6米，整个地势由西北向东南倾斜。总面积1903平方千米，可耕地面积达200多万亩（1亩≈667平方米），农业人口人均3亩，土地肥沃，物产丰富，史称“膏粱丰腴之地”。正阳处于北亚热带向暖温带过渡类型区，属于大陆性季风性湿润气候。年平均日照时数2186.5小时，年平均气温14.9℃，无霜期228.7天。

3. 外貌特征

正阳三黄鸡属蛋肉兼用型鸡种。体格较小，结构紧凑，外貌秀丽，具有黄喙、黄羽、黄胫的三黄特征（彩图3）。公鸡头大小适中，眼大有神，虹彩橘红色；有单冠、复冠两种，单冠直立（占86%），冠齿5～7个；母鸡体形小巧，呈楔形；头清秀；喙黄色，基部黄褐色；颈羽黄色，较体羽略深，带金光；肌肉丰满，腹部宽广柔软，富弹性。

4. 品种性能

（1）生长速度与产肉性能　初生重 34 克；30 日龄重 98 克；60 日龄公鸡重 332 克，母鸡重 307 克；90 日龄公鸡重 595 克，母鸡重 539 克；120 日龄公鸡重 854 克，母鸡重 759 克；150 日龄公鸡重 1083 克，母鸡重 930 克；180 日龄公鸡重 1375 克，母鸡重 1123 克；成年公鸡重 2000 克，母鸡重 1470 克。150 日龄公鸡平均半净膛屠宰率 81%，平均全净膛屠宰率 72%；180 日龄母鸡平均半净膛屠宰率 80%，平均全净膛屠宰率 71.97%。

（2）产蛋性能与繁殖性能　母鸡平均开产日龄 194 天。平均年产蛋 150 枚，平均蛋重 52 克。平均蛋形指数 1.33，蛋壳浅褐色。公鸡性成熟期 90 天，120 天有交配行为。公鸡、母鸡配种比例 1∶(12～15)。平均种蛋受精率 90%，平均受精蛋孵化率 80%。母鸡每年换羽 1 次，多在 10～11 月进行。母鸡就巢性较强，就巢率约 18%，每次就巢持续期约 60 天。公鸡、母鸡利用年限 1～2 年。

四、双莲鸡

1. 概述

双莲鸡主产于湖北省当阳市双莲乡和王店镇，分布于当阳市及邻近的远安、宜昌、兴山、枝江、荆门、江陵等县（市），是由郧阳大鸡与当地小型鸡杂交，再通过有意识地选种，逐渐培育而成。这个品种体形中等，体态匀称；肩背平宽，胸部深广，腹部丰满；胫部色泽以黄色或青色较多，一般无羽毛附生；公鸡羽毛多为红褐色或浅褐色，母鸡则以麻黄色或黄色居多。双莲鸡具有性成熟早、产蛋多、蛋重大、生长快等特点。以其个体大、肉质鲜、产蛋高而著称，于 1958 年就已在全国农展馆展出。1959 年湖北省地方畜禽良种调查时，以其主产于当阳市双莲乡而正式命名为“双莲鸡”，同时被列入省级地方畜禽良种。一直以来，纯种“双莲鸡”数量不断增加，体尺、体重有小型鸡发展的趋势，因此选育保种工作显得尤其重要。2009 年，被国家列入选育保种项目。

2. 产地环境

双莲鸡主产区双莲乡地处当阳市的西南、王店镇以西，西南部与宜昌市夷陵区接壤，地势由西北向东南倾斜，平均海拔 170～180 米，年平均气温 16.9℃，相对湿度 76.8%，年降水量 1130.3 毫米，无霜期 266.4 天，年日照时间 1310 小时，平均风力 1.4 级，属亚热带性季风气候。境内有黄柏河、泉河以及东风长渠及五座大中型水库，水源丰富。主产稻、麦、油料作物，是当阳市粮食产区之一，农副产品极为丰富；畜牧业以猪、鸡生产为主。自然植被茂盛，农宅房前屋后灌木、竹林、树木成荫，为发展这个品种提供了很好的饲料条件和生态环境。

3. 外貌特征

属蛋肉兼用型鸡种。体型中等，体态匀称，肩背平宽，胸部深广，腹部丰满；头大小适中，较宽深；公鸡羽毛多为红褐色或浅褐色，母鸡以麻黄色或黄色居多；公、母鸡多为单冠，公鸡冠直立，母鸡多向一侧倾斜，个别鸡为玫瑰冠；冠、肉髯、耳叶红色。眼睑较厚，眼球微凹，虹彩黄色；喙粗短，微弯曲，呈褐色或黄色。胫部色泽以黄色或青色较多，无胫羽（彩图 4）。

4. 品种性能

（1）生长速度与产肉性能　平均初生重 33 克；30 日龄公鸡重 160 克，母鸡重 165 克；60 日龄公鸡重 466 克，母鸡重 480 克；90 日龄公鸡重 678 克，母鸡重 771 克；150 日龄公鸡重 1299 克，母鸡重 1313 克；180 日龄公鸡重 1341 克，母鸡重 1463 克；成年公鸡重 2225 克，母鸡重 2017 克。178 日龄公鸡平均半净膛屠宰率 79.82%，母鸡 80.68%；178 日龄公鸡平均全净膛屠宰率 72.99%，母鸡 74.68%。

（2）产蛋性能与繁殖性能　母鸡平均开产日龄 211 天。平均年产蛋 164 枚，平均蛋重 52 克。平均蛋壳厚度 0.42 毫米，平均蛋形指数 1.26。蛋壳浅褐色占 79%，少数白色。公鸡平均性成熟期 138 天。公、母鸡配种比例1∶(9～12)。平均种蛋受精率 95%，平均受精蛋孵化率95%。春季母鸡就巢性强，秋季较弱。公鸡、母鸡利用年限1～2年。

五、杏花鸡

1. 概述

杏花鸡又称米仔鸡，属肉用型地方品种。杏花鸡原产地为广东省封开县杏花乡，主要分布于封开县的杏花、江口、罗董、渔涝、河儿口、长安等镇，周边的怀集、德庆、郁南、新兴、肇庆、佛山、广州等市（县）均有分布。近年来江苏、北京等地也有少量分布。这个品种胸肌丰满、肌肉纤细、皮薄而皮下脂肪分布均匀，成品皮色带有光泽，爽滑可口，颇受消费者欢迎。杏花鸡是经国家品种志编审委员会审定，列入《中国家禽品种志》的三十个鸡品种之一，名列广东三大名鸡之首。由于杏花鸡胸肌丰满，肌肉纤细，皮薄而皮下脂肪分布均匀，适宜烹制白切鸡，成品皮色带有光泽，爽脆可口（玻璃皮），符合“两广”人民要求食品鲜美、强调原味的习惯，同时是佐酒佳品，颇受消费者欢迎。

2. 产地环境

封开县地处广东省的西部，属多山地区。海拔400～600米。年平均气温20.8℃，最高气温39.4℃，最低气温3.4℃；无霜期320天；平均降水量1469毫米，年平均日照时数1834小时。无霜期长，属南亚热带季风气候。土壤多为沙质土，地势较高。除种植水稻和玉米、小麦、蚕豆、花生、甘薯、木薯等粮食作物外，还利用丘陵山坡、村旁、溪边种植果树，为发展当地养鸡业提供了饲料来源和放养的良好自然环境。杏花乡地处山区腹地、交通不便，很少引入外来鸡种。加之当地群众历来习惯饲养“三黄”（黄喙、黄羽、黄脚）鸡，经长期选育，形成了外貌特征一致、遗传性能稳定的优良地方肉用品种。

3. 外貌特征

杏花鸡结构匀称，被毛紧凑，前躯窄、后躯宽，体形似“沙田柚”。其外貌特征可概括为“两细（头细、脚细）、三黄（羽黄、脚

黄、喙黄)、三短(颈短、体躯短、腿短)";单冠直立,冠、耳叶、肉髯均呈红色;虹彩呈橙黄色,公鸡头大,冠大,羽毛呈黄色,略带金红色;主翼和尾羽有黑羽;母鸡头小,单冠,冠、耳叶及肉垂为红色,体羽黄色或浅黄色,羽毛呈黄色或淡黄色,主翼羽和副翼羽的内侧多呈黑色,尾羽多数有几根黑羽(彩图5)。雏鸡全身绒毛呈淡黄色。

4. 品种性能

(1)生长速度与产肉性能　据测定,112日龄公鸡的平均体重为1256.1克,母鸡的平均体重为1032.7克。未开产的母鸡,一般养至5～6月龄,体重达1000～1200克。据对112日龄鸡的屠宰测定,半净膛屠宰率,公鸡为79.0%,母鸡为76.0%,全净膛属宰率公鸡为74.7%,母鸡为70.0%。皮肤多为淡黄色。因皮薄且有皮下脂肪,故细腻光滑加之肌间脂肪分布均匀,肉质特优。杏花鸡羽毛生长速度较快,3日龄的雏鸡开始长主翼羽,羽长达0.5～1.5厘米,20日龄开始长主尾羽,40日龄身体各部分羽毛都开始生长,60日龄全部长齐,羽毛丰满。母鸡长羽比公鸡快10天以上。

(2)产蛋性能与繁殖性能　公鸡60日龄有20%开啼,80日龄性征明显,但一般在150日龄开始利用。母鸡在150日龄时有30%开产,在农家饲养条件下,年产蛋量为60～90枚,在群养及人工催醒的条件下,年平均产蛋95枚,蛋重为45克左右,蛋壳褐色。公母配种比例,农家放养的为1∶15,种蛋受精率为90%以上;群养的为1∶(13～15),种蛋受精率为90.8%,受精蛋孵化率为74%。杏花鸡性成熟早,就巢性强。30日龄的育雏率在90%左右。

六、北京油鸡

1. 概述

北京油鸡也称中华宫廷黄鸡,是北京地区特有的地方优良品种,距今已有300余年。北京油鸡是一个优良的肉蛋兼用型地方鸡种,具有特殊的外貌(凤头、毛腿和胡子嘴),肉质细嫩、肉味鲜

美，蛋质优良，生活力强，遗传性能稳定。是我国非常珍贵的地方土鸡品种之一，具有良好的开发应用前景。

2. 产地环境

北京油鸡原产地在北京城北侧安定门和德胜门外的近郊一带，以朝阳区所属的大屯和洼里两个乡最为集中。产区位于京都的近郊，地势平坦，水源充足，土质肥沃，农业生产以粮菜间作为主。农作物有小麦、玉米和水稻等。这就使油鸡的形成具备了良好的物质条件。当地农民长期参与城乡间的集市贸易，为了满足消费者对鸡肉、蛋品和观赏爱好等方面的特殊需要，逐渐积累了鸡的繁殖、选种和饲养管理等经验，经过长期选择和培育，从而形成了这一外貌独特、肉蛋品质兼优的地方优良鸡种。它可作为改善肉质、提高蛋品质量的良好母本，但必须克服产蛋量较低、有就巢性、初期生长缓慢等缺点。

3. 外貌特征

北京油鸡体躯中等，其中羽毛呈赤褐色（俗称紫红毛）的油鸡，体形较小，羽毛呈黄色（俗称素黄毛）的油鸡，体形略大。初生雏全身披着淡黄色或土黄色绒毛，冠羽、胫羽、髯羽也很明显，体态浑圆。成年鸡的羽毛厚密而蓬松，有冠羽和胫羽，有些个体兼有趾羽；公鸡的羽毛色泽鲜艳光亮，头部高昂，尾羽多呈黑色；母鸡的头、尾微翘，胫部略短，体态墩实，其尾羽与主、副翼羽中常夹有黑色或以羽轴为中界的半黑半黄的羽片；不少个体的颌下或颊部生有髯须，因此，人们常将这“三羽”（凤头、毛腿和胡子嘴）性状看作是北京油鸡的主要外貌特征（彩图 6）。冠型为单冠，冠叶小而薄，在冠叶的前段常形成一个小的“S”状褶曲，冠齿不甚整齐。凡具有髯羽的个体，其肉垂很少或全无；头较小；眼较大，虹彩多呈棕褐色；喙和胫呈黄色，喙的尖部微显褐痕。少数个体有五趾。北京油鸡的“三黄”（羽黄、喙黄、胫黄）、“三羽”和五趾的独特外形使得北京油鸡具有区别于其他鸡种的明显特征，不容易假冒。

4. 品种性能

（1）生长速度与产肉性能　北京油鸡成年公鸡体重、体斜长、胸深、胫长分别为（2049±35.70)克、(20.2±1.65)厘米、(12.5±0.10)厘米、(9.13±0.08)厘米，成年母鸡分别为（1730±17.60)克、(16.34±0.13)厘米、(10.7±0.08)厘米、(8.39±0.07)厘米、北京油鸡的生长速度缓慢，雏鸡的长羽速度较慢。其初生重平均为38.4克，4周龄重为220克，8周龄重为549.1克，12周龄重为959.7克，16周龄重为1228.7克，20周龄的公鸡为1500克、母鸡为1200克。这种鸡采食量也较少，从初生到8周龄，平均每只日采食量尚不足30克。屠体皮肤微黄，紧凑丰满，肌间脂肪分布良好，肉质细嫩，肉味鲜美，适于多种烹调方法，为鸡肉中的上品。

（2）产蛋性能与繁殖性能　性成熟期较晚，在自然光照条件下，公鸡2～3月龄开啼。母鸡7月龄开产，开产体重约为1600克。在农村放养条件下，每只母鸡年产蛋量约110枚，当饲养条件较好时，可达125枚。平均蛋重为56克。每只母鸡的年产蛋总重量约7千克。蛋壳褐色，有些个体的蛋壳呈淡紫色，素有“紫皮蛋”之称，蛋壳的表面覆布一层淡的白色胶护膜（俗称“白霜”），色泽格外新鲜。蛋的品质的各项指标均达到较高的水平，深受群众喜爱。

一般在每年的3～7月进行繁殖，由孵化场从农户中收购种蛋，采用电气孵化，推广种雏。在采留种蛋期间，鸡群的公母比例一般为1∶(8～10）只。农村的种蛋，受精率均在80%以上。专业场的种蛋受精率和孵化率均可超过90%。北京油鸡有明显的就巢性，一般出现在5～7月，而以7月为最多。就巢的持续期，短者为20天左右，长者可达2个多月。雏鸡的生活力较强，在正常的饲养管理条件下，2月龄的成活率均可达到95%左右。

七、仙居鸡

1. 概述

仙居鸡又称梅林鸡、元宝鸡，是我国优良的小型蛋用地方鸡种。主要产区在浙江省仙居县及邻近临海、天台、黄岩等县，分布于省内东南部。仙居鸡体形虽小，但性情活泼、觅食能力强，喜欢在树上栖息。在长期的自然放养过程中，形成了耐粗饲的特性，它适应性广、产蛋率高，被列入中国家禽品种志蛋用鸡第一位。

2. 产地环境

仙居县地处浙江东南部，地势西高东低，山脉连绵，河道纵横，滩地广阔，平均海拔 65 米。年平均气温 17.2℃，最高气温 40.7℃，最低气温 9.9℃；无霜期 310 天。年降水量 1560 毫米，相对湿度 71％～73％。年平均日照时数 2018 小时。夏少酷热、冬无严寒、气候温和湿润、雨水充沛，属中亚热带季风气候，农作物主要有水稻、小麦、玉米等。仙居县四季常绿，植物茂密。当地老百姓又素有散养土鸡的习惯，于是，仙居县的地貌特点，使仙居鸡更善于在密林杂草中寻找食物，也更善于使用已经退化的翅膀，寻找更安全、更舒适的栖息地。

3. 外貌特征

全身羽毛紧密贴体，外形结构紧凑，体态匀称，头昂胸挺，尾羽高翘，背部平直，双翅紧贴，状如“元宝”（彩图 7）。骨骼纤细，反应敏捷，易受惊吓，善飞跃，具有蛋用鸡的体形特点。雏鸡绒羽黄色，但深浅不同，间有浅褐色。喙、胫、趾呈黄色或青色。成年鸡头部适中，颜面清秀；单冠，冠齿 5～7 个；耳叶椭圆形，肉垂薄、中等大小、均鲜红色；眼睑薄，虹彩多呈橘黄色，也有金黄色、褐色、灰黑色等；羽片贴体躯，皮肤白色或浅黄色，胫趾有黄、青两色，但以黄色为选育对象，仅少数胫部有小羽；公鸡冠直立，高 3～4 厘米；羽毛主要呈黄红色，梳羽、蓑羽色较浅有光泽，主翼羽红夹黑色，镰羽和尾羽均黑色；母鸡冠矮，高约 2 厘米。羽色较杂，有黑色、白色、芦花和黄色四种，但以黄色为主，颈羽颜色较深，主翼羽片半黄半黑，尾羽黑色。

4. 品种性能

（1）生长速度与产肉性能　仙居鸡生长速度中等，但个体小，

又属早熟品种，故180日龄时，公鸡体重为1256克，母鸡体重为953克，接近成年鸡的体重。仙居鸡平均体斜长、龙骨长、髋宽、胫长、胫围分别为14.05厘米、10.4厘米、8.85厘米、7.15厘米、3.1厘米；仙居公鸡的屠宰率达90.97%，半净膛率为80.16%，全净膛率为63.27%，胸肌率18.8%，腿肌率为25%。仙居鸡虽属蛋用型地方鸡种，产肉性能非其所长，但其屠宰率、肉质、肉味仍较好。

（2）产蛋性能与繁殖性能　140日龄开产，产蛋量可达到180～220枚，每枚蛋重42～46克。仙居鸡平均蛋重为42克左右。壳色以浅褐色为主。因体小而灵活，配种能力较强，可按公母1∶(16～20)配种。据对入孵17180个种蛋的测定，受精率为94.3%，受精蛋孵化率为83.5%。就巢性较弱，一般就巢母鸡占鸡群的10%～20%，多发生在4～5月。育雏率较高，1月龄育雏成活率为96.5%。

八、大骨鸡

1. 概述

大骨鸡原名庄河鸡，因体躯硕大、腿高粗壮、结实有力，故名大骨鸡。主产于辽宁省庄河市，分布于东港、凤城、大连金州区、新金、复县等地。还分布于吉林、黑龙江、山东等省。2000年被列入国家级畜禽资源保护品种。大骨鸡是我国驰名中外的肉蛋兼用型地方良种，以体大、蛋大、肉味鲜美、营养丰富而著称于世。庄河大骨鸡具有耐寒、抗病、耐粗饲、觅食能力强、适宜放牧散养的特点，多采取室内育雏、室外放养育成。

2. 产地环境

庄河市位于辽宁省东南部，背山面海，地势自北向南倾斜，北部为山区，中南部为丘陵，沿海区夹有平原。土壤主要为沙壤土，沿海区多属盐碱土。当地受海洋性气候影响，降水量多，为湿润地区，有利于农业生产。农作物以玉米、水稻为主，大豆、花生、甘薯等次之。北部山区盛产柞蚕，沿海区水产资源丰富，有大量的动物性饲料和矿物质饲料。这些自然生态条件，对大骨鸡的体大、蛋大、耐牧等优良特性的形成起了一定的作用。

3. 外貌特征

体形较大，胸深且广，背宽而长，腿高胫粗，墩实有力（彩图8）。肌肉丰满，偏重产肉，为国内大型鸡种之一。初生雏绒羽多呈黄色，少数头部和背部有条状褐色、黑色、灰色的绒羽带。公鸡体躯高大、雄伟健壮，头颈、背腹部为火红色，尾羽、镰羽上翘，黑色并带有墨绿色光泽；母鸡多呈麻黄色，尾羽短，稍向上为黑色，头颈粗壮，眼大明亮，喙、胫、爪呈黄色，单冠。

4. 品种性能

（1）生长速度与产肉性能　成年公鸡平均体重2900克，母鸡重2300克；90日龄公鸡重1040克，母鸡重881克；100日龄公鸡重478克，母鸡重1202克；180日龄公鸡重2224克，母鸡重1785克。大骨鸡产肉性能较好，皮下脂肪分布均匀，肉质鲜嫩。其半净膛屠宰率公鸡为77.8%、母鸡为73.45%，全净膛屠宰率公鸡为75.69%、母鸡为70.88%。肉质鲜美居各类家鸡之首，特别是阉割后育肥的大骨鸡鲜味剧增。肉质低脂高蛋白质，各种微量元素含量明显高于肉鸡。

（2）产蛋性能与繁殖性能　公鸡6个月性成熟，体重达2.2千克左右；母鸡平均开产日龄213天，平均年产蛋160枚，平均蛋重63克，大骨鸡以蛋大为其突出的特征，平均蛋形指数1.35，蛋壳深褐色。公母鸡配种比例1∶（8～10）。平均种蛋受精率90%，平均受精蛋孵化率80%。母鸡就巢性较弱，就巢率5%～10%，平均就巢持续期20～30天。公、母鸡利用年限为1～2年。

九、丝羽乌骨鸡

1. 概述

丝羽乌骨鸡是江西省泰和县特产，原产于泰和县武山北麓，根据产地又称武山鸡，因具有丛冠、缨头、绿耳、胡须、丝毛、毛脚、五爪、乌皮、乌肉、乌骨“十大”特征以及极高的营养价值和

药用价值而闻名世界。丝羽乌骨鸡是中医治妇科病药“乌鸡白凤丸”的主要原料，其经济效益高，但生产性能低，亟须提高。另外，不同地区名称也不相同，江西称“泰和鸡”、广西称“竹丝鸡”、福建称“白绒鸡”，主要产区以江西省泰和县和福建省泉州市、厦门市和闽南沿海较为集中，新中国成立后各省区均引种饲养，遍及全国各地。另外，丝羽乌骨鸡还具有性情温顺、不善飞跃、适应性强、外形美观、肉质鲜嫩等特性。

2. 产地环境

丝羽乌骨鸡的主要产区以江西省泰和县和福建省泉州市、厦门市和闽南沿海等县较为集中。产区地处亚热带及南亚热带，农产品丰富多样，饲料资源充足，群众素以养鸡为家庭副业。特别是在过去交通不便、缺医少药的年代，当地农户多养有丝羽乌骨鸡，作为补品治病之需。

3. 外貌特征

丝羽乌骨鸡在国际标准中被列为观赏型鸡种。其体形为头小、颈短、脚矮、结构细致紧凑、体态小巧轻盈。其外貌具十大特征，也称“十全”：桑葚冠，在性成熟前为暗紫色似桑葚，成年以后色减退，略带红色似荔枝；缨头，头顶有一丛缨状冠羽，母鸡比公鸡发达，状如绒球，称之为“凤头”；绿耳，耳叶呈暗紫色，在性成熟前明显呈蓝绿色，成年后逐渐呈暗紫色；趾，也有个别的从第一趾再多生一趾成为六趾的；脚毛，腹部和第四趾着生有胫羽和趾羽；乌皮，全身皮肤以及眼、脸、喙、胫、趾均呈乌色；乌肉，全身肌肉略带乌色，内脏及腹脂膜均呈乌色；乌骨，骨质暗乌，骨膜深黑色（彩图 9）。

4. 品种性能

（1）生长速度与产肉性能　不同产区在不同饲养条件下其体重也存在较大差异。成年公鸡为 1.3～1.8 千克，母鸡相应为 0.97～1.66 千克。丝毛乌骨鸡的生长速度、蛋重和饲料营养水平密切相关，如 5 月龄时公鸡体重达成年公鸡体重的 70.23%～80.62%，母鸡相应为82.53%～87.73%。公鸡半净膛屠宰率为88.35%，全净膛屠宰率为75.86%；母鸡分别为84.18%和69.50%。

（2）产蛋性能与繁殖性能　丝羽乌骨鸡开产日龄一般为170～205天，年产蛋为75～150枚，蛋重为37.56～46.85克。

公母配种比例为1∶(15～17)，种蛋受精率为87%～89%，受精蛋孵化率为75%～86%。60日龄育雏率为78%～94%。

十、狼山鸡

1. 概述

狼山鸡原产于江苏省如东县境内，以马塘、岔河为中心，旁及掘港、拼茶、丰利及双甸，南通市通州区的石港镇等地也有分布。这种鸡集散地为长江北岸的南通港，港口附近有一游览胜地，称为狼山，从而得名。1872年首先传入英国，后在家禽展览会上博得英美各国养禽界的关注和好评，继而又传入德、法、日等国，并且载入各国的家禽品种谱。狼山鸡是蛋肉兼用型鸡种之一，以体形硕大、羽毛纯黑、冬季产蛋多、蛋大、肉质鲜美而著称于世。这种鸡在国外经过进一步选育，并与当地鸡杂交培育成新的品种，如当代著名鸡种黑奥品顿、澳洲黑等。因此，狼山鸡对世界养鸡业也有一定贡献。狼山鸡按羽色分为纯黑色、黄色和白色3种，其中黑色的称之为“狼山黑”，羽毛黑而发绿、发蓝，熠熠生辉，色彩绚丽。“狼山黑”中有一品种头冠后有一蓬毛，又称作“狼山凤”，如东人称为“蓬头鸡”。白色的叫“狼山白”，“狼山白”数量极少，其羽毛洁白无瑕，配以鲜红的鸡冠，红白分明，赏心悦目。每种颜色按头部羽冠和胫趾部羽毛的有无分为光头光脚、光头毛脚、凤头毛脚和凤头光脚4个类型。

2. 产地环境

原产地位于长江三角洲北部，东临黄海，土地多是逐年将海滩围垦而成，农家历来居住分散，多是单家独户星罗棋布于大田之中，连同周围的农田构成一个小农经济单元，宅旁四周多植竹林或丛生芦苇，鸡群可充分觅食到动物性饲料和青绿饲料；当地海产丰

富，贝壳俯拾皆是，鸡只所需矿物质饲料也不匮乏；加上产地气候温和，四季分明，地势平坦，土质疏松，河港交叉，排灌良好，农作物产量较高，群众素有用玉米、大麦、稻谷补饲鸡群的习惯。上述条件为狼山鸡提供了快速生长以及良好的繁殖条件。

3. 外貌特征

狼山鸡体格健壮，头昂尾翘，具有典型的"U"字形特征，羽毛紧密、美观，行动灵活。按羽色可分为黑、白、黄三种。狼山黑鸡单冠直立，有5～6个冠齿；耳垂和肉髯均为鲜红色；身披虹彩，以黄色和黄浑者居多，少数褐色。喙黑褐色，尖端颜色较淡；全身毛黑色，紧贴身上，并有绿色光泽（彩图10）。初生雏头部黑白毛，俗称大花脸，背部为黑色绒羽，腹、翼尖部及下腭等处绒羽为淡黄色，是狼山黑鸡有别于其他黑色鸡种之处。白色狼山鸡雏鸡羽毛为灰白色，成年鸡羽毛洁白。狼山黄鸡以嘴、脚、羽毛三黄为主要特征，大小适中，肉味鲜美，俗称"如东草三黄"。

4. 品种性能

（1）生长速度与产肉性能　狼山鸡生长较快，个体较大，屠宰率较高。成年公鸡2.6～3.1千克，成年母鸡2.2～2.7千克，半净膛屠宰率达80%以上，全净膛屠宰率达70%以上，且随性别、年龄、饲料而异。狼山鸡产肉性能较好，早期生长速度较快，100日龄料肉比达3∶1。鸡肉质地鲜美，黑鸡屠体洁白美观。育肥生产后，7周龄、8周龄体重可达0.65千克和0.8千克，第15周龄可达1.6千克，即可上市出售。

（2）产蛋性能和繁殖性能　狼山鸡繁殖力较强，产蛋性能较好，5个月左右性成熟，5%的母鸡150日龄左右可产蛋，年均产蛋150枚。新鸡开产蛋重50.23克，成年鸡蛋重平均为54.04克。蛋壳中等厚，呈褐色和淡褐色。产蛋持久性较好，一般盛产期可连续产蛋10～15枚，料蛋比（3.3～4.5）∶1。种蛋受精率达94%左右，孵化率88%，有一定的就巢性。生活力较强，成活率达98%。

十一、霞烟鸡

1. 概述

霞烟鸡，原产于广西容县石寨乡下烟村，原名下烟鸡，又名肥种鸡。盛产于粤桂边界的信宜市径口、金垌、安峨和广西容县石寨、杨梅等地，分布于广东、湖南、浙江、海南等省。霞烟鸡是“三黄鸡”中的一个品种。它除了具有黄脚、黄嘴、黄毛的特点之外，每个鸡脚底下有一个肉蹄。由于这种鸡最早盛产于容县石寨镇下烟村，人们习惯叫它“霞烟鸡”，至今已有200多年的历史。其特点是耐粗饲，生长速度快，抗病力强，个体大，肉质香甜、嫩滑、味美、皮脆。霞烟鸡具有肉质肥嫩、骨细而软、味道香甜的特点。它的最大优点是粗食快长，不用专门育肥。这种鸡适应性很强，既可以家庭野外放养，又可以设栏群养或笼养。

2. 产地环境

原产地容县地处广西东南部，属丘陵山区，海拔150～300米。年平均气温21℃，最高气温28.2℃，最低气温12.2℃；无霜期327天。年降水量1660毫米，相对湿度80%。年平均日照时数1748小时。属亚热带季风气候。境内有50多条大小河流，主流绣江属珠江水系。主要作物有水稻、甘薯、木薯、花生、豆类、蔬菜等。另外，下烟村一面靠山、三面环河的自然环境为避免外血引入和闭锁繁育提供了有利条件。

3. 外貌特征

霞烟鸡体躯短圆，腹部丰满，胸宽、胸深与骨盆宽三者相近；羽色呈淡黄色或深黄色。喙尖呈浅黄色，喙基部呈深褐色；单冠直立，冠齿5～7个，呈红色。肉髯、耳叶均呈红色；虹彩呈橘红色；皮肤、胫均呈黄色（彩图11）。公鸡颈羽颜色较胸、背深，尾羽较短，主翼羽、副翼羽带黑斑或白斑，性成熟的胫外侧皮肤多黄中带红；母鸡羽毛黄色，个体间深浅不同。临近开产的母鸡，耻骨与龙骨末端之间能容纳3个手指，是这种鸡的重要特征。雏鸡绒毛呈黄色。

4. 品种性能

（1）生长速度与产肉性能 平均体重：初生重29克；30日龄公鸡重192克，母鸡重171克；60日龄公鸡重536克，母鸡重444克；90日龄公鸡重922克，母鸡重776克；120日龄公鸡重1281克，母鸡重1098克；150日龄公鸡重1595克，母鸡重1293克；成年公鸡重2200克，母鸡重1900克。210日龄公鸡平均半净膛屠宰率82.47%，母鸡87.89%；成年公鸡平均全净膛屠宰率69.19%，母鸡81.16%。

（2）产蛋性能与繁殖性能 母鸡平均开产日龄170天。平均年产蛋80枚，高者达126枚，平均蛋重44克。平均蛋形指数1.33，蛋壳浅褐色。公母鸡配种比例1∶(8～10)。平均种蛋受精率78%，平均受精蛋孵化率81%。母鸡就巢性强，每年就巢8～10次。公、母鸡利用年限1～2年。

十二、河田鸡

1. 概述

河田鸡，又名长汀河田鸡，因主产于福建长汀县河田镇而得名，是福建省传统家禽良种，《中国家禽品种志》收录的全国八个肉鸡地方品种之一。河田鸡是经过长期人工选择形成的一个地方品种，以稻谷、玉米等粗粮为主要食物，适合在果园、竹山、松林等纯天然的环境中放养。河田鸡含蛋白质多，脂肪适宜，肉质细嫩、皮薄肉脆、肉汤清甜；嘴、脚、皮呈黄色，尾巴的羽毛呈黑色，其他地方的羽毛金黄发亮；具有较高的营养价值，含有丰富蛋白质和人体必需的多种氨基酸。2006年，国家质检总局批准对长汀河田鸡实施地理标志产品保护。

2. 产地环境

河田镇地处闽西山区的腹地，是武夷山山脉崇山峻岭中的一块盆地。朱溪河在此汇入汀江，有较大面积的丘陵坡地，且有温泉和丰富的稀土矿藏。这个地区属中亚热带农业气候区，雨量充沛，盛产水稻、甘薯、油菜及豆类。长期以来，农民也积累了丰富的养鸡经验。过去的交通十分不便，环境较为封闭，极少引进外来鸡种，使这一鸡种得以纯化提高，逐步形成并巩固。

3. 外貌特征

河田鸡完全符合优质黄羽肉鸡的特点，其体形有大小之分。河田鸡颈粗，胸宽背阔，躯短，近方形，有“大架子”（大型）和“小架子”（小型）之分，但大架子鸡较少，多数是小架子鸡，两者体形外貌相同，仅有体重、体尺大小之别。喙短、略弯曲，尖端呈黄色，基部呈深棕色；单冠直立，冠后端分裂成叉状冠齿，称“三叉冠”，为河田鸡所特有的冠型；肉髯大，呈红色；耳叶椭圆形，黄毛覆盖，呈红色；虹彩呈橘红色，胫、皮肤均呈黄色（彩图12）。公鸡头部、颈部羽毛呈棕黄色，背部、胸部、腹部羽毛呈淡黄色，主翼羽呈黑色、有浅黄色镶边，副翼羽呈红棕色，尾羽和镰羽呈黑色、有光泽，但镰羽不发达；母鸡颈羽覆有黑斑点，在颈部形成环状黑圈，主翼羽和尾羽呈黑色，其余部位羽毛均呈黄色。雏鸡绒毛呈深黄色。

4. 品种性能

（1）生长速度与产肉性能　平均初生重30克；30日龄公鸡重110克，母鸡重91克；60日龄公鸡重330克，母鸡重240克；90日龄公鸡重590克，母鸡重490克；120日龄公鸡重940克，母鸡重790克；150日龄公鸡重1295克，母鸡重1094克；成年公鸡重1725克，母鸡重1207克。120日龄公鸡平均半净膛屠宰率85.8%，母鸡87.08%；120日龄公鸡平均全净膛屠宰率68.64%，母鸡70.53%。

（2）产蛋性能与繁殖性能　母鸡平均开产日龄，大型鸡180天，小型鸡150天。平均年产蛋100枚，平均蛋重48克。平均蛋形指数1.38，蛋壳浅褐色，少数灰白色。公鸡性成熟期120～150天。公、母鸡配种比例1∶10。平均种蛋受精率85%，平均受精蛋孵化率82%。母鸡就巢性强，每年就巢6～7次。公、母鸡利用年限1～2年。

十三、清远麻鸡

1. 概述

原产于广东省清远市清新区，又名清远走地鸡，就是家养土鸡。因母鸡背侧羽毛有细小黑色斑点，故称麻鸡。它以体形小、皮下和肌间脂肪发达、皮薄骨软而著名，为我国活鸡出口的小型肉用鸡之一。清远麻鸡营养丰富，富含硒、维生素 E 及风味物质肌苷酸等，清远麻鸡所含的不饱和脂肪酸和磷脂更高一些，这两种物质可以促进胆固醇的代谢，对保护心脑血管非常有好处，是广东省三大名鸡之一。

2. 产地环境

清远市位于韶关地区南部，南临珠江三角洲，水陆交通方便，气候温和，雨量充沛，属亚热带气候。土地比较肥沃，经济较富裕，有农、林、牧、副、渔全面发展的自然条件，养禽业发达，素有“三鸟之乡”之称。养禽业占畜牧业总产值的 38.4%。产区农作物以水稻、大麦、小麦、玉米、木薯、甘薯、花生、大豆为主，为养鸡提供了主要饲料来源。县内山冈丘陵甚多，青竹成荫，灌木成林，四季常青，昆虫较多。此外，还有大量河涌、水圳，盛产鱼、虾、螺、蚬之类及其副产品，天然食饵丰富，为养鸡提供了较多的动物性蛋白质饲料。

3. 外貌特征

清远麻鸡体形特征可概括为“一楔”“二细”“三麻身”。“一楔”指母鸡体形像楔形，前躯紧凑，后躯圆大；“二细”指头细、脚细；“三麻身”指母鸡背羽面主要有麻黄、麻棕、麻褐三种颜色(彩图 13)。公鸡体质结实灵活，结构匀称，属肉用体形。出壳雏鸡背部绒羽为灰棕色，两侧各有一条约 4 毫米宽的白色绒羽带，直至第一次换羽后才消失，这是清远麻鸡雏鸡的独特标志。公鸡头大小适中。单冠直立，颜色鲜红，冠齿为 5～6 个；肉垂、耳叶鲜红；虹彩橙黄色，喙黄；颈部长短适中，头颈、背部的羽金黄色，胸羽、腹羽、尾羽及主翼羽黑色，肩羽、蓑羽枣红色，脚短而黄；母鸡头细小，单冠直立，冠中等，冠齿为5～6个，冠、耳叶呈鲜红色；喙黄而短，虹彩橙黄色。头部和颈前三分之一的羽毛呈深黄色，背部羽毛分黄、棕、褐三色，有黑色斑点，形成麻黄、麻棕、麻褐三种，其中以麻黄、麻棕两色居多；主、副翼羽的内侧呈黑色，外侧呈麻斑，由前至后变淡而麻点逐渐消失，胫趾短细、呈黄色。

4. 品种性能

（1）生长速度与产肉性能　清远麻鸡成年公鸡平均体重、体斜长、胸宽、胸深、胫长分别为2180克、20.8厘米、30.8厘米、9.0厘米、8.1厘米；成年母鸡分别为1750克、18.0厘米、28.9厘米、8.6厘米、6.6厘米。肉鸡育肥性能良好，屠宰率高。180日龄即可达到上市体重。据测定，未经育肥的仔母鸡半净膛屠宰率平均为85%，全净膛屠宰率平均为75.5%，阉公鸡半净膛屠宰率为83.7%，全净膛屠宰率76.7%。

（2）产蛋性能与繁殖性能　性成熟较早，在农家饲养条件下，公鸡4月龄就有性行为，母鸡5～7月龄开产。公鸡配种能力较强，公、母鸡配种比例为1∶(13～15)。在农村放牧饲养的种蛋受精率在90%以上。自然孵化，每窝蛋12～15枚，孵化率为80%左右。人工孵化受精蛋孵化率平均为83.6%。就巢性强，每产一窝蛋就巢1次，每次约20天，醒巢后6～10天才开始产蛋。如用人工催醒，可大大缩短就巢时间。

十四、武定鸡

1. 概述

主产于云南省楚雄彝族自治州的武定、禄劝彝族苗族自治县，武定鸡属肉用鸡，素以体大著称，以肉质肥嫩鲜美闻名，有“武定壮鸡”之誉。因武定、禄劝等地历史上称为武定州，故得名。邻近的富民、安宁、禄丰、双柏等地亦有分布。武定鸡有大小型之分，前者多分布在山区，后者多分布在坝区，而以大型鸡占多数。肉质鲜美，其名气早已在明朝《云南通志》中有记载。

2. 产地环境

武定、禄劝县境内有三台山和拱王山盘踞，并有普渡河通过，地形复杂，立体气候明显，可分为山区和坝区两种生态环境，而武定鸡多分布在高寒和气候冷凉的山区。这个地区海拔为1710.1米，年平均气温为15.2℃，年平均降水量为1018.9毫米，年平均日照时数为2321.1小时，无霜期为226.9天。山场辽阔，鸡能在村寨附近的山场树林中自由活动并获得充足的矿物质、动物性蛋白质和青绿饲料。当地农作物以玉米、荞麦、马铃薯为主。长期以来，武定彝族人民多以养鸡为主要副业，时逢佳节或走亲访友都以鸡作为礼品，且当地人民对肉质要求也高，故不论公、母鸡皆行阉割以改善肉质。此外，山区村寨还恪守只能向外卖鸡，不能向外买鸡的乡规民约，使鸡群长期处于自繁自养的封闭状态，从而形成了武定鸡的优良特征和特性。

3. 外貌特征

大型鸡体形高大，骨骼粗壮，胫较长，肌肉发达，体躯宽而深，头尾昂扬，步态有力，由于全身羽毛较蓬松，更显得粗大；小型鸡体形中等，背宽平，头颈昂扬高翘，全身羽翼丰满。头型多平头、凤头；喙黑色，多单冠，红色，直立，前小后大，有极少数鸡为玫瑰冠，大型公鸡多数有冠齿7～9个，小型公鸡、母鸡的锯齿多而大小不一；肉髯、耳叶红色，有部分乌骨鸡的耳叶紫红色并带绿色；虹彩以橘红色最多，黄褐色次之（彩图14）。大型公鸡羽毛多呈赤红色，有光泽，而母鸡的翼羽、尾羽全黑，体躯、其他部分则披有新月形条纹的花白羽色；小型鸡毛色颇不一致，公鸡仍以赤红色居多，母鸡仍以麻栗色居多。皮肤白色，有部分为乌黑色。胫黑色，分有毛、无毛两种，有毛的整个腹部直到趾都长满羽毛，俗称“穿裤子鸡”，多数是大型鸡。武定鸡属慢羽型，120～150日龄体重达1000克时才出现尾羽。此前，胸、背和腹部的皮肤常裸露在外，俗称“光秃秃鸡”或“精轱辘鸡”。

4. 品种性能

（1）生长速度与产肉性能　大型鸡平均体重：30日龄公鸡265

克，母鸡 250 克；90 日龄公鸡 676 克，母鸡 479 克；180 日龄公鸡 1680 克，母鸡 1355 克；成年公鸡 3500 克，母鸡 2500 克。小型鸡平均体重：成年公鸡 2500 克，母鸡 1800 克。150 日龄大型公鸡平均半净膛屠宰率 85%，平均全净膛屠宰率 77%；成年大型母鸡平均半净膛屠宰率 85.4%，平均全净膛屠宰率 80.7%。150 日龄小型公鸡平均半净膛屠宰率 77.3%，平均全净膛屠宰率 57.7%；成年小型母鸡平均半净膛屠宰率 74.2%，平均全净膛屠宰率 51.1%。大型鸡主要特点是育肥性能好，沉积脂肪能力强，肉质鲜嫩可口。尤其是乌骨鸡肉更香嫩鲜美。小型鸡产肉虽不如大型鸡，但产蛋较大型鸡高，肉质也好。我国生产的“田七鸡精”主要原料就是武定鸡。公鸡 3 月龄阉割后饲养 5～7 个月，再强制育肥 1～2 个月，大型鸡体重高者达 7000 克以上，小型鸡可达 3000～4000 克。

（2）产蛋性能与繁殖性能　母鸡平均开产日龄 180 天。大型母鸡每窝产蛋 14～16 枚，平均年产蛋 110 枚；小型母鸡年平均产蛋 125 枚，高者可达 200 枚，平均蛋重 50 克。平均蛋形指数 1.27。蛋壳褐色，有深、浅之分。性成熟期，大型公鸡 180 天以上，小型公鸡 120～150 天。母鸡有就巢性，每年就巢 4～6 次，平均就巢持续期 13 天，高者达 30 天。公、母鸡利用年限 1～2 年。

十五、惠阳胡须鸡

1. 概述

惠阳胡须鸡，又名三黄胡须鸡、龙岗鸡、龙门鸡、惠州鸡，原产于广东省惠阳地区，是我国比较突出的优良地方肉用鸡种。它以种群大、分布广、胸肌发达、早熟易肥、肉质特佳而成为我国活鸡出口量大、经济价值较高的传统商品。与杏花鸡、清远麻鸡一起被誉为广东省三大出口名鸡之一，在港澳市场久负盛名。它以特有的优良肉质与三黄胡须的外貌特征而驰名中外，在育种、生产和外贸活鸡市场上都具有较高的经济价值，成为我国一个珍贵的家禽品种资源。

2. 产地环境

惠阳胡须鸡主产区多属丘陵或半丘陵地带，气候温暖（年平均

气温为21℃左右），雨水充沛（年降水量为1600毫米以上）。农作物有水稻、甘薯、木薯、小麦、花生、大豆、豌豆和芝麻等。新中国中成立前，因水利失修，经常洪水泛滥大量土地荒芜，形成大片草地或灌木林地，食饵十分丰富，为农家养鸡提供了有利的放牧条件。产区地处广州、香港地区两大消费城市之间，对活鸡的需求量大，质优则价高，刺激了产区的养鸡育肥技术和鸡贩业的发展。香港市场的消费者在强调鸡的烹调方法（白切鸡、盐焗鸡）的条件下，对鸡肉的风味、骨骼的软硬度、脂肪的分布都有独特的要求，这对品种的选育有较大的影响。20世纪60年代，商业和外贸部门在产区建立繁殖场，并采取奖售政策，促进了这个品种的发展。广东省农业科学院畜牧兽医研究所从1975年开始进行纯种选育工作，对进一步提高这个鸡种的质量起了一定的保障作用。

3. 外貌特征

惠阳胡须鸡属于中型肉用品种，这种鸡后躯丰满，体躯呈葫芦瓜形，慢羽。这个品种的主要特征是颌下有发达而张开的胡须状髯羽，无肉垂或仅有一些痕迹；公鸡单冠直立，冠齿为6～7个；喙粗短而黄，虹彩橙黄色；耳叶红色，梳羽、蓑羽和镰羽金黄色而富有光泽；背部羽毛枣红色，分有主尾羽和无主尾羽两种，主尾羽多呈黄色，但也有些内侧是黑色，腹部羽色比背部稍淡；母鸡单冠直立，冠齿一般为6～8个，喙黄，眼大有神，虹彩橙黄色，耳叶红色，全身羽毛黄色，主翼羽和尾羽有些黑色。尾羽不发达，脚黄色（彩图15）。雏鸡全身浅黄色，喙黄，脚黄（三黄），无胫羽。

4. 品种性能

（1）生长速度与产肉性能　惠阳胡须鸡初生雏平均重31.6克；5周龄公、母鸡平均重250克；12周龄公鸡平均重1140克，母鸡平均重845克；15周龄公鸡平均重1410克，母鸡平均重1015克；15周龄每千克增重耗料3.8千克。其生长最大强度出现在8～15周龄，8周龄前生长速度较慢，本品种属慢羽品种。60日龄前，羽毛生长很慢，一般要100日龄才羽毛丰满。公鸡比母鸡的羽毛生长

要慢10～20天。惠阳胡须鸡育肥性能良好，脂肪沉积能力强。在农家放牧饲养的仔母鸡，开产前体重达1000～1500克时，再经12～15天笼养育肥，可净增重7～8两。此时皮薄骨软、脂丰肉满，即可上市。120日龄公鸡平均半净膛屠宰率86.6%，母鸡86.7%，育肥母鸡84.8%；120日龄公鸡平均全净膛屠宰率81.2%，母鸡81.1%，育肥母鸡75.6%。

（2）产蛋性能与繁殖性能　母鸡平均开产日龄150天。平均年产蛋108枚，平均蛋重46克。平均蛋壳厚度0.3毫米，平均蛋形指数1.30。蛋壳浅褐色。公鸡性成熟期80～100天。公、母鸡配种比例1∶(10～12)。平均种蛋受精率88.6%，平均受精蛋孵化率84.6%。母鸡就巢性特别强，年平均就巢14次，最高达19次，平均每次停产期16天。公、母鸡利用年限1～2年。

十六、藏鸡

1. 概述

藏鸡是分布于我国青藏高原海拔2200～4100米的半农半牧区、雅鲁藏布江中游流域河谷区和藏东三江中游高山峡谷区数量最多、范围最广的高原地方鸡种。目前主要分布于西藏的山南、拉萨、昌都、那曲、阿里地区和云、贵、川接壤地区。藏鸡体形较小、胸腿肌肉发达、性情活泼、极耐粗饲放养、抗病力强，对海拔4100米以下的高原恶劣气候和生态环境有良好的适应能力，是我国在原始喂养状态下保存下来的珍贵家禽品种。

2. 产地环境

青藏高原农区和半农半牧区是青藏高原经济发达地区，也是藏鸡的主要产地。产区多高山峡谷，河床狭窄，河流湍急，气候严寒，四季变化不明显。年平均气温为4.5～12℃，昼夜温差大，多在12～17℃。1月最低气温为10.5～20.3℃。7～8月最高气温为26～29℃。年平均日照时数为2000小时以上，最高达3219.5小时，年降水量为300～700毫米，多集中在6～9月，占全年降水量的70%～90%。农作物一年一熟，以青稞、燕麦、荞麦、马铃薯

等耐寒作物为主，低海拔地区间有一年两季，也栽种小麦、蚕豆、豌豆、油菜、玉米、圆根等。畜牧业以饲养牦牛、绵羊、犏牛、山羊、马、黄牛、猪等，也饲养一定数量的家禽（主要是藏鸡）。藏鸡能适应高寒恶劣多变的气候环境，常年栖息于畜圈梁架之上，或露宿于宅旁树林，处于半野生状态。由于藏鸡产于高山深谷，历史上交通阻塞，形成天然隔离屏障，成为藏鸡独特的生态环境，从而形成一个适应于高寒地区生长的、体形外貌和生活习性与家鸡祖先红色原鸡非常近似的人工选择程度很低的地方原始小型品种。

3. 外貌特征

藏鸡体型呈“U”字形，小巧匀称、紧凑，行动敏捷，头昂尾翘，羽翼和尾翼特别发达，善飞翔，公鸡大镰羽长达40～60厘米（彩图16）。藏鸡头部清秀，少数有毛冠，母鸡稍多，占1%～3%，从冠为红色单冠；公鸡冠大直立，冠齿4～6个，母鸡冠小，稍有扭曲；以黑色居多，少数肉色；虹彩多为橘红色，黄栗色次之；耳多为白色，少数红白相间，个别红色，胫黑色或肉色；羽色复杂，主要有黄麻、黑麻、褐麻等杂色，少数白色，纯黑较少；公鸡羽毛颜色鲜艳，色泽较一致，其主、副翼羽和主尾羽、大镰羽均为黑绿色，梳羽、蓑羽均为红色或金黄色镶边黑羽。鸡体其他部位黑色羽多者，称为黑红公鸡；红色羽多者，称为大红公鸡。喙多呈黑色，少数呈肉色或黄色，虹彩多呈橘色，黄栗色次之，耳叶多呈白色，少数红白相间，个别红色，胫黑者居多，其次肉色，少数有胫羽。

4. 品种性能

（1）生长速度与产肉性能　藏鸡在3月龄前生长较快。据产地调查，6月龄公鸡平均体重1235克，成年公鸡平均体重1585克，3月龄时公鸡体重（630.3±19.05）克、母鸡（539.2±21.48）克，6月龄公鸡体重（1300±40）克，母鸡（990±50）克。

（2）产蛋性能与繁殖性能　据产地调查，藏鸡产蛋旺季为3～9月。在放牧条件下，一般年产蛋量40～80枚，巴塘藏鸡产蛋较多，可达100枚以上，平均蛋重42.1克。据引种观察，不采取醒抱措施 500 天平均产蛋 42.4 枚，蛋重（44.1±0.37）克，3～5 月测定的蛋料比为 1∶7.6。蛋壳褐色或浅褐色，平均厚度为 0.33 毫米。蛋形指数为 1.35。藏鸡公鸡性成熟较早，120 日龄左右开啼，母鸡性成熟较晚，据引种观察，母鸡 240 日龄左右开产，就巢性较强。

第三章 土鸡的繁育

第一节　种用土鸡的经济性状及选择

一、土鸡的主要经济性状

土鸡主要经济性状包括肉用性状、产蛋性能、生活力和饲料消耗比等。这些性状都是数量性状，数量性状是连续变异和受多基因控制的性状，遗传力很低，受外界条件影响较大。

1. 早期体重

土鸡一般在上市时，要求体重达到1～1.5千克，这一性状的遗传力为0.45，通过个体选择就可取得成功。

2. 成年体重

成年鸡的体重影响后代的早期体重，成年鸡体重的遗传力为0.55～0.65，可以通过个体选择取得较好的效果。

3. 早期生长速度

早期生长速度是土鸡的重要经济性状，应该在6～8周龄时选种。土鸡早期生长速度的遗传力为0.4～0.5，个体选择效果较好。

4. 屠宰率

屠宰率是指屠宰重占活重的百分比，是肉用性能的重要指标之一，遗传力为0.2～0.6，一般通过同胞鉴定进行间接选择。

5. 肉质

肉质是土鸡重要的经济性状，但肉质以嫩、滑、色、香、细等感官指标评定，选择应以市场需求及食品卫生标准为准。

6. 产蛋量

产蛋量既受本身遗传基础的影响，更与饲养管理与环境条件有关，遗传力较低。土鸡产蛋率较低，是需要重点改进的性状，采用专门化品系选育有望提高其产蛋量。

7. 蛋重

蛋重是影响蛋用型土鸡质量的重要经济性状，土鸡蛋较轻，可通过选择来改进，也可通过杂交来提高土鸡的蛋重。

8. 受精率和孵化率

受精率和孵化率主要受饲料管理和环境条件的影响，遗传力很低，但保存土鸡的繁殖性能是非常重要的。

9. 饲料转化率

饲料转化率与品种有关，不同品种、品系，在同样饲养管理条件下，饲喂同一种饲料，所产的蛋和增加的重量也不同。饲料转化率遗传力高，一般为0.2～0.6。

10. 生活力

生活力在很大程度上受饲养管理条件和外界环境条件的影响，但在相同条件下，不同品种、品系或家系，在生长、发育、死亡和抗病力上有差异。近交降低生活力，杂交提高抗病力。鸡生活力的遗传力一般为0.05～0.10。

二、种用土鸡的选择

选择即选留优秀个体作种用，通过科学的繁育措施，逐代积累优良性状，淘汰不良性状，从而使它们朝着人类需要的方向发展。因此，选择是提高土鸡生产性能的重要手段。目前，我国的土鸡品种很多，除当地品种外，还有外省、市引进的土鸡种。由于在饲养过程中，没有进行计划性配种和选种，土鸡种的优良品质无法保持

和发展，甚至有些已经变劣。所以，必须对种土鸡进行认真挑选。只有经常进行选种，才能劣中选优，优中选优，发挥种土鸡的优良性状，使产量越来越高，品质越来越好。种用土鸡的选种与淘汰是一项非常重要的工作，只有进行合理地选择淘汰，才能提高整个种鸡群的种用价值，提高合格种蛋的数量，提高商品土鸡的质量和档次，降低饲料成本，从而提高经济效益。如何挑选优质种用土鸡，是广大养殖户十分关心的问题。下面对优质种用土鸡的选择方法与具体措施进行详细说明。

1. 种用土鸡的选择方法

（1）表型选择　根据土鸡的外貌特征、生理特征和生产性能记录等进行选择。育种实践中，快慢羽可进行表型选择，雏鸡出壳后第 1 天，根据主翼羽和副主翼羽的长短选择出快羽、慢羽分别组群繁殖，在以后各代中逐步选择淘汰慢羽群中的快羽，或经过侧交淘汰慢羽群中杂合子公雏。土鸡的“包装性状”及其发育时间迟早的选择在 30 日龄左右进行，选择鸡冠发育快、红润的个体留种。此外，绿壳蛋、产蛋性能与生长速度等性状的选择均可采用表型选择。

（2）基因型选择　基因型选择是以表型选择为基础，根据被选个体的祖先、同胞、后裔和个体本身的遗传性能表现进行选择。质量性状的基因型选择比较容易，利用孟德尔定律来进行遗传分析。例如丝毛性状的选择，丝毛性状由一对隐性基因控制，在快大型乌骨鸡的选育中，艾维因肉鸡与丝毛乌骨鸡杂交 F1 代全部为正常羽，F2 代中出现的丝毛个体则为隐性纯合体，选择隐性个体纯繁可获得快长型丝毛鸡。而显性基因选择比较困难，因为显性纯合体和显性杂合体的表型往往相同。因此，除根据表型淘汰缺陷个体外，还可应用侧交淘汰杂合子。数量性状的选择比较复杂。任何一个数量性状的表型值都是遗传和环境共同作用的结果。一般我们把遗传效应分为加性效应、显性效应和互作效应。加性遗传效应即为育种值，可真实地遗传给后代。而显性效应和互作效应虽然也受基因控制，但不能真实地遗传给后代，育种过程中不能固定，对育种

工作意义不大。

(3) 个体选择　个体选择是指依据个体表现进行的选择。个体选择是育种实践中广泛采用的一种方法。它适合于质量性状和遗传力中等以上数量性状的选择。个体选择可以有效改进体重、蛋重、蛋壳、羽毛生长速度和早熟性，是土鸡育种实践中常用的方法之一。

(4) 家系选择　是根据家系的表型值进行选择。家系选择是现代家禽育种中广泛采用的一种方法。适应于遗传力低，但又具有很重要的经济性状的选择，例如产蛋量、受精率和生活力等。家系选择并不以个体表型的大小为依据，而是以家系表型均值的大小为依据，以家系为单位进行选择。家系选择与同胞选择属于同一范畴，但又有所不同，家系选择直接选留优秀家系，而同胞选择则是根据同胞成绩选留优秀个体。家系大时，两者没有多大差别；家系小时，两者有一定的差别。因为同胞选择中同胞的成绩对被选留种禽的育种值没有直接影响，家系选择常用于对种母鸡的选择，同胞选择常用于对种公鸡的选择。在育种实践中，个体选择和家系选择应结合进行。在优秀家系中，选择其中表现良好的个体作种鸡，可收到很好的效果。

(5) 单性状选择　针对某一个性状的选择称单性状选择。单性状选择土杂鸡育种实践中也经常用到，特别是在一个有稳定遗传结构的群体中选择某一标志性状时采用，例如黄羽、麻羽、青胫、青喙、乌皮、乌骨等性状的选择。

(6) 多性状选择　多性状选择是指育种实践中对多个性状同时选择的一种方法，是家禽育种常采用的方法。多性状的选择方法有顺序选择、独立淘汰和综合指数选择。

① 顺序选择。即在一个时期内只选择一个性状，达到改进后再选择第二个性状，然后再选择第三个性状，这样逐一进行选择。选择还可以往复进行，直到所选的各个性状都达到要求。这种选择法对某一性状来说，遗传进展是较快的，但就多个性状而言，遗传进展较慢，而当性状之间存在负相关时，一个性状提高后，将导致

另一个性状下降，因此使用上有一定的局限性。

② 独立淘汰。对选择的每一个性状，规定一个最低的表型值，个体必须符合各个性状的最低表型值才能留作种用，只要有一个性状达不到最低表型值的要求就予以淘汰。此法的优点是，对所改良的性状，在使用的时间和精力上，与所取得的成效相比，较顺序选择法效率高。可防止因偏选所引起的不良后果。在鸡的不同生长阶段和年龄阶段，随时可以进行选择，减轻选择任务的负担。这种方法的主要缺点是在遗传结构混杂的种鸡群中，有些个体会因某一特性达不到规定标准而被淘汰。

③ 综合指数选择。将所要选择的几个性状应用数量遗传学的原理，综合成一个可以相互比较的数值，作为选择性状综合数据，这个数据就是选择指数。选择指数比较高的个体留作种用。制定综合指数时，按照每个性状的经济重要性或选择重要性不同给出不同的加权值。综合指数选择法是最常用的选育方法。

2. 选择种用土鸡的具体措施

（1）种母鸡的选择

① 根据外形特征选择多产母鸡。头部：头宽，眼大明亮，冠大红润。喙：嘴短、粗、宽大、微弯。颈：长短适中，肌肉发达，羽毛浓密。胸：宽、深、圆，微向前突出，龙骨发达。背：宽、平直。尾：尾根齐平、展开。躯干：深、长、宽，呈圆形，后躯发达。腿及趾：趾短结实，两腿距离大，脚短。

② 根据耻骨距离的大小选多产母鸡。测量耻骨距离的大小有两种方法：一是测量耻骨间的距离，用手指测量耻骨（即肛门旁的两块软骨）间的距离，一般高产母鸡的耻骨距离大，至少可放下两个手指。反之，则为低产母鸡；二是测量耻骨与胸骨的距离，用手指测量耻骨与胸骨间的距离（即胸骨末端与耻骨间的距离），一般高产母鸡可容纳三至四个手指，这样的鸡腹腔大，产蛋多。

③ 根据产蛋性能选高产母鸡。无论是留种还是生产，选择母鸡的主要原则应该是依照产蛋的多少，因为高产母鸡的后代，一般情况下产蛋也是好的。影响产蛋量的因素很多，可以从以下几个方

面进行选择。

a. 开产日龄。土鸡的开产日龄因品种而异。一般要求不太早也不太晚，因为太早大多产的是小型蛋，晚熟则影响产蛋量。

b. 冬休期。由于气候的影响，在冬季会出现2～3个月的停产期。如果在冬季休产期能产蛋，当然是比较理想的高产鸡。

c. 产蛋强度。产蛋强度指在一定期间内的产蛋率。例如甲鸡是隔天产蛋，乙鸡是连产2天停产1天，而丙鸡是连产3天停产1天，并往往形成一定的周期性，那么在30天内丙鸡与甲鸡相比，产蛋量几乎相差1倍，故在选择时必须了解清楚个体连续产蛋的性能。

d. 换羽进程。换羽是鸡的一种正常生理现象。每当结束一个生物学产蛋年后，便出现停产和换羽。全身羽毛先后都要脱换，而主翼羽的脱换最有规律，先由靠近轴羽的一根开始，依次向外脱换，每隔1～2周脱落一根，每根从脱落到重新长齐需4周，这样整个换羽期需时3～4个月，因此产蛋少。而高产鸡换羽迟，速度快，主翼羽常是2～3根一起脱落，换羽时间只需6～7周，因此产蛋多。鸡的换羽迟早与换羽速度的快慢都是重要的遗传性状，是能够遗传给后代的。从开产到开始换羽这段时期称为产蛋期，虽然有的日子也不产蛋，但这是间歇而不是休产，在生理上仍处于产蛋状态，只是强度的不同而已。产蛋持续期在12～13个月，势必换羽迟，但有些鸡产蛋仅8～10个月便停产换羽，当然不能高产。换羽速度影响第二个产蛋期的产蛋量，有些鸡甚至在换羽期仍在产蛋，虽然这些鸡在鸡群中数量很少，但发现后应选留下来。一般说来。换羽期间多停止产蛋，这可能与营养供应有关；另外，低产母鸡往往在夏季或初秋开始换羽，但高产母鸡在秋末冬初才换羽。

e. 成熟期。成熟期的早晚，直接关系到全年产蛋量的多少。成熟期早的，产蛋就多。蛋用鸡成熟期要求在6个月左右。

f. 抱窝性。高产母鸡一般不爱抱窝，即使抱窝，醒窝也快。相反，爱抱窝的则为低产母鸡。

（2）种公鸡的选择　有些养鸡户往往认为公鸡的选择无关紧

要，这种想法是完全错误的。其实，要想得到优良的鸡苗，种公鸡的选择更关键。从遗传上看，公鸡对后代的早期生长发育的速度、产蛋的数量影响较大。1只公鸡可配10只以上的母鸡，可见选择种公鸡比选择种母鸡还要重要，谚语"公鸡好，好一坡；母鸡好，好一窝"就非常形象地说明了这个问题。认真、合理地对种用公鸡进行筛选，无论对平养的自然交配还是对笼养的人工授精，都同等重要。原种鸡群公鸡选种，主要依据其系谱来源、直系及旁系亲属的生产性能的评定结果、后裔品质的测定结果、个体的体况评分、家系死淘记录等有效、可靠的数据统计资料，所以一般对种公鸡的选择是比较可靠的。而在祖代、父母代种鸡场饲养的鸡群中，因为没有可以用来作为选种参考的数据，所以只能在不同阶段根据公鸡的外部状态、健康情况进行选种。

① 根据外形特征选择优质种公鸡。优质种公鸡一般具有如下特征：体形高大，胸背丰满，尾羽翘起，活泼好动；啼声洪亮，羽毛丰满，有光泽；冠大且红，手摸有温暖感；性欲旺盛。在选种过程中，体重太小、鸡冠发育不明显、龙骨生长弯曲、胸部有囊肿、偏胸、歪喙、腿部有疾病、脚趾有缺陷或残疾、没有性反应的公鸡都应淘汰。

② 种公鸡的选择阶段。小鸡孵出后一半是公鸡，选择的基础比较大，为选择公鸡创造了条件。但只有掌握好选择的时间和标准才能选择出好的种用公鸡。第一阶段选种，在孵化出雏进行雌雄鉴别后，对生殖器发育明显、活泼好动且健康状况良好的小公雏进行选留。第二阶段选种，在公鸡育雏达到6～8周龄时，对公鸡进行第二次选种，主要选留那些体重较大、鸡冠鲜红、龙骨发育正常（无弯曲变形）、鸡腿无疾病、脚趾无弯曲的公鸡作为准种用公鸡，淘汰外貌有缺陷，如胸骨、腿部或喙弯曲、嗉囊大向下垂、胸部有囊肿、胸骨弯曲的公鸡。对体重过轻和雌雄鉴别误差的公鸡亦应淘汰。公母选留比例1∶(8～10)。第三阶段选种，在17～18周龄时（肉用种鸡可推迟1周），在准种用公鸡群中选留体重符合品系标准，体重在全群平均体重的标准化离均差范围内的公鸡。选留鸡冠

肉髯发育较大且颜色鲜红、羽毛生长良好、体形发育良好，腹部柔软，按摩时有性反应，例如翻肛、交配器勃起和排精，这类公鸡可望以后有较好的生活力和繁殖力。公、母选留比例为1∶(10～15)(自然交配)，如做人工授精公母比例为1∶(15～20)。第四阶段选种，主要用于人工授精的种鸡场。在大约20周龄时，主要根据精液品质和体重选留。通常，新公鸡经7天左右按摩采精便可形成条件反射。选留公母比例可达1∶(20～30)，在21～22周龄，对公鸡按摩采精反应有90%以上的是优秀和良好的，10%左右的则为反应差、排精量少或不排精的公鸡，对此类公鸡应继续补充训练。经过一段时间，应淘汰的仅为少数，约占总额的3%～5%。若全年实行人工授精的种鸡场，应留有15%～20%的后备公鸡用来补充新公鸡。

(3) 根据记录成绩选择优质种公鸡或种母鸡　根据外貌和生理特征进行选择，不能确切鉴定出实际的生产性能，而且生产性能相差不大的个体，容易发生误差。为了准确选择优秀的种公鸡和种母鸡，最可靠的方法是根据记录资料。所有育种场都需做好系统的记录工作，以此作为选择和淘汰的主要依据。根据记录成绩进行下列四个方面的选择。

① 根据谱系资料进行选择。当选择育成鸡或公鸡时，由于育成鸡还没有产蛋，公鸡本身不能产蛋，这就只能查看它们的谱系，通过比较它们祖先的生产性能来推断它们可能的生产性能。这就是我们常说的看它们的血缘好坏，祖先生产性能高，说明它的血缘好，可以留作种用，血缘差的予以淘汰。在比较谱系资料时，血缘越近的对后代影响越大，如亲代影响比祖代大，祖代影响比曾祖代大，因此一般着重比较亲代和祖代。

② 根据本身成绩进行选择。谱系资料只能说明生产性能可能如何，而本身的成绩则说明实际生产性能，本身性能优良的其后代才可能优良，因此是选择的重要依据。但应知道，根据本身的成绩进行选择只适合于遗传力高的性状。

③ 根据全同胞和半同胞成绩进行选择。当选择育成公鸡时，

因本身不产蛋又无女儿产蛋，要鉴定它的产蛋能力，只有根据它的全同胞或半同胞姐妹的产蛋成绩来鉴定。因为公鸡与其全同胞或半同胞有共同的父母或共同的父或母，在遗传上有一定的相关性，故其生产性能理应与其全同胞或半同胞接近。因此，通过鉴定全同胞或半同胞的成绩，可以对种公鸡作出优劣的判断。

④ 根据后裔成绩进行选择。根据谱系、本身和全同胞、半同胞成绩可以比较准确地选出优秀的种鸡。但选出的种鸡能否将优秀品质遗传给下一代，这就必须进行后裔鉴定。根据后裔成绩进行选择与淘汰，是根据记录成绩进行选择的最高形式。因为通过这种方法选得的种鸡，能够将其优秀品质稳定地遗传给下一代，使我们能够获得高产的鸡群。

（4）根据血型进行选择　近代国外许多学者开始研究鸡的血型，探讨血型与生产性能的关系，期望根据血型的差异，早期判断个体的生产性能，作为育种工作上早期选择淘汰的依据。根据美国和英国学者对鸡血型的研究，证明鸡有 13 种血型。国外有些家禽育种场将血型选择法应用于肉鸡育种工作，已取得显著效果。

第二节　土鸡的繁育技术

一、土鸡的现代育种方法

1. 家系育种法

家系分为全同胞家系和半同胞家系，全同胞家系指同父同母的后代组成的家系，半同胞家系指同父异母或同母异父的后代组成的家系。现代土鸡育种实践中多采用半同胞家系育种法，利用家系育种法，形成优秀家系，然后闭锁繁育，进一步选育后会形成一个专门化品系。

2. 近交系育种法

近交系育种法是培育专门化品系，用于品系杂交配套生产商品杂交鸡采用的育种方法。近交是有较近亲缘关系的公、母鸡之间的交配，在鸡的近交系培育中易于获得全同胞，故近交系的培育多采用全同胞交配，经2～6代，使近交系数达到0.375以上。近交使优秀的加性基因累积和非加性基因纯合，时间迅速，效果显著，易形成纯系；在近交的后代中选择符合育种目标的个体组群封闭形成近交系。但近交也可使有害隐性基因纯合，随着近交程度增大，生活力下降，死亡率升高。因此，育种实践中应严格淘汰不符合育种目标的个体和有害隐性基因纯合体。近交系培育成功后，闭锁群内应采用温和的近亲交配，以巩固近交系的特征性能。近交系育种时，同品种内多设家系，以20～30个为宜，杂交组合试验同时进行。既可以尽早找出最佳杂交组合，也可缩短育种周期和减少饲养近交系的数量，节约育种成本。

3. 闭锁群育种法

利用这种方法可以得到具有一定性能特征，而血缘又不至于过近的品系。其方法是利用20个配种间，使用200～300只母鸡，每间10～15只母鸡配一只公鸡。采用40只或60只公鸡，20个配种间轮配2次或3次，后代就得到40～60只公鸡家系和200～300只母鸡家系。此代的种公母鸡称为第一代种公母鸡。根据各家系后代的生长发育，产蛋量、蛋重等的平均值初步鉴定第一代种公母鸡的优劣。在初鉴优秀的家系后代中选择平均值以上的育成母鸡1000只，选留公鸡200只，继续饲养观察其生产性能及其他相关性状。生产性能优秀的公鸡称为第二代种公母鸡。仿第一代进行轮配，但要避免全同胞或半同胞交配。完成一个产蛋年后，根据其个体成绩，参照家系、全同胞、半同胞的成绩和死亡率，选留优秀种公母鸡，称为鉴定合格种公母鸡。由鉴定种公母鸡的后代组成的配种组及其后代，称为育种核心群，其余称为普通育种群。照此进行第三、第四、第五代等配种、鉴定，即可育出高产品系。此方法减少了因近交衰退而造成的大量淘汰，但是需要维持多个家系和大量的育种群体。

4. 核心群育种法

核心群育种法也称纯系繁育法，是现代土鸡育种常用的基本方

法之一。核心群育种法包括家系育种法育成的家系闭锁繁育和近交系育种法育成的近交系闭锁繁育，但也可以将具有共同优秀性状，而无亲缘关系的公、母鸡组成一个核心群闭锁繁育和选择，育成一个新品系。总的来说，核心群育种法的主要目的是保纯，其次是培育新品系。这种育种方法在经过几年的不断选育后组成一个新的品系。

5. 合成系育种法

合成系育种法是商业育种常用方法之一，与核心群育种法的组群相似，但优秀个体可来自不同的品系或品种。具体方法是利用几个具有所希望特定特点的品种或品系，利用杂交试验，合成一个具有这些特点的新品系。

6. 正反反复选择法

正反反复选择方法是结合杂交组合进行的一种选育方法。这种方法既可避免近交，也可在选育形成品系过程中就把杂交组合选出来，而且杂交后代也可用于商品生产，因此颇受欢迎。一般情况下，正反反复选择法是在两个基础品系（或鸡群）中，根据性能特征不同分成 A、B 两个品系（或鸡群）。第 1 年把 A、B 两系（或鸡群）公、母鸡按配种小间分正、反两组杂交；第 2 年根据第 1 年正反杂交结果，选出好的杂交组合，用这个组合 A、B 两系种土鸡，分别进行两系纯繁；第 3 年将第 2 年繁殖的优秀的 A、B 两系纯繁鸡，又按第 1 年正、反两组相互杂交；第 4 年重复第 2 年的纯繁工作。如此正反反复选择，到一定时间后形成两个新的品系，而且彼此具有很好的杂交配合力，可正式运用于生产。改良后的正反反复选择法是将正反杂交和纯繁在同一年进行，把改良前的正反反复选择法时间缩短一半。第 1 年待各配种间后代达 42 周龄后，根据正反交后代生产性能优秀的即杂交配合力好的，留作这个配种间的纯繁后代。第 2 年将选留纯繁后代再按第 1 年纯繁和正反杂交组合办法进行正反杂交和纯繁试验，如此正反反复选择进行下，即可育成具有高度杂交优势的两系配套的两个纯系。

二、种用土鸡的选配类型

优质种用土鸡的选配就是把选出的优秀种鸡，有目的、有计划地进行公、母配对，使优秀的性状遗传给后代。选配恰当，就可以充分发挥种鸡的作用。所以，选配是选择的继续。选配是否恰当，又要依靠选择来判断。因此，选择又是选配的继续。选配可分为以下 3 种类型。

1. 同质选配

将生产性能性状相似或特点相同的个体组成一群，称为同质选配。其实质是具有同样优点的种用价值高的公鸡与母鸡定向交配。同质选配是以亲缘交配或“相似与相似”交配为基础的。这种配种方式，可以增加亲代与后代和后代全同胞之间的相似性，增加后代基因的纯合型。但是，这种方法容易造成近交的增加，而且变异相对减少，长期选择时遗传进展很快就会衰竭。同质选配又可分为基因型同质选配和表型同质选配两种。基因型同质选配是以谱系、家系的资料为依据判断具有相同基因型的交配。表型同质选配则是在不了解谱系资料的条件下，只根据个体具有相似表型来进行选配。

2. 异质选配

异质选配，就是选择具有不同生产性能特点或性状的优良公母鸡交配。这种选配可以增加后代杂合基因型的比例，降低后代与亲代的相似性，从而改善父母代某一方的不良性状，或将父母代的不同优良性状结合在一起，获得兼具双亲不同优点的后代，但后代的个别性状可能介于亲代之间。异质选配很少出现向性状两极发展的倾向，选配方式可分为基因型异质选配和表型异质选配。基因型异质选配是根据谱系、家系等资料来判断配种双方不具有亲缘关系，且具有不同生产特点和其他性状的交配，其目的是使后代获得具有亲代双方的优点。表型异质选配，只根据表型性状而不查谱系和血缘的选配，这只是具有不同生产性能的表型性状的选配，而不是利用一方的优点去纠正另一方缺点的配种。

3. 随机交配

这种选配方法不用人为控制，随机组群，让公母鸡自由交配，其目的是为了保持群体的遗传结构不改变。但随机交配不是无计划地乱交乱配，它只是在大群体配种繁殖的情况下才能发生，而且鸡群中的公母个体有同等的机会，自由地进行交配。随机交配的遗传效应是能使群体保持平衡。任何一个大群体，不论基因型频率如何，只要经过随机交配，基因型频率就或快或慢地达到平衡状态。如没有其他因素影响，以后一代一代随机交配下去，这种平衡状态永远保持不变。但如果公、母鸡个体数太少，可能因发生随机漂变而丧失平衡，甚至丢失某些基因。在群体中频率高的基因一般不易丢失，频率低的基因则较易丢失。

三、土鸡的配种方法

土鸡的配种方法有自然配种和人工授精两种。

1. 自然配种

自然配种是过去传统的方法，目前不少种鸡场仍继续采用，特别是肉种鸡采用厚垫料全地面饲养或2/3棚架与1/3地面结合式饲养，都是采用自然交配。自然交配的优点是省事省力；缺点是公母比例小，饲养公鸡多，耗料多，占地饲养面积大，种蛋受精率低，特别是肉用种鸡在产蛋后期体重偏大，交配困难，种蛋受精率仅70%左右。自然交配又分为以下三种方法。

（1）大群配种　大群配种即为一定数量的公鸡按比例配以一定数量的母鸡，使每一只公鸡和每一只母鸡都有机会自由组合交配，这种配种方法受精率较高。但不能确知雏鸡的父母，一般只用于繁殖场。群的大小视鸡舍和繁殖规模大小而定，从100只到1000只不等。一般年轻公鸡较活跃，配种能力强，母鸡数量可适当增加；年老公鸡，则母鸡比例应较低。可用一只公鸡配8～10只母鸡。

（2）小间配种　小间配种是一配种小间容纳母鸡8～15只，配一只公鸡。母鸡、公鸡均编脚号，配置自闭产蛋箱，种蛋要记上配种间号数和母鸡脚号或肩号，以期能够清楚知道由这种配种所得雏鸡的父母，这是土鸡育种场常用的方法。小间配种常因配种行为和癖性，种蛋受精率不如大群配种高。

（3）个体控制配种　此法为将一只公鸡单独养在配种笼和配种间内，将母鸡放入，待公鸡交配后，即行取出母鸡。为了保证优良受精率，每周每只母鸡至少必须放入1次。这种配种方法，可以充分利用特别优秀的公鸡，但需花较多人力、物力。

2. 人工授精

以人工方法利用器械采集种公鸡的精液，经检查与稀释处理后，再输入到母鸡生殖道内，以此来代替自然交配，从而达到繁育的目的。种鸡人工授精从20世纪90年代以来在许多规模化的养殖企业普遍推广应用，是一项操作性很强的技术。

四、土鸡配种的注意事项

1. 配种年龄

蛋用种鸡的配种适龄在开产后3～4周，肉用鸡的配种适龄一般在开产后4～5周，另外还要依蛋的大小而定，一般要求蛋重应在45克以上。当然也要结合品种或品系特点加以确定。公鸡的配种年龄要更迟些，一般都在7～9月龄。

2. 配偶比例

现代化的优质种用土鸡大部分都采用人工授精的方法进行配种。在种鸡栏中公鸡过多，会影响受精率，就像公鸡过少一样。公、母鸡的正确比例决定于种鸡的类型与体形大小，如蛋用型土鸡公母比例为1∶(15～20)，兼用型土鸡比例为1∶(12～15)，肉用型土鸡比例为1∶(10～15)。对于采用自然配种的鸡场，应保持恰当的配偶比例，以保持较高的受精率。如果配偶比例不当，母鸡过多，则得不到公鸡配种；若公鸡过多，则会产生争偶现象，结果都会使种蛋的受精率降低。实践证明，优质种用土鸡的公鸡、母鸡配种比例为1∶(12～15)，在正常情况下，种蛋受精率可达90%以上。

3. 种鸡的利用年限

优质种用土鸡一般在性成熟后，第一个产蛋年的产蛋量最高，

第二、第三个产蛋年分别下降到15%～20%、15%～28%。因此，一般种鸡场，种鸡利用时间都较短，常采用全进全出制，鸡群在一个产蛋周期后即予以淘汰处理。

第三节　土鸡的人工授精

一、人工授精的优势

土鸡应用人工授精来进行配种，有以下优势。

1. 解决配种困难

公鸡、母鸡之间因体形差异大，在自然配种下受精率很差或无法配种时，可以利用人工授精来提高受精率，解决了配种的困难。特别是特大型肉种鸡体形较大，自然交配困难，直接影响种蛋的受精率。而采用人工授精技术，就可解决这种配种困难的问题。

2. 提高种蛋受精率

自然交配的受精率前期蛋鸡或肉鸡一般都在90%以上，有的高达95%以上，但后期的受精率比较低，平均在80%左右，有的最低受精率在60%左右，整个生产期的受精率平均在85%左右。而人工授精的受精率前期在93%～96%，有时高达98%以上，后期的受精率在90%～92%，整个生产期的平均受精率在92%左右。

3. 提高配种概率

人工授精可以使每只母鸡皆有受精的机会，提高配种概率，在选种时较为有利。

4. 提高良种公鸡的利用率

自然配种时的公、母鸡比率往往很接近，但是人工授精时，每只公鸡配种数可提高为30只左右，提高了良种公鸡的利用率。同时克服了公母鸡的选相交配。在自然交配中，无论公鸡或母鸡都存在偏爱，影响受精率，特别是小群配种受精率极低，只有人工授精才能避免这种选相交配，提高受精率。

5. 可自由调整人工授精的授精频度

人工授精的授精频率可自由调整，因此可以在某些季节或特殊情形下受精率降低时，增加授精次数，以便提高受精率。

6. 减少疾病的传播

主要指公鸡交配器官疾病的传播。在公鸡交配器官有病时，公鸡精液污染，如果自然交配，导致母鸡阴道疾病。

7. 扩大基因库

精液冷冻技术能使受精率达到80%～90%，不受公鸡年龄、时间、地区及国界的限制，无论年限多久，用冷冻技术都可将优秀品系保存，利用它的精液繁殖后代。

8. 便于推广

人工授精技术操作简单易行，不需要比较精密及复杂的设备。一般具有初中以上文化水平经10～15天学习和实际操作训练，就能基本掌握。

二、种公鸡的选择及管理

1. 种公鸡的挑选标准

体质健壮，肌肉结实，前胸宽阔，眼睛明亮有神，灵活敏捷，叫声清亮；腿脚粗壮，脚垫结实，富有弹性；羽毛丰满有光泽，无杂色，第二性征明显，鸡冠和肉髯发育良好，颜色鲜红为佳。另外，注重检测备选种公鸡的生产性能。一般一只健壮公鸡采精量应在0.4～1毫升，精液黏稠，乳白色或灰白色。此外，用电子显微镜监测精子密度和活力进一步进行筛选，正常鸡只精子密度一般为25亿～40亿/毫升，精子直线运动，无畸形。

2. 种公鸡的数量

受公鸡体质、人工授精技术水平及稀释液质量的影响，用小型蛋鸡笼饲养公鸡，因活动面积有限，往往造成后期公鸡体质变弱，死亡率提高和采精量减少的现象。因此，笼内饲养的公鸡，平时要加强饲养管理，让公鸡多休息并增加其营养。一只好的种公鸡，输

精量可供42只母鸡用。

3. 种公鸡的日常管理

（1）公母分群饲养　1日龄时进行公母分群饲养，这样可培育出发育良好、性欲旺盛、使用期长的种公鸡。据报道，种公鸡与母鸡一起笼养后，蛋的受精率比单独笼养种公鸡低3%～5%。

（2）笼饲优于平饲　公鸡在采精时采用平饲或笼饲对受精率的影响并不大，但笼饲时精液量较多，精液浓度较高，且管理上较方便；若欲平饲则须与母鸡分开饲养，且不可同一栏养太多以减少打斗或伤及生殖器。

（3）饲养密度适宜　试验表明，公鸡从每平方米21只增加到27只，对其生长发育、繁殖品质和成活率均有影响，育成率降低8%，交配次数也减少30%以上。

（4）合理饲喂　营养方面须注意避免养得过肥，适度的限食不会影响受精率。但是能量不够时，比蛋白质缺乏更易对精液品质发生影响。每千克体重每天约需100千卡的热能。种公鸡在性成熟后可用产蛋母鸡饲料喂饲，但饲料中钙、磷成分宜减少。采精频度较密时，应给予额外的矿物质和维生素。另外，种公鸡日粮中，增加必需氨基酸、维生素等添加剂，效果更好。

（5）充足的光照　充分的光照对精液的产生有很大的影响，每天至少要有14小时的光照才能对公鸡生殖系统的发育与维持有利。光照强度在2～50勒克斯皆可以有良好的效果。一般而言，母鸡产蛋所需的光照就可以使公鸡产生优良的精液。室内安设自控灯，光照时间不能随便调换。

（6）适宜的温度和湿度　舍内温度最好控制在15～20℃，但不要低于10℃，不要高于26℃。冬天做好保暖，夏天做好降温。有条件最好安装湿帘、热风炉、纵向通风机。要求舍内空气的相对湿度在55%～60%，湿度不要过高或过低。

（7）卫生和疾病预防　要求舍内无不良气味，经常保持舍内清洁卫生，空气新鲜。饮水必须清洁卫生。另外，经常观察鸡群，预防性投药，禁用磺胺类药物。

(8) 剪冠　公鸡最好剪冠。公鸡一般冠大，在饲养过程中最易形成外伤。70 日龄前剪冠的公鸡，成活率及繁殖品质均有提高，蛋的受精率较不剪冠鸡高出 2%以上。剪冠在 35～45 日龄初选后进行。

(9) 切距及去趾　10～16 周龄当距完全形成时切除，在 6～9 日龄剪去公鸡的内趾和后趾。

(10) 避免应激　减少惊吓等各种应激因素，尤其是管理人员的异动对公鸡的采精量有很大的影响，因为公鸡会习惯经常接触的采精人员，一旦突然换人，常会减少精液量。

(11) 鸡笼的合理设计　公鸡鸡笼的设计应尽量使操作人员方便，高度适当，以免在抓出公鸡采精时因其挣扎而受伤，并且应使公鸡的饲料槽及饮水设备高度适当，容易采食。

(12) 及时做好不良公鸡的调换　对个别公鸡精液极少、精液品质差或体况发育不良的公鸡应及时挑出，换上优秀种公鸡参加配种。一般情况下，一个种鸡场至少每年两批以上育雏育成，可以适当留些备用种公鸡。

三、种公鸡选育关键点

第 1 次：1 日龄，根据生产产蛋期公母比例需要，适当淘汰弱小的公鸡。

第 2 次：40 日龄，选留发育良好、鸡冠鲜红的公鸡。

第 3 次：17～19 周龄，选留第二性征好、体格健壮、有性反射的公鸡。

第 4 次：22 周龄左右，采精训练时淘汰无精液或精液品质差的公鸡。

四、采精

1. 保定

一般可由一人抱起公鸡，左右两手握住公鸡的大腿根部，同时一起握住鸡的左右翅膀，令其紧贴保定人员身体腹部上侧部，保定人员两腿前后叉开。抱鸡的高矮程度要与采精人员互相配合，尽量

使其处于自然状态，有时采精人员按摩用力较重，抱鸡者要站稳并使身体稍向胸前倾斜，以适应采精的需要。抱鸡人员抓鸡的速度要轻而快，用力不可过大。

2. 采精方法

采精人员用左手（也有人用右手，视个人的习惯），自鸡的背部向后至尾根按摩数次。右手中指和无名指夹着集精杯，拇指与其他四指分开放于耻骨下方做腹部的按摩准备。在按摩背部的同时，观察泄殖腔有无外翻或呈交尾动作。如果有性反应表现，用按摩背部的左手掌心迅速压住尾羽，并将拇指和食指分开放于泄殖腔上方，做好挤压准备，进而在腹部的右手同左手高频率地抖动按摩，使泄殖腔充分外翻，即可见到勃起的乳头突。做好挤压准备的拇指和食指适当用力挤压。当排出精液时，夹着集精杯的右手迅速反转为手背朝上，集精杯放于泄殖腔下边，协同左手将精液收集入内。此时，右手也可以将食指、中指和无名指向手心握紧，中指和无名指夹住集精杯，紧贴腹部，集精杯口偏向泄殖腔的左边或右边，以防在按摩时粪便和尿液进入集精杯。在左手按摩泄殖腔外翻排精时，右手夹集精杯，杯口朝向泄殖腔。此时，只要右手臂稍向外扭转，集精杯口边稍用力向乳状突的下缘施加压力，就能辅助泄殖腔充分外翻。应注意，当通过背部按摩达到性反应，泄殖腔充分外翻时，必须迅速而准确地捏住挤压部位，否则得不到采精的良好效果。只要按摩手法正确熟练，对选定的公鸡每天采精 1 次或隔天 1 次，经 5～7 天的按摩训练均可达到使用要求。对个别的公鸡调教时间可能要长些。

3. 采精注意事项

（1）器皿准备　采精前要将采精过程需要的器皿进行熏蒸消毒；对集精管要做预温（冬季：36～37℃，夏季：35～36℃）处理。另外，低渗压对精子有害，所以精液中不能混有水，因此人工授精器皿必须烘干后才能使用。

（2）公鸡禁食　采精前种公鸡应禁食 3～4 小时，减少污染。

（3）力度适宜　采精力度不宜过大，按摩时间不宜过长，否则引起公鸡排粪、排尿，使得透明液增多，也可引起黏膜出血。采精时，从鸡笼抓出公鸡要立即采精。否则，时间越长，公鸡越迟缓，导致采不出精液或采精量少。另外，力度过大易造成精子损伤。

（4）配合熟练　采精过程中，要求工作人员配合熟练，防止彼此等待，造成采精时间延长或者采精量减少。

（5）人员固定　采精人员要相对固定，公鸡笼位也要固定，无特殊情况不得随意变动，否则对公鸡影响较大。

（6）及时观察精液质量　收集精液时只取乳白色的黏稠性强的精液，黄色精液含有粪便，褐色精液带血，稀薄精液中有尿酸盐，不宜作输精用。采精时如发现混有血液或精液稀薄，应将公鸡挑出，暂停使用；如不慎将粪便、羽屑或其他污物采入，应将精液废弃。在混匀过程中，切忌用力过大。采精时要严禁烟、酒、消毒液等挥发性、刺激性物质，以免对精子造成毒害。另外，要定期对精液质量包括精液密度和活力进行电镜检测，及时淘汰劣质精液品质的公鸡，以免影响种鸡的人工授精。

（7）时间间隔　采精要隔 1 天采 1 次或采 3 天休 4 天，频繁采精或长时间不采都有不利影响。

4. 精液品质检查

（1）外观检查　正常精液为乳白色不透明液体。混入血液为粉红色；被粪便污染为黄褐色；尿酸盐混入时则呈粉白色棉絮状；过量的透明液混入则有水泽状。凡受污染的精液其品质急剧下降，受精率不会高，均应弃之不用。

（2）活力检测　采精后 20～30 分钟内进行，取精液及生理盐水各一滴，置于载玻片一端混匀，放上盖玻片。精液不宜过多，以不溢出为宜。在 37℃，用显微镜在 200～400 倍视野下检查，直线前进运动，有授精能力；圆周运动、摆动两种方式均无授精能力；活力高、密度大的精液呈旋涡翻滚状态。

5. 精液稀释

通常可用原精液输精。但是精液稀释后，一方面可扩大精液

量，因为鸡的精液量少，精子密度大，每次只能给少数母鸡输精，通过稀释可扩大输精母鸡的数量，提高优良公鸡的利用率和有利于输精操作。另一方面可延长体外精子的寿命，保持授精能力。制作稀释液是从补充精液营养物质、保持精液合适的渗透压和缓冲 pH 值变化等方面考虑。鸡的精子在母鸡体内能长时间保持受精能力，而在体外很容易失去受精能力，其原因是在采精时，泄殖腔腺体各种成分混入了精液之中，造成精子活动加快，能量快速减少而导致受精能力的降低。适当的稀释可作为补充能量的营养物质，从而减缓了精子受精能力的降低，提高了受精率。再者精液稀释后，可使精子均匀分布，保证每个输精量有足够的精子数，从而达到提高受精率的目的。稀释的方法与比例如下。

（1）稀释前的检查　精液稀释前必须检查污染情况、精子活力、精子密度、pH 值等，凡受粪便、尿酸盐、血液、过多透明液和其他异物污染的精液不宜稀释。

（2）稀释方法　采精后应尽快稀释，将精液和稀释液（生理盐水、葡萄糖生理盐水或专用精液稀释液）分别装于试管中，并同时放入 30℃保温瓶中或恒温箱内，使精液和稀释液的温度相等或相近，避免两者温度相差过大，造成突然降温，影响精子活力。稀释液应沿装有精液的试管壁缓慢加入，轻轻转动，使均匀混合。作高倍稀释应分次进行，防止突然过激改变精子所处的环境。

（3）稀释比例　根据精液质量和稀释液的质量而定。如果室温（18～22℃）保存不超过 1 小时，稀释比例以 1∶(1～2) 为宜。在 0～5℃，保存 3～8 小时或 24～48 小时，稀释比例宜 1∶(3～4)。冷冻精液稀释比例常在 1∶(4～5) 或更高。但太高的稀释比例，难于保证输入的精子数，尤其作阴道输精，输精量超过 0.4 毫升，输入的精液就可能倒流于泄殖腔内。

6. 影响精液质量的因素

种公鸡精液质量因受其自身和日常饲料的影响而不满足人工授精的需要，为了让种鸡能产高质量的精液，养殖户还需仔细地找出影响种公鸡精液质量的因素，然后一一寻找对策。

（1）遗传因素　不同品种公鸡的精液质量存在着一定的差别，在笼养条件下繁殖阶段中后期肉用型公鸡精液质量的下降程度高于蛋用型公鸡。

（2）个体差异　繁殖期内种公鸡的射精量、精子密度和活力在不同个体间存在着明显差异。

（3）种公鸡的年龄　在22～45周龄期间种公鸡可保持旺盛的性功能，精液品质良好。但从45周龄以后一部分公鸡的性功能衰退，精液质量下降，严重时不能满足大群人工授精的需要，第二个繁殖年度精液质量更差。

（4）种公鸡的健康状况　健康状况不良的公鸡由于其生理功能失调，精子生长过程将会受影响。任何疾病的发生都会不同程度降低精液的品质，如沙门菌感染、马立克病等都可对睾丸产生直接的影响。

（5）饲料因素

① 蛋白质。在生产实践中，若在40周龄后仍采用低蛋白质饲料则常常造成种公鸡精液品质的下降，蛋用型公鸡表现尤为明显。

② 维生素。维生素含量不足会造成精液品质的严重下降。一般情况下种公鸡饲料中维生素添加量比商品蛋鸡料高20%～40%，尤其是维生素A、维生素E、维生素B_1、维生素B_2、叶酸及生物素。还有资料表明，在种公鸡日粮或饮水中定期添加适量的维生素D，可明显改善精液品质。

③ 毒素。棉籽（仁）饼、粕中所含的游离棉酚会损害公鸡生殖系统的功能。若种鸡采食棉酚含量过高的饲料或喂含棉酚的饲料持续时间过长都可能导致中毒。中毒者可表现为睾丸的炎性浸润、精细管萎缩、精液中精子减少、活力减弱，严重者可导致不育。菜籽粕中所含的硫葡萄苷类化合物可生成恶唑烷硫酮，它可导致甲状腺肿大，影响甲状腺激素的合成而影响繁殖功能。发霉饲料中所含的霉菌毒素对土鸡的肝脏功能影响很大，也会间接影响繁殖功能。

（6）采精技术

① 技术不熟练。采精训练效果不稳定，采精训练人员技术不

熟练、人员更换频繁、训练时断时续等都不利于公鸡形成良好的条件反射，采精效果也受影响。

② 力度不当。采精时用力不当，尤其是在挤压泄殖腔时用力偏大，会使公鸡感到疼痛不适，影响以后采精，而且也会因泄殖腔黏膜出血或分泌较多的透明液而影响精液质量。

③ 采精频繁。生产中一般是按隔日采精或采两天休息一天的频率采精的。但是，生产中有些养殖场会因公鸡精液量不足而每天采精以满足输精需要，结果使公鸡的性功能不能得以恢复，精液质量更差。

④ 应激。采精前或采精过程中公鸡受到惊吓会表现过度紧张，也会出现暂时采不出精液或精液采出量过少的现象。另外，操作人员从笼内抓鸡或保定时动作粗暴也会影响采精效果。

（7）种公鸡笼的设计　种公鸡笼设计不合理或用母鸡笼养公鸡或将两只或多只公鸡放在同一个单笼内，都会影响精液质量。

（8）环境条件不适宜

① 光照。生产上一般都控制在每天14～16小时。光照时间不足或变动频繁、光线过暗都不利于精子的生成。

② 环境温度。高温会抑制精子的生成过程，造成精液稀薄、活力下降。通常夏季种公鸡的繁殖能力低于其他季节。

③ 空气质量。空气中有害气体和灰尘含量偏高不仅会影响精子的形成过程，还会造成采出体外的精液质量降低。

（9）某些药物的影响　为了防治疾病在饲料中添加一些抗菌药物，但药物使用不当就会影响公鸡的精液质量。如给公鸡按每千克体重喂10毫克呋喃唑酮，连续超过5天则会使其繁殖功能明显降低，解剖可见到生精上皮皱缩。抗应激的利血平对生殖功能也有不良影响。

五、输精

1. 输精方法

（1）双人操作方法　母鸡的头部朝下，尾部面向操作者。操作者左手夹住母鸡两脚，并使母鸡腹部靠紧鸡笼。左手施压于母鸡左边的腹部，并用右手指拉下泄殖腔旁的表皮，使其阴道翻出。授精者将授精器前端细管插入母鸡阴道内，并利用针筒或连续注射器将精液注入阴道内。负责固定的人此时须放松压力，使精液能留在母鸡阴道深部，然后授精者将细管抽出完成。

（2）单人操作方法　将母鸡的两脚以一手抓住并拉出门外，使母鸡头部朝内，腹部靠在门上。以固定鸡只的手施压力于母鸡左腹部近泄殖腔处，并用指头协助拉紧泄殖腔附近的皮肤，使母鸡阴道口翻出。另一手持授精器注入精液后，放松压力并将母鸡放回笼内。

2. 输精注意事项

（1）方法正确　要求输精人员方法正确，耐心细致，一次没输进的一定要重输。操作时要检查吸头是否通畅，输精枪切勿平置或倒置，以免精液倒流。吸取精液时，应尽量在精液水平表面吸取，避免将滴管插入精液深部。输精人员将输精管沿输卵管口中央垂直轻轻插入，防止打到输卵管侧壁上，造成输卵管损伤，用力不可过大，尽量减少输卵管在外界暴露时间。输精过程中，输精管中不可带有气泡或空气柱，更不可带有羽屑、粪便、血液等杂物。输精完毕后，翻肛人员必须看精液是否带出，若有精液，要重复输 1 次。同时忌推鸡只腹部，防止造成腹压，使得精液外流。

（2）严格的卫生消毒　除了对种鸡舍进行严格的卫生消毒管理外，还要进行鸡白痢杆菌病的净化和人工输精器材的消毒，人工输精器材先用 0.1％的苯扎溴铵浸泡 30 分钟，然后用自来水冲洗数遍，再用烤箱进行 80～100℃的 20 分钟消毒，用干净方盘装好备用。另外，在输精过程中每只鸡必须更换一个新的一次性吸头，以减少鸡只之间疾病的交叉感染。

（3）母鸡的淘汰　在 300 日龄后有些母鸡的输卵管难以翻出。在正确的手势下都难翻出输卵管的母鸡，大多数是不产蛋的，对于这种母鸡应予以淘汰。

（4）输精的时间、量和深度　输精时间应在一天大部分鸡只产

蛋后进行，输完后才产蛋的鸡应该补输。输精过程中往往有极少数的母鸡输卵管内有待产蛋，这时应将这种鸡挑出，待产下蛋后再输精。输原精液以 0.03 毫升为宜，用稀释的精液以 0.06 毫升为宜。输精深度应在 2～4 厘米为宜，太浅或太深效果都不佳。另外，精液存放时间越长活力越低，受精率也越低，因此从采精到精液完全使用，即输精时间原则上不得超过 30 分钟。

（5）根据具体情况及时调整输精量、稀释度和采精间隔　天气炎热或鸡龄老化都易导致精子活力降低，应根据实际情况调整，提高输精量或减少采精间隔。

（6）控制环境，缓解应激　加强环境管理，给种鸡创造一个良好的环境是提高受精率的非常重要的因素。抓鸡人员抓鸡动作尽量轻柔，最大限度降低鸡的应激。翻肛人员在操作时动作要轻、准、稳、快，不可粗暴，防止应激发生或将输卵管内的蛋挤破，造成输卵管炎或腹膜炎。翻肛时给母鸡腹部加压力时，一定要着力于腹部左侧，要以输卵管口刚突出泄殖腔时为好。为避免翻肛过程造成人为感染导致输卵管炎症发生，在每次翻肛前对翻肛操作的手用沾有消毒液的毛巾擦拭消毒。

六、提高土鸡人工授精受精率的技术措施

人工授精技术难度不大，容易掌握，设备简单，投资少，受精率高，经济效益好。为了获得优质雏鸡苗，人工授精技术在土鸡种鸡场普遍推广，有些条件较好、技术过硬的养殖场人工授精的受精率能够达到 95％以上。现将综合技术措施介绍如下。

1. 把好种鸡饲养关

种鸡的营养水平很重要，如果营养不平稳，受精率很难提高，公鸡应单独配料。另外，在笼内饲养的人工授精用的土鸡，很容易造成脂肪沉积，故必须根据鸡的增重情况，严格限制饲喂量，防止形成脂肪肝和出现脱肛现象，否则不利于对公鸡进行采精和对母鸡进行翻肛输精。

（1）母鸡每天的营养需求　代谢能 1.67～1.88 兆焦，粗蛋白

质19.5克，赖氨酸765毫克，蛋氨酸450毫克，钙4.5克，有效磷0.38克，微量元素和维生素按需要量添加。

（2）公鸡每天的营养需求　代谢能1.46～1.67兆焦，粗蛋白质12克，赖氨酸475毫克，蛋氨酸490毫克，钙0.2～0.5克，有效磷0.11克，微量元素和维生素按需要量添加。

2. 把好公鸡的选择和调教关

用作人工授精的种公鸡，除应符合品种特征、生产性能和健康状况优良外，还要选择腹部柔软，提起双翅尾巴会向上翘，按摩时肛门外翻，泄殖腔大而松弛、湿润，交配器大、勃起，排精质量良好的公鸡。在输精前2周，对拟用的公鸡进行采精调教，使之对保定、按摩、射精过程形成良好的条件反射，并可借此了解各个公鸡的性反射习惯。调教一般需7次左右。在开始训练时剪除肛门周边的羽毛以防影响视线。训练几次后，从体重、精液量、精子浓度、畸形、活力等方面考虑进行选择优良种公鸡。

3. 把好消毒关

所有与人工授精有关的接触类用具，在使用前，必须进行严格而彻底的清洗和消毒。养种鸡户最方便有效的消毒方法是煮沸，且所用水必须是蒸馏水。消毒结束后要烘干水分。不能用煮沸方法消毒的用具和操作人员的手则可用酒精消毒。待酒精充分挥发后再操作。

4. 把好采精关

采精应在停水断料3～5小时后进行。采精时应根据每只公鸡的性反射习惯，把握适宜的按摩次数和用力的大小。按摩时间过长或用力过大，公鸡都会形成逆刺激而不发生性反射，或因排粪尿和黏膜损伤而污染精液；用力太小，交配器外翻不充分，则容易缩回。采精时，手指和集精杯都不可接触交配器。一只公鸡宜用一个集精杯，采后再将精液用滴管合并，以防不洁精液影响整杯精液质量，被粪便污染的精液应舍弃。冬季采精时，集精杯要提前进行预热。

5. 把好精液品质关

优质精液为乳白色、浓稠液体。当种鸡有病或精液中混入粪尿等，精液往往颜色异常、稀薄，这种精液不宜作输精用。精子的活力和密度应进行镜检。

6. 把好输精关

为了保证精子顺利地进入输卵管，给母鸡输精应错开母鸡产蛋时间。根据土鸡的产蛋时间规律，输精最好在下午 3～5 点进行。如果在操作过程中，万一有个别土鸡输卵管内有蛋，应把这样的鸡选出，单独管理。500 只公鸡平均每只采 0.3 毫升精液，而且活力很强。采精一定要形成一个有规律性的过程，给公鸡形成一个条件反射，以保证精液的质量。对母鸡来说，怎样进行有规律的输精和合理的输精频率十分重要。输精时间间隔太短，浪费精液，受精率也不会提高。相反，间隔太长，受精率会明显下降。采精和输精时间间隔应在 20～30 分钟内为宜。时间越长，精子活力越差，受精率会降低，弱精蛋增加。输精时，插吸头动作要轻，不要硬插，防止损伤母鸡阴道。吸头要插入母鸡阴道 2～3 厘米深。吸头要贴着阴道上壁抽出，以免引起精液外流。输精量要确保每天 1000 万个有效精子，通常需输外观品质良好的原精液 50 微升。

七、土鸡人工授精的易发疾病及防治

近年来，土鸡人工授精技术得到了普遍推广应用。每只公鸡每隔一天采精 1 次，1 周可配 400～500 只鸡，这不仅可以大大减少公鸡的饲养费用，提高经济效益，更重要的是能充分利用良种土公鸡，扩大种公鸡的利用率；若将其精液冷冻，在公鸡死后，还可以继续获得它的后代。因此，土鸡的人工授精技术正在逐步推广。然而，在鸡的人工授精过程中，如果不按规程进行科学操作，也可以导致母鸡产生多种疾病，从而影响种母鸡的经济效益。现将生产实践中，常见的由于土鸡人工授精不当所引起的母鸡的一些疾病及其防治措施介绍如下。

1. 卵黄性腹膜炎

（1）症状及病理变化　病鸡初期外观无明显异常，主要表现在产蛋率下降（患病后期可能停止产蛋），食欲减退，病鸡喜卧；腹部增大、下垂，柔软波动，企鹅样姿势，触压有疼感，后期皮肤暗紫色。鸡冠、颜面、肉髯逐渐灰白，最后因腹腔炎症或继发其他疾病而死亡。剖检可见腹腔有大量蛋黄色或灰黄色炎性渗出物，腹腔内脏器官表面覆盖一层黄色或浅黄色纤维素性渗出物，使肠管互相粘连或腹腔积有蛋黄凝块。有时这种凝块可达到拳头大小，这也是死亡率增加的一个原因。其次，腹腔有腥臭味。耐过者消瘦，丧失产蛋能力而成为假母鸡。

（2）病因　输精员在捕捉母鸡进行人工授精时，动作粗暴，母鸡受到惊吓后拼命撞笼逃避，以致母鸡卵巢上已成熟的卵细胞排卵，所排出的卵子（卵黄）没能正常地落于漏斗部进入输卵管，而是落到腹腔中，从而引起腹腔炎症。另外，在给母鸡授精时，使母鸡正常的体位发生了改变，特别是使母鸡正常的体位反转，腹部朝上，这样造成母鸡卵巢上已成熟的卵细胞直接排入腹腔。

（3）预防措施　在给母鸡人工授精时，尽量避免响动。抓鸡时动作一定要轻柔、细致，轻抓轻放，切勿大喊大叫、动作粗鲁、生擒硬捉。另外，在输精时还要注意母鸡的体位，应始终保持母鸡正常时的体位，不要随意倾斜，甚至使体位反转。一定要杜绝手握母鸡的两爪倒提母鸡。再者要严格把握授精时间。因为鸡的产蛋时间是在上午至下午 3 点前，因此正确的人工授精时间应该在 3 点钟以后进行。此时不仅受精率高，而且对鸡的影响也较小。

2. 肝脏破裂出血

（1）症状及病理变化　患鸡在输完精后不久即突然死亡，有的患鸡在下午输完精后于第 2 天早晨死于笼中。冠基部苍白，边缘有暗紫色，有的病鸡眼睛半睁。剖开胸部，嗉囊表面皮肤及嗉囊内外有大小不等的出血斑；腿部肌肉局部有出血；腹壁半透明，可见到腹腔内肋骨边缘肝区部位有大的凝血块；胸部肌肉呈苍白色。剖开腹腔，内有巨大的凝血块或血水，因肝破裂，血凝块与肝脏紧贴在

一起。肝脏呈橘黄色，局部肝叶易碎，上面有不规则的出血斑。由于从肠道异物中吸收了某种黑色毒素，因此肠管壁及肠系膜组织脂肪变为黑色，其中血管表现出一种极为特殊的病理变化，由血管构成白色网状或纹理状的图样病变。

（2）病因　人工授精之前捉鸡时，如果动作粗暴，生抓硬按，或者是保定鸡时用力太大；输精过程中母鸡强烈挣扎而摔落地面，输精结束后直接将鸡抛到笼内，这些外力原因均会造成鸡的肝脏损伤破裂，导致出血量大而最终死亡。另外，一些营养性因素，如饲料能量太高，摄入的糖类过多的时候，过剩的糖类就会转变成脂肪，导致肝脏出现脂肪变性，使肝细胞和血管壁变脆，触碰容易破裂，引起大出血而死亡。

（3）预防措施　捉鸡时动作一定要轻柔、小心翼翼，轻轻地将鸡抓住，输完精后再慢慢地送回。在保定母鸡时不要用力过猛，同时也要注意不要使母鸡挣脱发生跌撞现象，以防母鸡的肝脏和内脏器官受损而破裂出血。另外，饲喂种母鸡的饲料，能量不要过高，以防止鸡脂肪肝综合征的发生，从而减少种母鸡因肝脏破裂而导致的大量出血。

3. 应激反应

（1）症状与病理变化　土鸡的应激反应是指土鸡机体受到各种环境因素刺激时所出现的一种全身性非特异性适应反应，这些刺激因素称为应激源。应激一般是在出乎意料的紧迫与危险情况下引起的对动物体的有害作用所引起的非特异性的紧张状态。土鸡对外界环境的变化非常敏感，饲养场地的突变、特殊音响、生人进入、狗猫闯入、捕捉等均属于不良刺激，都有可能使土鸡出现应激反应。土鸡发生应激反应后，交感神经兴奋，儿茶酚胺释放增加，致使心跳加快，体内的糖、脂肪、蛋白质的分解加强。血糖升高，出现糖尿和高乳酸血症；血浆内游离脂肪酸和酮体增多；尿氮增多，出现负氮平衡；电解质和酸碱平衡障碍，体重减轻。由于微循环缺血，可使胃肠道上皮细胞变性、坏死，并且易受胃酸和胃蛋白酶的消化而引起出血、糜烂以至溃疡。所以不但使鸡的产蛋量下降，还可引起其他疾病或死亡。

（2）病因　在给土鸡输精过程中，大声说话；在鸡舍内快速跑动，随意抛物；在捉鸡时动作粗暴造成鸡只高声鸣叫，当整个鸡群听到同伴的惊叫声后，都会立即惊恐万分，四处乱飞、尖叫声此起彼伏，整个鸡群出现骚乱，即发生“炸群”现象。以上因素都可使鸡群发生应激。

（3）预防措施　输精过程要尽量保持安静，不要高声喊叫，嬉闹。工作人员所穿的工作服颜色一定要统一，不可随意更换。在捉鸡时动作一定要轻柔，轻抓轻放。在鸡的人工授精中为了防止应激反应和不使鸡只发生损伤，让鸡安静可以使用镇静药物。其方法是在开始人工授精前1小时，在每千克饲料中加入500毫克氯丙嗪饲喂。

八、土鸡人工授精的易感疾病及防治

1. 易感疾病

众所周知，鸡的大肠杆菌病、鸡传染性贫血病、禽流感、鸡病毒性关节炎等均可通过精子和生殖道感染。所以，如果种公鸡患有上述疾病或其他传染病，就会通过人工授精传染给母鸡，使母鸡发生传染病。如果人工授精技术人员在其操作过程中没有严格按操作规程进行无菌操作的话，也能造成母鸡泄殖腔的损伤和一般性的感染，引起母鸡生殖系统的炎症，而影响产蛋。

2. 防治措施

首先要做好平时对种公鸡的防疫与检疫工作（用疫苗预防接种和环境消毒），加强饲养管理，使种公鸡保持健康和良好的种用状态。要根据种鸡养殖要求安排免疫程序，重点做好上述疾病的预防免疫。免疫时要使鸡群获得均匀有效的抗体水平，进行常规抗体监测、微生物检测、药敏试验和预防性投药等工作。再者，人工授精技术人员一定要树立“无菌操作”的意识。对采精杯、储精器、输精器等必须经过清洗、消毒、烘干后使用，避免输精器具交叉感染，防止土鸡的一些传染病和生殖系统疾病的传播与发生。

第四节　土鸡的人工孵化

一、蛋的构造和形成

1. 蛋的构造

蛋由胚盘、蛋黄、蛋白、蛋壳膜和蛋壳五部分组成（彩图17）。蛋的主要成分中，水分约占全蛋的65%。去壳后，水分含量约占74%。蛋白中水分含量最高，其中的固体物质，绝大多数是蛋白质，另有少量糖类；蛋黄含水量约为50%，其中的固体成分由脂肪、蛋白质、维生素和矿物质等组成。

（1）胚珠或胚盘　在蛋黄的表面有一淡色的小圆点，未受精时叫胚珠，是没有分裂的初级卵母细胞。受精卵经过多次分裂之后形成胚盘。胚盘位于蛋黄柱上，是胚胎发育的原基。

（2）蛋黄　母鸡性成熟后，卵泡迅速发育，尤其在排卵前的9～10天以后，迅速增大，形成深、淡颜色相间的蛋黄，其外表面覆有蛋黄膜。

（3）蛋白　蛋白约占蛋重的三分之二，按其成分、黏度和功能分为系带与内浓蛋白、内稀蛋白、外浓蛋白、外稀蛋白。蛋白的这种特有的层次和结构，是由于蛋黄环绕自己的纵轴不断旋转而形成的。蛋白以同心层式在蛋黄周围积累，起到保护胚盘的作用，并为胚胎发育提供所需营养物质。

（4）蛋壳膜　蛋壳膜有内外两层，分别称为内壳膜和外壳膜，都是由纤维蛋白组成。内壳膜较厚，约为0.05毫米，外壳膜较薄，约为0.015毫米，两层壳膜之间、在蛋内的一端形成气室。

（5）蛋壳　蛋壳内层有较薄的乳头状突起，外层呈较薄的海绵状结构，有气孔相通于内外，蛋壳外面覆一层胶质护壳膜。这层胶质护壳膜在蛋新产出时，封闭壳上气孔，起到防止细菌侵入的作用，随着蛋的孵化和存放时间的延长而逐渐脱去，孵化时空气进入，水分和胚胎呼吸产生的二氧化碳向外排出。

2. 蛋的形成

（1）母鸡生殖器官的结构和功能　母鸡的生殖器官主要由卵巢和输卵管两大部分组成。在胚胎发育的早期，母雏有左、右两个卵巢和输卵管。但在孵化的第7～9天后，右侧卵巢和输卵管停止发育，到出壳后只留有残迹；只有左侧卵巢和输卵管正常发育，具有生殖功能。

① 卵巢。母鸡的卵巢位于腹腔中轴线的偏左侧，由卵巢、输卵管的系膜悬附于肾脏前方的体壁。母鸡性成熟时，在卵巢上生成大大小小不同发育阶段的卵泡，肉眼可见有2500个，呈葡萄状。这些卵泡外面都包有滤泡膜，当卵成熟时，滤泡膜破裂排出卵细胞，掉入输卵管内。卵巢和卵泡的生长发育在脑下垂体分泌的卵泡刺激素的作用下进行。卵巢在产生卵子的同时，又能分泌雌激素而影响其他生殖器官的功能。

② 输卵管。输卵管前端开口于卵巢下方，后端开口于泄殖腔。按其形态和功能可分为漏斗部、蛋白分泌部、峡部、子宫部和阴道部五部分。漏斗部又称喇叭口或伞部，是输卵管的入口，产蛋期时长3～9厘米。其功能是接受卵巢内排出的卵子，也是卵子受精的地方。蛋白分泌部又称膨大部，长30～50厘米，是输卵管最长的部分，前端与漏斗部界限不明显，后端与峡部明显区分。峡部是输卵管较窄、较短的一段，此处分泌的物质，形成蛋的内外两层壳膜，同时补充蛋白和水分。蛋进入子宫部的前6～8小时内，蛋白的重量成倍增加。同时，子宫部还分泌矿物质微粒形成蛋壳，并在蛋壳上覆盖一层可溶性胶状物，有光滑蛋壳的作用，利于蛋的产出。蛋壳的色素在此形成。阴道部是输卵管的最后一段，长10～12厘米，开口于泄殖腔背壁左侧，蛋下行至阴道部时，由阴道从泄殖腔翻出，促使蛋排出体外。此外，阴道部另一个功能是接受交配。

（2）蛋的形成过程　鸡的卵巢上每一个卵泡中都含有一个卵子。根据卵泡的发育程度不同，分为初级卵泡、生长卵泡和成熟卵泡三种。其中，成熟卵泡破裂后排出卵子的过程叫排卵。排出的卵

子在成蛋前叫卵黄，成蛋后叫蛋黄。卵黄排出，落入漏斗部，并在此受精，约 15 分钟后，下行进入蛋白分泌部。蛋白分泌部先分泌浓蛋白围裹卵黄，并随机械性旋转形成系带；再分泌稀蛋白，形成内稀蛋白层；再分泌浓蛋白形成外浓蛋白层；最后分泌稀蛋白，形成外稀蛋白层。如此历时约 3 小时，先后共分泌浓、稀相间的四层蛋白包围卵黄后，靠蛋白分泌部的蠕动作用，通过峡部。在峡部停留约 85 分钟，形成内外蛋壳膜后进入子宫。子宫分泌子宫液（水分和盐分），通过内外蛋壳膜渗入卵内，使卵的重量成倍增加，并成蛋形。随后在蛋壳膜上沉积蛋壳和色素以及胶护膜，形成完整的蛋。蛋在子宫内停留的时间最长，达 14～16 小时之久后，到达阴道部，再停留约半小时经泄殖腔产出体外（图 3-1）。鸡形成一个蛋共需 23～26 小时。据研究，鸡蛋产出半小时左右，才开始下次排卵。所以，鸡在连续产蛋时，每天总要往后顺延。在下午 2 点以后产蛋的，第 2 天一般要休产 1 天。

（3）畸形蛋的种类、形成原因及应对措施　土鸡常常会产出种类较多的畸形蛋，大多数是因为土鸡的饲料中营养不全、饲养管理不当造成的。现将常见的几种畸形蛋及其形成的原因和应对措施综述如下。

① 畸形蛋的种类及形成原因

a. 双黄蛋。双黄蛋特别大，每个蛋内有两个蛋黄。形成原因是两个卵子同时成熟，或者只有一个卵子成熟，另一卵子尚未成熟，但由于母鸡受惊或其他原因，造成卵泡破裂而排出，与成熟卵子在输卵管内相遇，被蛋白包围在一起，形成双黄蛋。也有产三黄蛋的，不过极少见。初产期的高产蛋鸡容易发生上述情况。

b. 软壳蛋，薄壳蛋。这种蛋无硬壳，只有厚薄不一的壳膜。形成原因多是由于饲养不良、饲料内钙质和维生素缺乏所引起的，在炎热的季节或高产季节容易发生。另外，疾病对产蛋的影响是非常大的，如鸡患有新城疫、减蛋综合征等破坏鸡的生殖系统，传染性支气管炎、喉气管炎等上呼吸道疾病损害鸡的呼吸系统，鸡会出现平衡失调，生理功能紊乱，或者产生大量的软壳蛋、薄壳蛋。还

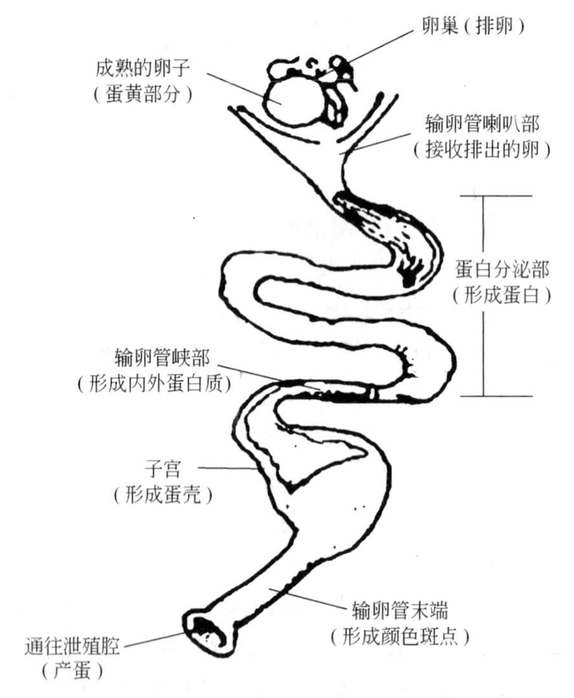

图 3-1　蛋的形成模式图

有鸡的大肠杆菌病、球虫病等损坏鸡的消化系统，出现食欲缺乏、采食减少，产蛋下降。也就是说，鸡群一旦发病，整体生产水平就会下降，软壳蛋、薄壳蛋就会增多。

c. 蛋中蛋。这种蛋个很大，可在蛋内又能剥出一个完整的蛋。形成原因是一个蛋已经形成即将产出时，鸡受惊吓或在其他生理反常的情况下，输卵管发生逆蠕动，将蛋推回到输卵管上部。在生理恢复正常后，蛋又向下活动，输卵管按生成一个新蛋的程序，在这个蛋的壳外，又包上蛋白，到子宫又包上蛋壳，形成蛋中蛋产出体外。

d. 异物蛋。这种蛋内有血块或肉斑，有血斑蛋和肉斑蛋之分。形成的原因是卵巢或输卵管出血，血液形成血块混入蛋内形成血斑蛋；输卵管黏膜脱落的上皮组织混入蛋内，形成肉斑蛋。

e. 变形蛋。这种蛋外形常表现长形、扁形、腰鼓形和蛋壳上有皱纹和砂壳现象等。形成原因多由于输卵管收缩反常或子宫扩张力变化所造成的。

f. 无黄蛋。这种蛋特别小，一般无卵黄。形成原因多由于输卵管黏膜上皮细胞脱落或卵子碎块以及其他异物，刺激输卵管分泌蛋白和形成蛋壳而造成的。

② 应对措施。

a. 调节饲料营养平衡，及时补充钙、磷、维生素 D。根据蛋鸡产蛋情况和阶段性产蛋量，及时调整饲料配比，在夏季要适当减少能量饲料，增加蛋白质饲料，在配合饲料中加入 4%的贝壳粉或优质石灰，以补充钙、磷不足。在饲料中添加鱼肝油或维生素 A、维生素 D，以补充维生素 D 的不足。在蛋鸡饲料中，禁止饲喂霉变过期的饲料。另外，饲料搅拌要均匀，添加剂使用要合理。

b. 强化饲养管理，保持良好的生产环境。饲养管理在蛋鸡养殖过程中至关重要。要注意饲养密度合理、温湿度适宜。保证充足洁净的饮水。减少各种应激因素。

c. 搞好清洁卫生，做好免疫消毒。

d. 预防控制疾病，保持鸡群健康生长。

二、土鸡的胚胎发育过程及特征

土鸡胚胎的整个发育过程可分为两个阶段，即成蛋阶段的发育与成雏阶段的发育。

1. 胚胎在卵形成过程中的发育

胚胎在卵形成过程中的发育即母体发育，也即是成蛋阶段的发育。从卵巢上排出的卵子被输卵管漏斗部接纳，后与精子相遇受精。由于母鸡体温高达 41.5℃，卵子受精不久即开始发育。到蛋产出体外为止，受精卵约经 24 小时的不断分裂而形成一个多细胞的胚胎。随着卵黄的累积，生殖细胞即渐渐升到卵黄的表面恰好在卵黄膜的下面。未受精的蛋，生殖细胞在蛋形成过程中一般不再分裂，蛋黄表面有一白点，称为胚珠。受精后的蛋，生殖细胞在输卵

管过程中，经过分裂，形成中央透明、周围暗的盘状形原肠胚，叫胚盘。胚胎在胚盘的明区部分开始发育并形成两个不同的细胞层，在外层的叫外胚层，内层的叫内胚层。蛋产出体外后，由于外界气温低于胚胎发育所需的临界温度，胚胎发育随之停止。

2. 胚胎在孵化过程中的发育

卵排出体外后，保存在18℃以下的环境中，胚胎发育基本处于静止状态。当入孵后，胚胎即开始发育。胚胎在孵化过程中发育的时期称孵化期。土鸡的孵化期为21天。种蛋入孵后，胚在原肠期形成的同时，上胚层像个碟状圆盘，在其末端，细胞不断地向中线集中，形成一条细胞带，称原条。原条细胞通过原沟的底部逐渐转入外胚层与内胚层之间，并分别向两侧扩展，这些转至内外胚层之间的细胞称为中胚层。原条细胞也逐渐向前伸展，伸展的结构称为头突，后发育成脊索。脊索是胚胎期的纵轴支持器官，最终为脊柱所代替，随着胚胎的不断发育，由外、中、内三个胚层逐渐形成各种腺体、器官、骨骼、肌肉、皮肤、羽毛和喙，最后形成新的机体——雏鸡。

3. 胚膜的形成及其物质代谢

胚胎的发育包括两个部分，胚内部分即胚胎自身的发育；胚外部分即胚膜的形成。胚胎的物质代谢所需的营养和呼吸主要靠胚膜来实现。胚膜包括羊膜、绒毛膜、卵黄囊、尿囊四个部分：

（1）羊膜与绒毛膜　羊膜在孵化后33小时左右开始出现，第2天即覆盖于胚胎的头部并逐渐包围胚胎，至第4天合拢将胚胎整个包围起来形成两层膜，靠近胚胎内层称羊膜，包围整个蛋内容物的部分称为绒毛膜。绒毛膜与尿囊共同形成尿囊绒毛膜。羊膜腔中充满羊水而起保持鸡只不受机械损伤、防止胎膜粘连及促进鸡胚运动的作用。

（2）卵黄囊　卵黄囊是早期形成的胚膜，于孵化的第2天开始形成，以后逐渐向卵黄表面扩展，第4天包围卵黄1/3，第6天包围卵黄1/2，到第9天几乎覆盖整个卵黄的表面。在卵黄囊上有许

多血管，构成循环系统，通入胚体，供胚胎从卵黄中吸取水分与营养。卵黄囊在孵化初期具有与外界交换气体的功能，出壳前与卵黄一起被吸入腹腔中。

（3）尿囊　尿囊位于羊膜与卵黄囊之间，在孵化第2天开始形成，以后逐渐增大，第6天达到蛋壳膜的内表面，孵化到第10～11天时包围整个蛋内容物并在蛋的小端合拢。在尿囊接触蛋的内壁继续发育的同时，与绒毛膜结合成尿囊绒毛膜，贴于蛋壳，开始起气体交换作用。同时通过尿囊血管吸收蛋壳的矿物质供给胚胎，而胚胎所有的排泄物则积存在尿囊，尿囊内充满尿囊液使胚胎与蛋壳分开，使其处于湿润的环境中，以保护胚胎。

（4）物质代谢　在孵化过程中，胚胎物质代谢主要取决于胎膜的发育。孵化2天后卵黄囊血液循环开始形成，这时胚胎主要吸收卵黄囊的营养物质和氧气；孵化5～6天后，尿囊血液循环形成，这时胚胎既靠卵黄囊血液循环吸收卵黄的营养物质又靠尿囊血液循环吸收蛋壳中的营养物质。因尿囊已接近蛋壳膜，又可通过尿囊循环吸收外界氧气；孵化10～11天以后尿囊合拢，胚胎的物质代谢及气体代谢均大为增强，蛋温升高；孵化18～19天后蛋白已经耗尽，尿囊枯萎，开始肺呼吸，靠卵黄囊吸收卵黄中营养物质，脂肪代谢加强，呼吸量增大。实践中应特别注意孵化前期与孵化后期气体代谢的差异，一般鸡胚氧气耗量末期为初期的64倍，呼出的二氧化碳为初期的146倍，产热量为初期的230倍。为此，要合理安排胚胎发育各个时期所需要的外界条件。

4. 胚胎发育的主要特征

为了解胚胎的发育情况，及时纠正不利的孵化环境因素，掌握胚胎发育的主要特征十分必要。在孵化期的早期（孵化1～4天）为内部器官发育阶段；中期（孵化第5～15天）为外部器官发育阶段；后期（孵化第16～21天）为鸡胚的生长阶段（彩图18）。土鸡胚胎发育的口诀（照蛋特征）如下。

一日起了珠，鱼眼黄中浮；

二日樱桃起，心脏开始动；

三日血管成，“蚊子”在黄中；
四日定了位，样似小蜘蛛；
五日长软骨，黑眼显单珠；
六日胎盘动，头躯成双珠；
七日离了壳，沉入卵黄中；
八日边口硬，胎在蛋内浮；
九日嘴爪分，头尾来回动；
十日显毛管，血管始加粗；
十一腹毛生，尿囊全合拢；
十二毛长齐，上下颚分明；
十三躯体长，气室分外明；
十四蛋白少，白朝嘴里进；
十五体长大，头朝大端伸；
十六绒毛爽，骨长鳞爪呈；
十七肺发育，小端已封门；
十八已斜口，鸡雏待转身；
十九见起影，已行肺呼吸；
二十闻鸣叫，陆续破壳膜；
二十一小鸡出，发育始结束。

第 1 天：经过 24 小时的孵育，胚盘变大变厚，明区和暗区同时增大，在卵黄上可见到椭圆形的盾称为胚盾，是未来的胚区。

第 2 天：胚盘已扩展一倍并被红色的血管围成樱桃形或椭圆形，这些血管即胚胎的卵黄囊循环的边缘血管——缘窦。胚盘中心有一变曲的透明体——胚胎，透明体中可见一搏动着的小红点，即原始心脏。

第 3 天：从孵化的第 1 天开始，蛋白中的水分通过半透性卵黄膜向卵黄中移动，使卵黄中水分含量大增，新进来的水分并不与卵黄液全部融合而主要存在于胚区。胚胎与伸展的卵黄囊血管形似蚊子，通过照视可见蚊状的血管区，俗称“蚊虫珠”。

第 4 天：卵黄体积继续增大，颜色变淡，卵黄囊血管包围卵黄

近 1/3，由于卵黄液化膨胀的压力，使卵黄囊血管紧贴于内壳膜，可与外界进行气体交换。照蛋时卵黄不易转动，胚与卵黄囊血管形似蜘蛛，俗称“小蜘蛛”。尿囊是一个很小的水泡，眼睛开始沉积黑色素。

第 5 天：胚胎被包围在一个透明的水泡（羊膜）中，羊膜内充满羊水，胚体弯曲，眼睛黑色素大量沉积。卵黄囊已包围 1/2 的卵黄，照蛋时可见到眼睛的影子，俗称“单珠”或“黑眼”。肉眼已可见到尿囊，直径 6 毫米左右。

第 6 天：尿囊增长迅速，一天之内增长了约 4 倍，尿囊血管系统迅速发育，已经覆盖羊膜与部分卵黄，但较卵黄囊血管细；卵黄囊血管分布在卵黄面积达 2/3 以上。胚体已初具翼和腿的外形，眼睛黑色素更多，照蛋可见头部与躯干部两个小圆团，俗称“双珠”。

第 7 天：卵黄体积达到最大程度，以后将逐渐缩小，卵黄囊虽然也增大，仍有 1/4 卵黄未被覆盖；尿囊比第 6 天增长约 2 倍；胎儿的外形已具备禽类的特点，头和眼所占的比例相当大，前后肢分化明显，胎儿的透明度开始降低，胚胎半沉半浮横卧于羊水中。

第 8 天：尿囊较第 7 天扩大了 1 倍，几乎包围了卵黄囊。从第 4～8 天是尿囊发育的第一阶段，胚胎由卵黄囊呼吸转化为尿囊呼吸。胎儿外形发育趋于完善，上喙白色，破壳齿明显可见，胸腹腔尚未封闭，心、肝、胃都暴露于体腔外。羊水与尿囊液迅速增多。

第 9 天：尿囊沿内膜迅速向下端发展，包围了胎儿和卵黄，并包围部分蛋白。胎儿皮肤透明度下降，皮肤表面出现排列整齐的小点，即羽毛原基。胸腹腔已封闭，心、肝、胃等器官已包入体腔。

第 10 天：尿囊在胚胎的背面迅速向下端发展，将蛋白逐渐包围起来。当孵化的第 10 天结束时，尿囊虽向小端逐渐包围，但尚未合拢。羽毛原基遍及全身，翼和腿部羽毛的尖端已微露。胎儿的位置靠近气室。

第 11 天：由于尿囊完全包围了卵黄、胚体和蛋白、尿囊血管已在小端吻合，此时为孵化后的第 10 天零半天，照蛋检验将这一现象称为“合拢”。从第 8～11 天是尿囊发育的第二阶段。尿囊的合拢与否意义重大，只有合拢完善，才能保证胎儿吞食蛋白。

第12天：黏稠的蛋白由于尿囊的包围和收缩，像挤牙膏一样不断进入羊膜腔，与羊水混合，这种含有蛋白的羊水，称为蛋白羊水，胎儿开始大量吞食蛋白羊水。胎儿在孵化的第12～18天，除了从卵黄囊摄取营养外，靠吞食蛋白羊水由消化道摄取营养也是重要途径。由于蛋白中各种氨基酸含量平衡，使胎儿的重量迅速增加，由第12天的5克左右增至第18天的22克左右。

第15天：尿囊所包围的蛋白减少，照视胚蛋，小端发亮部位缩小，胚体与卵黄的黑影部分增多。胎儿的羽毛生长迅速，颈部羽毛长度达12毫米，身体各部羽毛生长整齐，胫、趾鳞片开始形成。

第16天：尿囊所包围的蛋白进一步减少，尿囊液颜色变混，有少量尿酸盐积液，由于吞食蛋白、胚胎代谢产物增多，排泄的尿酸盐储存在尿囊中。胎儿体重继续增大，羽毛加长变丰，颈部羽毛长度达15毫米。

第17天：孵化到第17天，蛋白基本上向羊膜腔输送完毕，胎儿仍被蛋白的羊水包围。胎儿由于从蛋白和卵黄中摄取了全价蛋白，体重增加，外形和羽毛的发育与出壳的雏鸡差异不大。从孵化的第12～17天是尿囊发育的第三阶段，尿囊的合拢导致胎儿可以完全吞食蛋白。照视胚蛋，全部为胎儿和卵黄的黑影，俗称“封闭”。

第18天：残存的蛋白羊水被吞食完毕，尿囊液减少，气室增大，尿囊增厚并收缩，整个胚胎较易与蛋壳膜剥离，可见到两面三处尿酸盐沉淀。由于蛋白利用较好，胎儿的羽毛像缎子一样覆盖在鸡体表面。此后胎儿的营养来源只有一种——卵黄。

第19天：气室继续扩大，尿囊液与羊水继续减少，尿囊血管鲜红，表明尿囊仍具有呼吸器官的职能。孵化第19天在气室中可见展翅，少数雏鸡的喙已穿破内壳膜而达于气室。可听到雏鸡的鸣叫声。雏鸡的营养全靠卵黄，部分卵黄已收入腹腔，一旦雏鸡的喙进入气室，即开始肺的呼吸，此时雏鸡尿囊和肺的呼吸并存，并逐渐由前者过渡到后者。呼吸量大，代谢热产量大增，通常在这一天

"落盘"。

第20天：孵化的第20天是最关键的一天。雏鸡由囊呼吸过渡到肺呼吸，剩余部分卵黄收入腹腔，雏鸡蓄积力量，准备出壳。大量啄壳应在第20天。雏鸡的喙已穿破气室，然后用破壳齿划破外壳膜，再用喙向外顶，使蛋壳破裂。蛋壳被啄破，雏鸡可直接由外界呼吸，此时尿囊膜开始枯萎，但仍有血管在工作。卵黄大部分收入腹腔，只有少部分露在腹外。破壳后，经过数小时的发育，雏鸡继续移动着头部，不断破坏外壳膜，在蛋上形成一个环状缺口。

第21天：在第20天后期，已有雏鸡破壳而出，大批出雏在第21天的上半天。由啄壳到出壳是胚胎发育不可缺少的环节，是重要的生理过程，雏鸡在出壳过程中使呼吸、循环和运动系统得到加强，促进了卵黄的吸收和脐部的收缩。刚破壳而出的雏鸡全身被羊水浸湿，行动无力，在出雏器良好环境中羽毛干燥膨松，行动积极，鸣叫有力，此时就可以由出雏器内移出。

5. 土鸡胚胎发育过程中的三个危险时期

（1）孵化前期的危险期　孵化后的第2～5天，这时胚胎各个器官的分化、形成剧烈地进行，如心脏开始搏动，血液循环的建立及各胎膜的形成均处于初级阶段，胎膜的功能不够健全，胚胎的生命力比较脆弱，孵化条件稍有不当，如温度过高或过低，或此时进行喷洒或熏蒸消毒，均会造成胚胎的死亡。这是胚胎发育过程中的第一个危险时期。

（2）孵化中期的危险期　孵化的第12～13天，是羊膜道与羊膜腔连通，蛋白开始流进羊膜腔直接被胚胎吞食，胚胎开始了出壳前的肠管营养时期，这是一个关键的转折阶段。如果此时温度、湿度不正常，将影响羊膜道与羊膜腔的连通，蛋白进不到羊膜腔被胚胎利用或蛋白代谢受阻，常会造成中胚大批死亡。这是鸡胚胎发育的第二个危险时期。

（3）孵化后期的危险期　孵化的第19～20天，这时尿囊萎缩，尿囊血管的呼吸功能消失，鸡胚胎由尿囊呼吸转变为肺呼吸，需要大量氧气。此时如果通风不良，气体代谢发生障碍，如肺部或气管中尚有蛋白堵塞，或胎位不正，喙部不能进入气室利用气室中的氧气，胚胎即会死亡。此时如果温度过高，胚胎呼吸加快，而氧气量不够，亦会造成胚胎死亡。

三、鸡胚孵化方法

1. 自然孵化法

利用母鸡抱窝性孵出小鸡，这种方法在以往农民自给性养鸡中被广泛采用。它所需设备简单，管理方便，孵化效果也比较好，孵化出的小鸡还可由母鸡带领，减少育雏环节；但孵化量小，易受季节性限制，不适合专业化规模养鸡。

2. 人工孵化法

仿照母鸡抱孵，通过人工控制温度、湿度等条件，满足鸡胚生长发育所需要的外界环境条件，达到孵出小鸡的目的。人工孵化不受季节和有无抱窝母鸡的限制，孵化量大，适合专业化规模生产。人工孵化的形式很多，根据孵化设备和供温方式，孵化方法有多种类型。如按孵化器具分类有机器孵化、温室孵化、摊床孵化、平箱孵化、桶孵化、缸孵化和炕孵化等；根据供热形式又可分为电孵化、热水孵化、暖气孵化、煤油孵化、沼气孵化、太阳能孵化等。其中机器孵化法是目前效率最高，应用最广泛的孵化方式。自人工孵化家禽的方法发明后，鸡的繁殖方式就有了重大创新，逐渐走向较大规模化生产，促进了养禽业的发展。经历了几个世纪的机器孵化演变发展至今，大规模电脑自动控制的孵化机已达到极高水平，性能日益完善，孵化率平均高达94%左右。每孵化1个种蛋耗电为0.022千瓦/小时。现在具有一定规模的土鸡孵化场均采用机器孵化法。目前，市场常用孵化机有以下三种。

（1）平面孵化器　有单层和多层，孵化和出雏在同一地方进行。其热源多为电力式、热水式或油灯式。此类孵化器没有温控和自动翻蛋设备，劳动强度大，孵化量小。目前孵化场已很少使用。

（2）箱式孵化器　按出雏的位置又分为下出雏孵化器、旁出雏孵化器和单纯孵化器。下出雏孵化器和旁出雏孵化器，孵化、出雏

在同一机内，现已很少有使用。目前，大、中型孵化场大多使用孵化和出雏分开的单纯孵化器。这种孵化器和出雏器一般按照 4∶1 的比例进行配套。它主要由外壳、种蛋盘、蛋车架、环境控制系统等组成。目前，生产的箱体式孵化器主要有集成电路控制和节能型模糊电脑控制。箱式孵化机的装蛋量在几千枚到 5 万枚不等。其优点是有利于卫生和防疫，提高雏鸡质量。

（3）巷道式孵化器　这类孵化器是一种大型孵化设备。箱体内温度、湿度、翻蛋等控制原理完全不同于箱体式孵化器，它充分利用了孵化后期种蛋的自身温度进行循环。这种机器入孵量在 8 万～16 万枚，其优点是节省加热能源、节省占地面积、管理方便。适合于大型种鸡孵化场使用。1994 年以前，国内使用的巷道式孵化器主要依赖于进口。目前，我国已能自己生产，且生产性能基本达到世界先进水平。

四、种蛋的处理

1. 种蛋的来源

种蛋应选自生产性能和繁殖性能优良、饲养管理正常、公母配比适当、经实施系统免疫程序的健康种鸡群。种鸡的受精率应达到 85％以上，种鸡健康与否直接影响种蛋和雏鸡的质量。

2. 种蛋的选择

（1）种蛋的新鲜程度　种蛋的存放时间不能过长，一般以不超过 1 周为宜。最好是保存 3～5 天。存放 2 周以上的种蛋孵化率明显降低，孵化期推迟。种蛋保存期超过 4 天时，每多存放 1 天，孵化期延迟 20～30 分钟，孵化率下降 4％。

（2）种蛋的形状和大小　种蛋的形状以接近卵圆形为佳，异形蛋的孵化率明显低于正常蛋。过长、过圆以及诸如葫芦形、腰鼓形、两端或一端尖形的异状蛋均不能作孵化用。种蛋的重量应在 52～73 克，在此范围以外的种蛋一般不宜入选。剔除钢皮蛋、沙皮蛋、皱纹蛋、变形蛋、裂纹蛋。

（3）蛋壳厚度和颜色　蛋壳应致密，厚薄要适度，过厚不利于破壳出雏，过薄易破碎。种蛋蛋壳厚度在0.33～0.35毫米的孵化率最高。蛋壳呈沙皮状及顶部有砂顶症状的不宜入选。不同品种的种鸡所产的蛋颜色亦有不同，因此，种蛋的颜色应符合本品种的要求。

（4）种蛋表面要清洁卫生　如蛋上沾染粪便、污泥、饲料等过脏的蛋或有裂纹的蛋常会受微生物污染而最容易腐坏，引起种蛋变质或造成死胎。

（5）照蛋　采用照蛋器检查种蛋，如蛋内部粘壳、散黄、蛋黄流动性大、蛋内有气泡、气室偏、气室流动、气室在中间或小头的蛋等都不能选做孵化用的种蛋。新鲜蛋的蛋黄颜色呈暗红色或暗黄色，占据蛋的中心位置。

3. 种蛋的收集

收集种蛋的目的是减少种蛋的污染和破损，提高孵化率。为此，应做好以下工作。

（1）鸡舍清洁卫生　平养时，产蛋箱和蛋箱垫料的卫生尤为重要，垫料需每周换1～2次。垫料应选择柔软、吸水性好的材料，如锯木屑、稻草、麦秸、碎玉米芯等。

（2）增加种蛋收集次数　勤收蛋可以减少种蛋破损，保持蛋面清洁。每天收蛋3～4次较为合理，过冷或过热的季节每天收蛋5～6次。平养时，每天最后1次收蛋后要关闭产蛋箱。

（3）减少窝外蛋　初产母鸡未经训练、产蛋箱不足或垫料潮湿、不清洁是造成窝外蛋的主要原因。窝外蛋不但很容易受到污染，而且会造成土鸡食蛋的恶癖。一般每4～6只鸡要配备一个产蛋箱，产蛋箱应放置在光线较暗的地方，同时要保证充足的垫料，为产蛋创造舒适的环境。对于刚开产的青年母鸡，可以在产蛋箱中放置假蛋，引诱其进入产蛋箱中产蛋。

（4）减少笼养土鸡种蛋的破损率　笼养时要注意笼底铁丝的粗细、弹性、坡度等要素，以降低种蛋的破损率。

（5）分类收集　收集种蛋时，把特大、特小、畸形、破损和污染严重的种蛋拣出，这样可以减少对其他种蛋的污染，节省种蛋选

择时间。

4. 种蛋的包装和运输

装运种蛋是良种引进、交换和推广过程中不可缺少的一个环节，孵化期应给予高度重视，否则将引起较大的经济损失。

(1) 种蛋的包装　引进种蛋时需要对种蛋进行长距离运输，如果保护错误或不当，会引起种蛋破损、卵黄系带松弛或气室破裂而使孵化率降低。种蛋最好采用规格化的种蛋箱包装，蛋箱要结实，能承受一定的压力；种蛋要用纸格一个一个隔开或使用特制的纸蛋托，以避免相互接触、相互碰撞。种蛋箱装满后用胶带纸或打包带把箱口封好，便可装车运输。如果没有专用种蛋箱，也可用木箱或竹筐装运，这时可用废纸将种蛋逐个包好，装入箱（筐）内，种蛋箱各层之间填充锯末或刨花、稻草等垫料，以防撞击和震动，防止种蛋之间的直接接触。无论使用何种蛋箱，都应使种蛋保持大头向上或平放，以减少蛋的破损。一般蛋箱内放 2 列 5 层压模蛋托，每枚蛋托装蛋 30 枚，每箱装蛋 300 枚。装蛋时钝端向上，盖好防雨设备。如无专用蛋箱，也可用硬纸箱、木箱或竹筐装运。

(2) 种蛋的运输　在种蛋的运输过程中，不管使用什么交通工具，都应注意防止日晒雨淋。夏季运输种蛋时，要有遮阴和防雨的器具；冬季运输时应注意保暖、防潮。种蛋运输工具要求快速平稳，减少震动，搬运时轻装轻放，严禁猛烈震动，防止出现蛋黄膜破裂、系带折断等现象。种蛋运到孵化场所后，应尽快开箱检查。剔除破损蛋，及时码盘、消毒、入孵。另外，在高温高湿天气时，装车前应将种蛋从蛋库内搬出放置在室温下 2 小时，以防止种蛋出汗。

5. 种蛋的保存

为了集中入孵，种蛋往往需要保存数日才进入孵化机进行孵化。另外，土鸡种蛋孵化场也经常需要定期存放种蛋。如果保存的条件不当，种蛋会因品质下降而影响孵化率。因此，应按种蛋所要求的环境条件来保存，以保持种蛋的品质。种蛋的保存需要注意以下事项。

(1) 环境温度适宜　环境温度因储存时间的不同而不同。若储存期少于7天，温度以13～17℃为宜；超过7天时温度以10～12℃为宜。同时，还要求储存温度的相对恒定，不可忽高忽低。如过高或过低，都会对胚蛋造成不良影响。当储存温度高于23.9℃时，胚胎开始发育，这会导致在孵化过程中部分鸡胚早期死亡，以及孵化时死胎量增加；当环境温度低于5℃甚至0℃以下时，就会使种蛋因低温应激或者受冻而不能用于孵化；若环境温度长时间低于10℃，种蛋也会因长时间的低温应激而失去继续发育的能力。种蛋储存期间的温度可根据时间长短来确定。鸡的体温为40～43℃，种蛋产出到储存应是一个逐渐降温的过程。如降温过快，会对胚胎造成一定的损害。一般降温时间以0.5～1天为宜。因此种蛋在进入储蛋库保存前的温度如高于保存温度时，应逐步降温（最好在蛋库内设有缓冲间），使种蛋的温度接近储蛋库的温度后，再放入储蛋库内保存。同样道理，种蛋由储存室转入孵化室进行孵化前也应是一个逐渐升温的过程，温度上升得不可过快。

(2) 环境湿度合理　种蛋在储存过程中，蛋内水分会通过蛋壳上的气孔不断向外散发，导致种蛋气室增大、失重，随着时间的延长，会使种蛋孵化率降低甚至失去活力。所以，种蛋需储存在相对湿度为70%～80%的环境中，以延缓这一变化趋势。若相对湿度过低，胚蛋内的水分会通过蛋壳表面的小孔散失，导致胚胎脱水；过高又容易出现蛋壳表面霉菌滋生的现象。此外，还有两点需要注意：其一，当种蛋由冷库向温度高的地方转运时，水蒸气会凝集到蛋壳上，形成水滴，俗称“冒汗”。种蛋“冒汗”不仅不利于操作，而且容易受到细菌污染。可以从逐步提高蛋温与降低湿度两个方式解决种蛋“出汗”问题，实践中多采用逐步提高蛋温的办法。同时，要注意决不能用福尔马林熏蒸有水汽的种蛋，要待全部种蛋都干燥后方可熏蒸。其二，经过溶液浸泡或清洗的种蛋，因其蛋壳表面的胶质层已被破坏，种蛋失去了良好的天然保护屏障，某些病原微生物容易进入蛋内，进而影响胚蛋的质量，使其活力下降甚至失

去活力，因此，经过浸洗的种蛋保存时间决不能过长，通常以 2 天为限。

（3）种蛋保存时的通气　种蛋储存室应保持通风良好、清洁卫生、无特殊气味。蛋库内应有缓慢适度的通气，以防种蛋发霉。蛋盘的放置与墙壁应有适当的距离，保持一定的空隙，有利于通风换气。

（4）蛋位摆放合理　种蛋在储存期间，如果蛋位摆放不当，或长期放置不动，就会促进蛋黄、胚盘与蛋壳粘连的发生，甚至造成胚胎的早期死亡。因此，通常要求种蛋储存期间大头向上，小头向下，这样有利于种蛋存放和孵化出雏；当储存时间较长时，为防止粘连的发生，宜每天翻蛋 1 次或将蛋的钝端朝下放置。这样，可使气室和蛋黄得到相对固定，避免种蛋内容物与蛋壳粘连，利于保证正常的孵化率。种蛋如需保存更长时间，可将种蛋装入不透气的塑料袋内，填充氮气，密封后放入蛋箱内保存。这样，可阻止蛋内物质和微生物的代谢，防止蛋内水分过分蒸发，使种蛋保存期延长到 3～4 周，孵化率仍可达到 75%～85%。

（5）储存时间适当　鲜蛋的蛋白具有杀菌作用，随着储存时间的延长，蛋白的杀菌作用逐渐下降，如储存时间过长，会使蛋内水分蒸发过多，种蛋内部蛋黄和蛋清的理化性质发生改变，pH 值降低，系带卵黄膜变脆，各种酶的活动能力加强，同时胚胎蛋白黏稠度也会随之发生变化，进而使其携氧能力也下降，促使胚蛋衰老，孵化率降低，而且孵化出的雏禽质量会随之降低。同时，因种蛋表面大肠杆菌等致病菌也可能会随时间的延长而增多，对种蛋的质量和孵化生产造成一定的负面影响，尤其是一些可对孵化产生严重危害作用的病原微生物，可能会使种蛋失去孵化能力。通常来说，当储存时间在 15 天以上时，孵化率大幅下降，孵化时间延长，且雏鸡的质量也明显较差；当储存时间超过 3 周以上时，孵化率会急剧下降；若时间在 1 个月以上，可能导致绝大部分种蛋失去活力，不能用于孵化。所以，种蛋的储存时间应尽可能短，以不超过 7 天为宜。

（6）定时消毒检查种蛋库　要随时保持储蛋库的清洁，定期用消毒剂擦洗天花板、墙壁和地面。冷却器和增湿器（水盘）要注意不可受到细菌、霉菌等污染。

6. 种蛋的消毒

种蛋产出后，即使是刚刚从鸡体内产出，受粪便、灰尘等污染，蛋壳上也可能有细菌。另外，当蛋放在垫料或地面上，也容易被污染而带菌，这些细菌在壳上很容易繁殖。若不进行消毒，细菌（特别是霉菌）繁殖过多，侵袭蛋内，就会影响孵化效果，而且污染孵化器和用具，并可能将疾病传播给雏鸡，尤其是雏鸡白痢病，危害很大。据研究报道，种蛋经清洗消毒后，入孵蛋孵化率提高了2.68%，受精蛋孵化率提高了1.42%，健雏率提高了0.7%。未经消毒的种蛋死胚蛋中大肠杆菌检出率9.09%、沙门菌检出率54.55%，而消过毒的种蛋大肠杆菌或沙门菌检出率均为零。由此可见，蛋的消毒至关重要，种蛋入孵前必须进行1次消毒。常用方法有以下几种。

（1）福尔马林熏蒸消毒法　这种方法效果较好，操作简单，安全可靠。特别是对病毒和支原体消毒效果更好。目前，种蛋和孵化机多采用这种消毒方法。对清洁度较差或外购的种蛋，每立方米用42毫升福尔马林加21克高锰酸钾，在温度25～27℃、相对湿度60%～75%的条件下，密闭熏蒸20～30分钟，可杀死蛋壳上95%～98.5%的病原体。具体操作步骤是先将高锰酸钾放入瓷盆中，将盆放在孵化器底部，加入少量温水，再将福尔马林缓慢倒入盆中，立即关闭孵化器，熏蒸30分钟后，打开孵化器门或打开风机进行通风，排除剩余福尔马林蒸汽，待无气味后关闭孵化箱门开机升温。操作的时候，化学反应剧烈，要注意安全。熏蒸消毒时注意的问题是种蛋在孵化器里消毒时，应避开24～96小时的胚蛋；福尔马林与高锰酸钾化学反应很剧烈，又具有很大的腐蚀性，所以要用搪瓷盘，不能用金属容器；种蛋从种蛋库取出，在蛋壳上会凝有水珠，一定要让水珠蒸发后再消毒，否则对胚胎不利；福尔马林溶液挥发性很强，要随用随取。如发现福尔马林与高锰酸钾混合

后，只冒泡产生小烟雾，说明福尔马林已经生效。

（2）苯扎溴铵浸泡消毒法　苯扎溴铵是阳离子表面活性剂，能破坏细胞膜，改变其通透性而起杀菌作用，但不能杀灭芽孢。苯扎溴铵兼有杀菌和去垢效力，价格便宜，使用方便，消毒效果好。苯扎溴铵原液浓度为5%，使用时配成1∶1000的水溶液，水的温度要求在35～45℃，将种蛋浸泡3分钟，或者直接喷洒到种蛋的表面。使用此法消毒种蛋时，切不可混入肥皂、碘、高锰酸钾、升汞和碱等，否则药液失效。

（3）高锰酸钾溶液浸泡法　高锰酸钾为黑紫色结晶，有金属光泽，易溶于水，其强氧化性可使细菌细胞的蛋白质变性，起到杀菌作用。将种蛋浸泡在0.5%的高锰酸钾溶液中1～3分钟，捞出晾干后装盘入孵。也可用0.2%的高锰酸钾溶液，水温在40℃，浸泡种蛋1分钟，洗去蛋壳上的杂质，晾干，装盘后即可入孵。

（4）漂白粉消毒法　漂白粉的主要成分是次氯酸钙和氯化钙。其中次氯酸钙是其杀菌的有效成分，次氯酸钙可与水发生可逆反应，生成次氯酸（具有强氧化性），达到消毒的目的。具体方法是：称取漂白粉1.5千克，溶于100千克清水中，搅拌均匀，把种蛋放于溶液中3分钟即可。消毒液最好现用现配，此法最好在通风处进行。

（5）紫外线及臭氧发生器消毒法　紫外线杀菌的原理较为复杂，一般认为它与对生物体内代谢、遗传、变异等现象起着决定性作用的核酸相关。具体操作是用40瓦紫外线灯管距离种蛋40厘米左右，照射15～20分钟，由于紫外线的穿透力较弱因此需要翻过蛋后再照射15～20分钟，即可达到消毒的目的。臭氧能与细菌细胞壁脂质双键反应，穿入菌体内部，作用于蛋白和脂多糖，改变细胞的通透性，从而导致细菌死亡。臭氧发生器消毒是把臭氧发生器装在消毒柜或小房内，放入种蛋后关闭所有气孔，使室内的氧气变成臭氧，达到消毒的目的。

（6）碘溶液浸泡消毒法　游离状态的碘原子的超强氧化作用，可以破坏病原体的细胞膜结构及蛋白质分子。入孵前将种蛋放入

0.1%的碘溶液进行浸泡消毒。配制方法：2千克清水中加入20克碘或30克碘化钾，全部溶解后再加入18千克清水。水温保持40℃，浸泡时间1分钟，捞出晾干后装盘入孵。对消除蛋壳上的白痢杆菌尤为有效。经数次浸泡种蛋的碘液，其浓度逐渐降低，适当延长浸泡时间，浸洗10次必须更换新液，才能达到良好的消毒效果。

（7）过氧乙酸消毒法　过氧乙酸具有很强的氧化作用，可将菌体蛋白质氧化而使微生物死亡。对多种微生物，包括芽孢及病毒都有高效、快速的杀菌作用。用有效浓度1%的过氧乙酸，按每立方米30毫升的量，熏蒸30分钟。或者用0.01%～0.04%的过氧乙酸浸泡种蛋3～5分钟，取出沥干后入孵。但使用时对金属及皮肤均有损害，应注意避免用金属容器盛药，且勿与皮肤接触。

（8）药物消毒法　呋喃西林属于局部抗菌药，能干扰细菌氧化酶系统而发挥抑菌或杀菌作用。具体用法是将呋喃西林碾成粉末，配制成0.02%浓度的水溶液，将种蛋放入溶液内浸泡3分钟，洗净取出晾干即可入孵。另外，也可以使用土霉素来消毒种蛋。具体方法是将种蛋放入预先配好的土霉素盐酸盐水溶液中浸泡15分钟。药液浓度为万分之五（即1千克水放0.5克土霉素盐酸盐），溶液的温度为4℃。如温度高时，可用冰块放入溶液内降温至4℃时，再将种蛋放入浸泡，15分钟后取出在孵化室内放置1～2分钟，当表面不太湿时，入孵即可。这种方法对支原体的消毒效果显著。

7. 提高散养土鸡种蛋品质的技术措施

土鸡散养环境开放，公、母鸡自由活动，环境复杂难以进行有效人工控制，种蛋收集过程也容易接触病菌。因此，散养土鸡的种蛋收集与储存要配套相应的技术措施，才能确保获得高品质的种蛋。

（1）强化养殖区的隔离和消毒　做好场区的隔离和消毒工作，严禁接触其他禽类的车辆和人员进入场区。饲养员定岗，不得串区，进入土鸡放养区的人员需先进行消毒、更换工作服。场区环境定期消毒，每周不少于3次，做好空养殖区的鸡粪处理和消毒，清

理出的鸡粪远离放养区和栖息圈舍，病死鸡必须经无害化处理。

（2）精心选择日龄相当的公、母鸡　根据种鸡的健康状况及时调整公、母鸡比例，淘汰无种用价值的公、母鸡，更换病、残、体弱的种公鸡，保证鸡群的相对稳定。一般公、母鸡的比例为1∶（10～12）。种公鸡多在9月龄时开始配种，母鸡在开产3周后配种。

（3）合理控制饲养鸡群数量　大群饲养不应超过250只。散养鸡群数量较多时，要相应地扩大运动场，便于鸡群分散活动和进行配种，以提高受精率。应给种鸡提供适宜的环境、均衡的营养、清洁的饮水、适宜的密度、均匀的饲料和充足的采食位等。3周龄开始每周末空腹称体重，根据体重大小及时调整饲喂量，将个体大小不一的鸡只进行分级分群，并分别饲喂，产蛋中后期要根据鸡群产蛋率和体重的变化调整日饲喂量，使鸡群生产性能平稳发挥。

（4）认真做好种鸡疫病防治　很多疫病都能影响种鸡的产蛋率和种蛋的品质，从而影响种蛋的受精率。要保证环境的卫生安全，以防为主。有些霉菌会在饲料中产生毒素，如黄曲霉毒素能引起鸡生长率降低，产蛋率下降，对肝、肾及其他主要器官产生伤害，也使种鸡受到影响，因此，生产中不应饲喂霉变的饲料，防止霉菌毒素对种鸡群的影响。要根据种鸡养殖要求安排免疫程序，重点做好鸡新城疫、禽流感、传染性支气管炎、禽霍乱、大肠杆菌病、沙门菌病、减蛋综合征、法氏囊病等的预防免疫；做好鸡输卵管炎、卵黄性腹膜炎、泄殖腔炎等常见疾病的防治。免疫时要使鸡群获得均匀有效的抗体水平，建立常规抗体监测、微生物检测、药敏试验和预防性投药等工作，严格执行种鸡群鸡白痢、鸡伤寒沙门菌的净化措施。严格控制磺胺类、四环素类及驱虫药物的使用，减少药物残留。

（5）确保种鸡营养均衡　根据种鸡的营养标准设计饲料配方，综合考虑种鸡自由采食因素，给鸡群提供高品质的饲料、均衡的营养。不使用易受病原性微生物污染的动物性蛋白质类饲料原材料，严禁使用影响鸡群健康和受精率、孵化率的饲料原材料。营养缺乏会导致种鸡繁殖力降低，受精率下降。在种鸡饲料中，应满足其对能量、蛋白质、维生素、矿物质，特别是钙、维生素A、维生素E、维生素D等营养的需要。在配种旺季，应给种公鸡相应增加蛋白质供给量，以提高精液品质，为种鸡群获得稳定、高水平的生产性能提供营养保证。

（6）确保种蛋消毒存放　种蛋收集和装盘时要剔出无壳蛋、薄壳蛋、沙皮蛋、皱皮蛋、双黄蛋、裂纹蛋、破蛋以及其他的异常畸形蛋，种蛋在采集后放入熏蒸间消毒，每立方米用14克高锰酸钾和28毫升福尔马林，密闭熏蒸30分钟，然后放入种蛋库存放少于7天。种蛋库温度应为15～16℃，湿度60%左右。种蛋用纸蛋盘存放，底层的蛋盘应用木板或其他材料垫起，保证种蛋透气，这对提高受精率大有好处。种蛋在收集、运输、装盘等环节要小心，否则会造成种蛋质量下降，使孵化率受到影响。

五、种蛋人工孵化的条件

种蛋的人工孵化是根据土鸡胚胎发育的特点，人为地给予适宜的温度、湿度、通风等条件，孵化出健壮的雏鸡。大型孵化场人工孵化主要是对孵化环境以及整个流程的控制，每一个环节的操作细节都直接影响孵化效果，关系到整个经济效益。要想孵化出健壮的雏鸡必须严格遵守以下要点。

1. 温度

温度是孵化中最重要的条件，对孵化率和健雏率起决定性的作用。因为，胚胎发育过程中的各种代谢活动都是在一定的温度条件下进行的。没有适宜的温度，胚胎就不能发育或发育不正常，就得不到好的孵化效果。鸡胚发育的适宜温度为37～39.5℃。孵化机的温度应保持在37.8℃的恒温条件，出雏机的温度为37.2℃。孵化温度高时，胚胎发育快，但雏鸡体质软弱，若温度超过42℃，经2～3小时胚胎就会死亡。孵化温度高，还会妨碍蛋的内容物正常吸收，雏鸡绒毛短、色素缺乏、体重小、脐部愈合不良。相反，温度低时，胚胎生长发育迟缓，推迟出雏，孵化率降低，若温度低

于24℃时，经30小时左右胚胎全部死亡。据研究，鸡胚胎孵化至10天时，蛋内温度已经比孵化器内温度高0.4℃，15天时高出1.3℃，20天时高出1.9℃，而到孵化末期则能高出3.3℃。所以，在孵化后期要为胚胎散热创造条件。采用变温孵化时，应“变中求恒，恒中有变，变中求稳”。温度掌握的原则是前期高、中期平、后期低，应注意“看胎施温”。具体操作时是按70%胚胎的整体发育情况进行判断，如70%胚胎发育已符合标准，少数发育稍快或稍慢，温度是适当的；如胚胎发育数量不足70%，死胚蛋却很少，说明温度偏低，如胚胎发育数量超过70%，且死胚率较高，说明温度较高；如胚胎发育数量不足70%，胚胎血管严重充血，死胚率很高，表明温度过高。因此，应正确掌握孵化的温度。

2. 湿度

湿度具有导热作用，在孵化初期可使胚胎受热均匀，孵化后期有利于胚胎生理热的散发；湿度不当会影响蛋内水分蒸发和胚胎的物质代谢；湿度还有利于雏鸡出壳，出壳时，在足够的湿度和空气中CO_2的作用下，使蛋壳的碳酸钙变成碳酸氢钙，蛋壳变脆，便于雏鸡出壳。胚胎对湿度的适应范围较广，不及温度敏感，一般不会造成孵化率大幅下降。但湿度控制不当会影响雏鸡的质量。整批孵化时，湿度应掌握“两头高，中间低”的原则。在孵化初期胚胎需要形成羊水和尿囊液，同时又需要较高的温度，因此，湿度应稍高，相对湿度应为65%～70%，以防蛋内水分过度蒸发；在孵化的中、后期，为了便于尿囊液和羊水的排出，相对湿度降至50%～55%，以利于胚蛋中水分的蒸发。当雏鸡破壳出雏时，为了防止绒毛与蛋膜粘连，造成胶毛和出雏困难，湿度又应提高，相对湿度应为65%～75%。充分的湿度与空气中的二氧化碳作用，使蛋壳的碳酸钙变成碳酸氢钙，蛋壳变脆，有利于出雏。在整个孵化过程中，孵化的湿度不能过高或过低。湿度过高时，影响蛋内水分正常蒸发，尿囊闭合缓慢，嗉囊、胃肠中有过量的液体，出壳缓慢，甚至引起胚胎酸中毒，脐部愈合不良，卵黄吸收不良。由于湿度大，蛋白水分多，雏鸡啄壳时蛋白不能完全吸收，蛋白粘住雏鸡绒毛，外观很脏。雏鸡体重偏大，腹部膨大，弱雏多，成活率低。湿度过低时，蛋内水分大量蒸发，胚胎同样发育不良，刚出壳的雏鸡毛短、干瘦，易与蛋壳粘连，雏鸡毛色污浊，或引起雏鸡脱水，孵出的雏鸡轻小。在孵化过程中要每 4 小时记录 1 次湿度。湿度低时，水分过度蒸发，在孵化机内增加水盘，往水盘内加 45～50℃水，室内地面多洒水；湿度过大时，要减少水盘或少添水，地面也要少洒水，可加强室内通风。孵化室与出雏室相对湿度保持在 75％左右。

3. 通风

通风的目的是供给胚胎生长发育所需的氧气，排出二氧化碳；使孵化器内温度均匀；促进胚胎散热，防止自温超温。通风换气好坏直接影响孵化效果。鸡胚在发育过程中，不断吸收氧气，排出二氧化碳，随着日龄的增加，其氧气吸入量和二氧化碳排出量也迅速增大。据统计后期每昼夜需氧量为初期的 110 倍以上，一般要求氧气≥20％；二氧化碳含量 0.4％～0.5％，不超过 1％。当二氧化碳＞0.5％时，孵化率下降；二氧化碳 1.5％～2％时，孵化率急剧下降。为此，为了保持胚胎正常的气体代谢，必须供给土鸡种蛋新鲜的空气，同时排出不良的气体，这就必须保持孵化机良好的通风。若通风换气不良，二氧化碳过多，常导致胚胎死亡增多，或引起胚胎畸形及胎位不正等异常现象，降低孵化率和雏鸡质量。要提高孵化率和雏鸡的质量，孵化过程中必须注意通风。据测定，1 个鸡蛋孵化成雏鸡，胚胎共吸入氧气 4000～4500 立方厘米，排出二氧化碳 3000～5000 立方厘米。通风量大小根据胚胎发育阶段而定。孵化初期，胚胎需要的氧气不多，利用卵黄中的氧气就能满足，通风量可以少些，此时机器通气孔开小点即可。一般孵化的头 7 天，每天换气 2 次，每次 3 小时。孵化中后期，胚胎逐渐长大，代谢旺盛，需要氧气和排出的二氧化碳增多，通风量应加大。一般入孵 7 天以后，或者连续孵化，机内有各期胚胎，应打开进出气孔进行不停地通风换气，尤其当机内有破壳出雏的情况下，更应持续换气，否则，易使小鸡闷死。孵化室内也要注意通风。

六、孵化前的准备工作

1. 制定孵化计划

在孵化前，要根据孵化与出雏能力、种蛋数量以及雏鸡销售合同等具体情况制定孵化计划。根据计划制定一个孵化日程表，以便于组织生产。一旦计划制定好后，非特殊情况不能随便更改，以免影响整体计划和生产安排。一般情况下，每周入孵 2 批或每 3 天入孵 1 批工作效率较高。若孵化任务大时，可安排在 16～18 天落盘，每月可多入孵 1～2 批。

2. 准备好所用物品

入孵前 1 周应把一切用品准备好，包括照蛋灯、干湿温度计、消毒药品、马立克疫苗、装雏箱、注射器、清洗机、易损电器元件、电动机、皮带、各种记录表格、保暖或降温设备等。

3. 检查维修

在孵化前应对孵化室和孵化机进行检查和维修，并做好试温工作。为了防止孵化事故的发生，在孵化前必须对机器进行检修，查看电热丝、电扇、电动机的状况，孵化机的严密程度，调节器和温度计的准确性等均应进行检修，经校正后方可进行孵化。新孵化机安装后，或旧孵化机停用一段时间，再重新启动，都要认真校正检验各机件的性能，尽量将隐患消灭在入孵前。

4. 消毒

在入孵前 1 周，孵化室、孵化机、出雏机、出雏盘及车间空间进行全面消毒。屋顶、地面各个角落都要清扫干净。机内刷洗干净后应用高锰酸钾和福尔马林熏蒸消毒，按房间及机器的体积大小计算用量。一般熏蒸约 30 分钟之后打开门窗。在开始孵化前，应该全面检查孵化器，看看孵化器的风扇转动和翻蛋装置是否正常，各部分的配件是否完整。电热丝是否都发热，红绿指示灯是不是正常。如果发现不正常时，必须及时彻底修好，然后再试温，水盘加水，使孵化器内达到所需要的温度和湿度。这样试上 3～4 天，如果孵化器工作正常，温度、湿度变动很小，合乎要求，便可开始上蛋，正式进行孵化。

5. 种蛋预热

种蛋入孵前4～9小时或12～18小时要进行预热处理，方法是将种蛋大头朝上码在蛋盘里，放在22～25℃环境下预热，上蛋时间最好在下午4点左右，这样能使出雏高峰出现时间在白天而便于工作。入孵前把种蛋进行预热处理，能使胚胎发育从静止状态中逐渐苏醒过来，减少孵化器温度下降的幅度，除去蛋表凝水，以便于能立即开始孵化，并可提高孵化率。在整机入孵时，温度从室温升至孵化规定温度需8～12小时，这就等于预热了，不必再另外预热。

6. 码盘

码盘就是种蛋的装盘，即把种蛋一个一个放到孵化器蛋盘上再装到蛋架车上连车一同推入机器内孵化。人工码盘的方法是挑选合格的种蛋大头向上、小头向下一个一个的放在蛋盘上。装入蛋架车做好标记。若分批入孵，新装入的蛋与已孵化的蛋交错摆放，这样可相互调温，温度较均匀。另外还可使蛋架车重量平衡。为了避免差错，同批种蛋用相同的颜色标记，或在孵化盘贴上胶布注明。

七、孵化的日常管理

经过以上准备工作后，一旦装机孵化就要昼夜24小时值班，可根据规模的大小，入孵的多少，分成两班或三班，安排好交接班时间与工作内容。值班人员要按照技术人员的要求及孵化胚龄和室温高低，调整好正常温度范围。适当的湿度可使孵化初期胚胎受热良好，孵化后期有利于胚胎散热，也有利于破壳出雏。因此，要注意经常清洗或更换湿度计上的纱布条，防止钙盐沉积变硬，影响准确度，并定期向湿度计水管中注入蒸馏水或凉开水，以防止水干了，测不出湿度。入孵开机后，当孵化器温度达到标准时，应打开进出气孔通风，开始少开一些，逐渐全开，将风扇转速控制在每分120转为宜，要经常检查电机的发热程度，机器有无异常声响，还应注意孵化室内的通风换气，以保证室内空气新鲜，给胚胎的正常

发育创造一个良好的环境条件。

八、种蛋孵化的注意事项

1. 严格把握孵化的温度和湿度

温度的调节主要是调控孵化器控温系统，在入孵前已经校正、检验并试机运转正常，一般不要随意更改。刚入孵时，开门入蛋引起热量散失以及种蛋和孵化盘吸热，因此孵化器里温度暂时降低，是正常的现象。待蛋温、盘温与孵化器里的温度相同时，孵化器温度就会恢复正常。这个过程大约历时数小时（少则3～4小时，多则6～8小时）。即使暂时性停电或修理，引起机温下降，一般也不必调整孵化给温。只有在正常情况下，机温偏低或偏高0.5～1℃时，才予调整，并密切注视温度变化情况。湿度的调控主要是注意观察孵化器，内挂有干湿温度计，每2小时观察记录1次，并换算出机内的相对湿度。要注意棉纱的清洁和水盘加蒸馏水。相对湿度的调节，是通过放置水盘的多少、控制水温和水位高低来实现。

2. 定期翻蛋（转蛋）

翻蛋的目的是为了改变胚胎位置，防止胚胎与蛋壳膜粘连，并可适当增加胚胎运动，保持胎位正常，促进胚胎血液循环。长时间不翻蛋，胚胎容易与蛋壳膜粘连，影响胚胎发育。多数自动孵化器设定的转蛋次数1～18天为每2小时/次，每天12次。每天转蛋6～8次对孵化率无影响。19～21天为出雏期，不需要转蛋。孵化的第1周转蛋最为重要，第2周次之，第3周效果不明显。转蛋的角度应与垂直线成45°角的位置，然后反向转至对侧的同一位置，转动角度较小不能起到转蛋的效果，太大会使尿囊破裂从而造成胚胎死亡。手动转蛋要稳、轻、慢。但遇切断电源时，要重复上述操作，这样自动转蛋才能起作用。

3. 适时凉蛋

凉蛋的目的是驱散孵化机中的余热，让胚胎得到更多的新鲜空气，同时给胚胎冷刺激，促进胚胎发育。在较冷的天气，孵化机供温稳定，通风良好，机内不超温，可以不凉蛋。在高温季节孵化，整箱入孵上蛋量较大，通风不良时需进行凉蛋，尤其是孵化后期胚胎物质代谢加强，自温超温时应加强凉蛋，每天上午、下午各1次，每次15～20分钟。凉蛋的具体方法是将孵化机的气孔或门窗打开，关闭电源，让胚蛋温度下降。凉蛋时用眼皮测温，以蛋贴眼皮，感觉微凉（32～35℃）即可，然后再徐徐加温，逐渐达到孵化所需要的温度。一般情况下，凉蛋对孵化率影响不大。但在高温季节，整箱入孵时，孵化机内温度超温不进行凉蛋，则会引起死胚和弱雏增加，孵化率下降。

4. 科学照蛋，适时调温

照蛋就是采用验蛋器的灯光，透视胚胎发育情况，及时拣出无精蛋、死胚蛋、破损蛋、臭蛋，同时观察胚胎发育是否正常，及时采取相应的措施，以利于提高孵化率。无精蛋仍和鲜蛋一样，卵黄悬在中央，蛋体透明。散黄后一般看不到血管，不规则形状的蛋黄漂浮在蛋的中线附近。死精蛋内混浊，可见有血环、血弧、血点或断了的血线。另外，能随时观察胚胎的发育情况，适当调整温度。鸡蛋孵化到第5天进行看蛋。看胚前，先随机取蛋30枚平放5分钟，让胚胎上浮，照蛋时方可看清。发育正常的胚胎可看到明显的黑色眼点，若70%有眼点，表明温度适当，稍微降温0.2℃左右或维持到第10～11天后再降。若看到胚胎有“小蜘蛛”相，应提高孵化温度0.2～0.5℃。孵化到第10～11天，照蛋检查胚胎发育，发育正常的，两侧尿囊血管在小头伸展并合拢。若10天末有70%合拢，说明温度正常；若10天末有90%以上蛋合拢，说明温度偏高；若11天末仍有30%以上蛋未合拢，一般说明温度偏低。在孵化到第17天时照蛋，以小头对准光源，再也看不到发亮的部分，称为封门，小头红屁股面积小于0.5平方米的也可认为封门，若17天末有70%封门，孵化温度可降0.2～0.5℃；在孵化的第18天最后一次照蛋，这时发育正常的胚胎，除气室外全部都被胚胎占满，蛋的尖头呈黑色，气室边弯曲，有时可看见胎动；而死胚蛋的尖端颜色发淡、透明，有血管，胚胎不动。照蛋要稳、准、快，尽量缩短时间，有条件时可提高室温。照完一盘，用外侧蛋填满空

隙，这样不易漏照。照蛋时发现胚蛋小头朝上应倒过来。放盘时，有意识地对角倒盘（即左上角与右下角孵化盘对调，右上角与左下角孵化盘对调）。放盘时，孵化盘要固定牢，照蛋完毕后再全部检查一遍，以免转蛋时滑出。最后统计无精蛋、死胚蛋及破蛋数，登记入表，计算受精率。

5. 按时换盘

鸡胚孵至18～19天后，将胚蛋从入孵器的孵化盘移到出雏器的出雏盘，称换盘、移盘或落盘。此做法有两个目的，种蛋被侧放于出雏器中，令从蛋壳中出来的雏鸡可以自由活动；同时，换盘有卫生方面的意义，在雏鸡出壳的过程中会产生大量的绒毛，这些绒毛可能会对整个孵化厂造成污染。我们认为，鸡蛋孵满19天再换盘较为合适。具体掌握在约10%鸡胚“打嘴”时移盘。孵化18～19天，正是鸡胚从尿囊绒毛膜呼吸转换为肺呼吸的生理变化最剧烈的时期。此时，鸡胚气体代谢旺盛，是死亡高峰期。推迟移盘，鸡胚在入孵器的孵化盘中比在出雏器的出雏盘中，能得到较多的新鲜空气，且散热较好，有利于鸡胚度过危险期，提高孵化效果。移盘时，如有条件应提高室温。动作要轻、稳、快，这是因为胚胎在转盘前已经吸收了蛋壳内的钙来帮助骨骼的发展，所以蛋壳会变得更加易碎。因此，转盘时应该更加小心，以避免蛋壳的破损。自动的转盘设备会比人工操作更加安全、高效。出雏期间，用纸遮住观察窗，使出雏器里保持黑暗，这样出壳的雏鸡安静，不致因骚动踩破未出壳的胚蛋，而影响出雏效果。19天时雏鸡嘴已入气室内，开始啄壳，20天陆续出壳，21天时出壳结束。由于孵化机中的温度不可能绝对均匀，胚胎的发育速度也有一定的差异。为调节胚胎发育速度，换盘时原在上层的胚蛋应换到下层出雏，原在下层的胚蛋应换到上层出雏，原在两侧的胚蛋应调到中间出雏，原在中间的胚蛋应调到两侧出雏。另外，转盘时照蛋，挑出无精蛋、早期胚胎死亡、中期死亡和污染蛋，并计算记录。如果在照蛋过程中发现污染蛋，要将污染蛋拣出。盛放污染蛋的桶内要有足够的消毒药，并盖好桶盖。落盘人员接触污染蛋或擦拭破损蛋后，需立即用酒精消毒双手。每车种蛋落盘前，落盘人员需用酒精消毒双手1次。如果有污染蛋或其他种蛋破裂于地的，要立即用包装纸擦拭，然后消毒。此外，在转盘前，出孵器的出雏盘应该正确清洗和烘干，如将种蛋放置于湿润的托盘中会因为水汽的蒸发而造成种蛋的冷却。

6. 拣雏

可在出雏30%～40%时拣第1次，60%～70%时拣第2次（叠层式出雏盘出雏法，在出雏75%～85%时，拣第1次），最后再拣1次并“扫盘”。拣雏时动作要轻、快，尽量避免碰破胚蛋。前后开门的出雏器，不要同时打开，以免温度大幅度下降而推迟出雏。拣出绒毛已干的鸡雏的同时，拣出壳以防蛋壳套在其他胚蛋上闷死雏鸡。大部分出雏后（第2次拣雏后），将已“打嘴”的胚蛋并盘集中，放在上层，以促进弱胚出雏。

7. 出雏现场的控制

鸡蛋孵到20～21天后，开始大批破壳出雏，这时每隔4～6小时拣雏1次，把脐部收缩良好、绒毛已干的小鸡拣出来。而脐部凸出肿胀，鲜红光亮的和绒毛未干的软弱小鸡，应暂时留在出雏盘内，下次再拣。拣雏时动作要轻、快，尽量避免碰破胚蛋。前后开门的出雏器，不要同时打开，以免温度大幅度下降而推迟出雏。另外，对少数未能自行脱壳的小鸡，应进行人工助产。助产时只需破去钝端蛋壳，拉直头颈，然后让小鸡自行挣脱壳，不能全部人为拉出，以防出血而引起死亡。雏鸡从出雏器里面拉出来后的环境温湿度以及通风的控制非常重要。所有的操作应该在温控环境下进行，避免过热或过冷。雏鸡在盒子或其他运送装置中不能太拥挤。为了避免雏鸡体重降低，雏鸡停留的地方要保持合适的相对湿度。建议温度为24℃，相对湿度为65%～70%，实际过程中要以雏鸡的状态为依据。其次是各项工艺的标准化规程制定。在出雏期间必须对初生雏进行认真的选择并根据防疫及用户要求，进行必要的技术处置（包括注射马立克疫苗、带翅号、剪冠和切爪等）。出雏要按家系出雏，每个家系放一个雏盒。取出《系谱孵化出雏卡》迅速登记

健雏、弱雏、残死雏、死胎数。然后将这张卡放入出雏盒中，进入下一项工作。鉴别时如果是翻肛鉴别，则每个家系鉴别完毕后，登记公母雏数于“出雏卡”中，清理鉴别盒中雏鸡后再鉴别另一家系。翅号上打有家系号和母鸡号，如“05～532”即第五家系532号母鸡。将翅号带在雏鸡翅膀的翼膜处。同时注意剪冠，预防接种马立克疫苗，最后送育雏舍。

8. 后期清理

鸡蛋孵到21天，当大部分雏鸡出壳后，就应开始进行清理工作。首先将死雏拣出来，然后再拣出毛蛋，并分别登记入表。如果不把死雏和毛蛋拣出来，它们会吸收附近胚胎的热量，影响胚胎的继续发育和破壳。毛蛋的颜色暗黑，用手摸时比较凉，敲一敲蛋壳发实音；而活的胚胎蛋壳颜色正常，摸时温度较高，轻敲蛋壳空响。为了更有把握地拣出毛蛋，还可以用验蛋灯照一下。凡是活动的就是活胚；不动的或摇也不动的就是毛蛋。死雏和毛蛋拣出后，把剩下的活胚胎归并在一起，如不满盘时，可将胚胎堆在出雏盘内角，放在温度较高的出雏盘位置上，促其快速出雏。出雏完毕（一般在第22天的上午）对出雏器、出雏室、雏鸡处置室和洗涤室彻底清扫消毒。

九、衡量孵化成绩的指标

鸡的孵化率直接关系到孵化场的经济效益，孵化效果的理想与不理想应该怎样衡量呢？衡量的标准是什么？一般从受精率、早期死胚率、受精蛋孵化率、入孵蛋孵化率等指标进行衡量。在每批出雏后，根据照蛋拣出的无精蛋、死胚蛋、破蛋，出雏的健雏数、残弱雏数、死雏数及死胚数等完整地记录资料，按下列各主要孵化性能指标，进行资料的统计分析。优秀的孵化率，按入孵蛋可达85%，按受精蛋可达90%；入孵蛋孵化率应在65%以上，受精蛋孵化率应在85%以上。

1. 受精率

受精率＝受精蛋数/入孵蛋数×100%

其中受精蛋包括活胚蛋和死胚蛋。一般水平孵化应在90%以上。

2. 早期死胚率

早期死胚率=1～5胚龄死胚数/受精蛋数×100%

通常统计5胚龄时的死胚数。正常水平孵化在1.0%～2.5%范围内。

3. 受精蛋孵化率

受精蛋孵化率=出雏的全部雏禽数/受精蛋数×100%

出雏的雏禽数包括健雏、残弱雏和死雏。高水平孵化应达92%以上。此项是衡量孵化场孵化效果的主要指标。

4. 入孵蛋孵化率

入孵蛋孵化率=出雏的全部雏鸡数/入孵蛋数×100%

高水平孵化能够达到87%以上，这一项反映种鸡场及孵化场的综合水平。

5. 健雏率

健雏率=健雏数/出雏的全部雏鸡数×100%

高水平孵化应达98%以上。孵化场多以售出的雏鸡视为健雏。

6. 死胚率

死胚率=死胚蛋数/受精蛋数×100%

死胚蛋一般指出雏结束后扫盘时未出雏的种蛋，俗称“毛蛋”。

十、影响孵化率的因素

1. 种鸡的因素

（1）公母比例　一般公鸡与母鸡的比例为小型土鸡1∶(12～15)、中型土鸡1∶(10～12)、大型土鸡1∶(8～10)，这样可使蛋受精率提高。

（2）遗传因素　不同品种或不同品系的孵化率有所差异。孵化率是鸡繁殖率的一个指标，是可以遗传的。一般蛋用种比肉用种、

兼用种的受精率、孵化率都要高些。近交种蛋孵化率低，杂交种蛋孵化率高。

（3）种鸡周龄　一般来说，种鸡年龄越大，受精率、孵化率越低。母鸡初产期的蛋孵化率也较低。它们遗传性能不够稳定，不宜作为种蛋孵化。在30～42周龄母鸡产的蛋孵化率最高；以后随周龄增长而逐渐下降，约在45周龄后，孵化率降低2%～5%。一般种用母鸡可利用2～3年，个别高产母鸡可以多留用1年，种公鸡利用3～4年。

（4）母鸡产蛋量　土鸡的产蛋量与孵化率呈正相关，即鸡群产蛋量高其孵化率也高。那么，影响产蛋量的因素也同样影响孵化率。

（5）种鸡的饲养　种鸡良好的饲养管理方法能提高母鸡的受精率和孵化率。饲料配合适当，多喂富含蛋白质的饲料，特别是动物性蛋白质饲料、矿物质饲料及麦类饲料能提高孵化率。日粮中营养不全（如缺乏维生素A），孵化初期死胚增多；缺乏B族维生素，蛋白稀薄，孵化中期死胚增加，弱雏增多；矿物元素（钙、磷、锌、锰等）缺乏，孵化率也会降低。缺乏维生素D，孵化后期胚胎死亡率高。

（6）种鸡管理　鸡舍温度、通风及垫草的状况不良，造成舍内卫生较差，种蛋受到污染，从而影响孵化率。

（7）健康状况　种鸡感染蛔虫、鸡白痢、鸡支原体等病均影响孵化率。有些疾病（如鸡白痢、鸡支原体病等）可以通过带菌母鸡经蛋传染，尤应注意。

2. 种蛋的因素

（1）蛋的品质　裂缝、污秽、畸形、太大、太小的蛋孵化效果不佳。

（2）种蛋的保存　短期保存种蛋对孵化率的影响不大，但保存期延长就会导致孵化率不断下降。保存种蛋的温度太低，相对湿度不足，通风不良，翻蛋不当，都影响孵化率。种蛋受冻、受振以及消毒不严，均可造成胚胎早期死亡增多，胚胎发育受阻，孵化率降低。

3. 孵化条件的因素

（1）温度　孵化温度过高或过低都会影响胚胎发育，严重时造成胚胎死亡。

（2）湿度　孵化湿度过大或过小，都影响蛋内水分代谢，胚胎死亡率高。

（3）翻蛋　孵化中翻蛋不当或完全停止翻蛋，卵黄容易黏附于蛋壳膜上，影响胚胎运动，造成胎位不正，导致胚胎死亡。

（4）通风换气　孵化中通风不良，会出现胎位不正和畸形，胚胎死亡率增高。

（5）供电不稳　在供电不稳的地区或孵化器出现故障，使孵化中停电时间过长，造成温度降低和机内温度不均匀，使胚胎发育受阻甚至全部损失。

4. 其他因素

（1）人工光照　孵化期间连续进行人工光照，将降低孵化率。

（2）孵化器　孵化器（机）的类型不同，尤其是使用陈旧、坏损或未经检修的孵化器，势必影响孵化效果。另外，平面孵化器可保持在38.3～39.5℃，孵化后期胚龄较大，胚胎本身产生的热量也较多，因而要求温度较低。到邻近出壳时，温度维持在38.9℃即可。温度偏高会加速胚胎发育，也易促使畸形怪胎的产生，影响孵化率。立体孵化器由于有打风设备，温度较均匀，孵化要求保持为37.8℃，一般较平面孵化器为低。

（3）气温　夏季高温时，种蛋保存条件差，蛋白稀薄，孵化率低；冬季气温低时，如果种蛋受冻，同样影响孵化率。

十一、胚胎终止发育的原因

1. 早期中止

孵化前6天胚胎的死亡率占入孵的1%～3%，若超过这个范围，说明我们的孵化存在问题。从孵化的角度来讲，造成胚胎的早期死亡率偏高的主要原因有以下几个方面。

① 种蛋消毒不正确（浓度太高或时间过长）。

② 种蛋储存方法不对。

③ 孵蛋初期孵化机温度不正确（孵化机温度控制仪操作不正常，翻蛋失灵或通电不适）。

④ 在不适当的孵化期间（开始孵化后的24～96小时）进行熏蒸消毒，或熏蒸消毒后甲醛气体存留在孵化机内太久，没尽早排除。

2. 中期中止

若7～12天，胚胎死亡数占入孵蛋总数的5%左右，一般可视为正常情况。若超过这个范围，说明我们的孵化存在问题。

① 孵化机内温度太高或太低。

② 空气流通不畅。

③ 种蛋在孵化机内翻动时间次数不正确，这是造成鸡胚胎中期死亡的主要原因。

④ 不正确的孵化期间（开始孵化后24～96小时）进行熏蒸消毒，或熏蒸消毒后甲醛气体在孵化机内太久没尽早排出。

3. 晚期死亡

13～21天，孵化正常时，胚胎后期死亡率不会超过入孵蛋的5%。但是超过这个值说明我们的孵化过程存在问题。主要有以下几个原因。

① 孵化机温度太高。

② 出雏机温度高或湿度低。

③ 消毒不正确。

④ 种蛋受细菌污染。

⑤ 空气流通不良。

第五节　种鸡场选育的常用方案

一、选育目标

种鸡选育就是把优秀的公、母鸡选出来留作种用，让它们大量繁殖后代，希望把它们的优良品质遗传给后代。这就要求种鸡不仅本身品质优良，还要求遗传性稳定。由于养鸡的目的不同，选择的内容和方法也不同。土鸡选育实践中，要努力提高其生产性能，在保持优良肉、蛋品质基础上，既要提高群体整齐度，又要选择其“包装”性状（如羽色、冠形、肤色、胫色、体形等），以满足不同消费者的需求。区别于普通的肉鸡和蛋鸡，优质型肉用土鸡主要要求体小早熟、骨细皮薄，肌纤维细嫩多汁，外被麻羽、青胫、“三黄”等“包装性状”，健康活泼，不追求过快的生长速度和高的饲料报酬，而是通过适当牺牲生长速度来尽量保持肉质，并要求采取适宜的饲养方式，同时努力提高群体整齐度，以适应现代规模化生产要求；优质型蛋用土鸡主要强调良好的蛋品质，一般要求蛋重40～50克，蛋黄浓艳，以较深的橙黄色到橘红色为佳，蛋白浓稠清亮，蛋壳坚实，外表光泽，蛋香味浓郁清新，蛋壳颜色为粉色、浅褐色或浅绿色（绿壳型），与普通鸡蛋有明显的区别，产蛋数多，体形小型化。

二、基础群的建立（选种）

以种鸡场已有的鸡群作为选育基础群，基础群的优劣是选育的关键。在组建选育基础群的过程中，要用以下列标准对个体进行选择。

1. 外貌特征

所选留个体必须符合各品系的选育目标，体形良好、健康无病。

2. 生产性能

具有完成育种目标的遗传潜能，即应选择性能高或某一性状优异的个体。父系注重选择生长速度、产肉能力、胫长和胫围、羽色和肤色、性成熟期、配种能力、受精力等。母系注重选择产蛋性能、受精率、孵化率、早熟性、羽色与肤色等。

3. 亲缘关系

为避免群体近交系数增长过快，要求个体间无亲缘关系，使遗

传基础广泛。

4. 无遗传疾病

凡有遗传疾病或隐性有害基因携带者，均不能选入基础群。

三、组建家系

各品系按照公母比例1∶(9~10) 组建家系，各品系各世代不少于30家系。所有个体采用单笼饲养方式。为了便于组织生产和操作，一般以一组笼具的一层饲养一个家系，在第一个鸡笼中饲养公鸡，其他鸡笼中饲养母鸡。家系建立时须严格控制亲缘关系，有亲缘关系的个体不放入一个家系。

四、基础群繁殖

1. 配种方式

所有种鸡均采用单笼饲养，一般种鸡场采用人工授精的方法进行配种。

2. 配种管理

各选育群应根据实际情况制订人工授精的配种计划。在制种阶段，严格按照家系进行人工授精，不得采用混合输精。在选育群的繁殖过程中，尤其应该注意强调对系谱记录的管理和运用。

3. 孵化方式

严格按照家系进行种蛋收集、记录，严格采用谱系孵化的方法进行孵化，对所有个体进行编号和记录。

五、性能测定（从1世代起）

1. 生长发育性能

所有纯系鸡只和杂交后代鸡只，出壳时编号，测定出壳重，每周再进行称重，同时做好相应记录。

2. 产蛋性能

对各世代选种后备群体，母鸡在育成后经初步筛选然后上笼进行单笼饲养，各品系组建多个家系。记录各鸡只的开产日龄、开产蛋重，每天的产蛋情况，然后统计各周、各月产蛋量。

3. 繁殖性能

对各品系中所建立的多个家系，分别按家系进行人工授精，种蛋按家系进行收集、孵化。记录并计算各家系的受精率、受精蛋孵化率、入孵蛋孵化率、健雏率等指标。

4. 屠宰性能

对各公鸡的杂交后代在12周龄后进行屠宰性能测定，在每只公鸡的后代中随机选取2～3只商品代进行屠宰，测定屠宰率、全净膛率、半净膛率、胸肌率、腿肌率等指标。

5. 肉质性能

对所有屠宰个体进行胸肌、腿肌采样，测定肌肉嫩度、肌间脂肪和肌内脂肪含量以及蛋白质、氨基酸及不饱和脂肪酸含量等肉质指标。

六、选种

各家系从一世代开始建立，每个家系公、母鸡比为1∶(9～10)，进行单笼饲养，记录个体产蛋。核心群的选留日龄分1日龄、30～40日龄、80～100日龄和300～340日龄共4个阶段进行。各品系于1日龄选取健康、发育良好、雏毛光亮、毛色一致的母雏1000～1500只（每个家系40～50只），公雏300～450只（每个家系10～15只），分别建立基础备选群。30～40日龄选留生长快的个体，80～100日龄是核心群选留最重要的时期，父系选留生长速度快，羽色、肤色、胫色符合本品系要求，体形相对一致的个体；母系选留体形、体重、毛色一致的鸡群。300日龄左右的父系以家系成绩选留受精率、孵化率高的家系；母系母鸡按个体产蛋数和蛋重选留，母系公鸡则按其家系的产蛋数和孵化率选留。另外，根据杂交后代（作商品生产用）12周龄时的体重、屠宰性能及肉质性能的测定结果决定对相应父系公鸡的后代以及相应母系母鸡的后代进行选留，经以上选留后，父系、母系分别建立下一世代核心群，

每个品系的核心群由 20～30 个家系组成。各世代家系的选育，采用独立淘汰选择法，观测父系和母系各世代日龄的体重，母鸡产蛋量、种蛋受精率、入孵蛋孵化率等性状指标。

七、配种和孵化

各世代育种核心群建立后，进行配种和孵化以生产下一代鸡只。配种和孵化的方式与基础群的繁殖相同，严格按照所选留的育种核心群中的家系进行人工授精和谱系孵化，并做好详细记录。

八、资料的收集与处理

1. 记录表格

由选育工作组统一制定各种记录表格，主要包括以下内容。

① 配种记录。

② 谱系孵化记录。

③ 生长发育测定记录。

④ 母鸡产蛋记录。

⑤ 屠宰和胴体分离记录。

⑥ 饲料消耗记录。

⑦ 肉质测定记录。

2. 资料记录、保存与整理

① 数据资料应由专人负责收集、保管与整理。

② 所有数据资料，均需准确地进行记录。记录表一式两份，一份归档保存，一份现场使用。

③ 所有数据资料，除用表格记录外，均及时准确地输入电脑储存，以便整理资料。

④ 每一世代选育结束后，分析整理资料，并写出总结报告。数据资料处理时，不可任意挑选或舍弃，以便能客观地反映群体性能水平。

第四章

土鸡的营养需求与饲料配制

第一节　土鸡的营养物质

熟悉土鸡养殖中所需要的营养物质，及时添加这些营养物质是提高土鸡养殖效率的关键环节。任何一种营养物质不能满足机体需要时，都会影响土鸡的生长发育，影响产肉、产蛋，同时还会造成饲料消耗的增加，影响经济效益。土鸡的营养需要包括水分、蛋白质、糖类、脂肪、矿物质和维生素等。

一、水

水的作用主要为参与体内生理功能，如调节体温、运送营养物质、废物排除与正常代谢、润滑等。鸡的身体中，水分占56%左右，鸡蛋中水分占65%～66%。土鸡主要通过饮水及饲料中的水来获得水的供应。一般鸡的饮水量约为饲料量的2倍，当温度提高时，水的消费量也随之提高。土鸡缺水后机体代谢遭破坏，使饲料消化吸收发生障碍，代谢产物、废物排出困难，血液变浓，体温升高。结果引起生长受阻，产蛋下降，严重时甚至造成死亡。土鸡一般采用的是放养或半放养方式，一般不容易发生缺水现象。然而在放牧条件下，水源质量得不到很好的控制，土鸡饮用不洁净的水会对土鸡产生不良影响，因此需要保证生产过程中足量洁净水源的供应。

二、糖类

土鸡所有的生理活动都离不开能量，如呼吸、运动、循环、消化、吸收、繁殖、体温调节等均需要能量供应。在土鸡的日粮中，糖类与脂肪是主要能量来源。糖类包括淀粉和粗纤维等。在糖类饲料中，淀粉便宜且来源广泛，因此在饲料配制中可把淀粉作为能量的主要来源。适量的粗纤维可改善饲料结构，利于酶的消化，粗纤维过多则会影响各种营养物质的消化吸收。在长期的放养模式下，土鸡经常采食粗纤维较高的饲料，因此其对纤维素的消化能力较快大型肉鸡和仿土鸡高，来源于粗纤维的能量也较快大型肉鸡和仿土鸡的多。因此，日粮中粗纤维含量不宜过高，一般其日粮粗纤维含量应掌握在3％～6％。

三、蛋白质

蛋白质是含有碳、氢、氧、氮、硫的复杂的有机化合物，它是一切生命的物质基础，由氨基酸组成。土鸡从饲料中摄取蛋白质，经过体内同化作用重新组成鸡体蛋白质。因此，蛋白质是构成鸡体的重要成分，也是蛋品、肌肉、羽毛、内脏器官等构成的原料，是生命代谢过程中必不可少的物质。饲料中的蛋白质是不能用糖类或脂肪等营养物质代替的。放养条件虽然可以使土鸡获得自身生长所需的能量，但蛋白质营养则相对较缺乏，因此补饲应重点解决蛋白质营养不足的问题。不能按照一般饲养标准的蛋白质推荐值来配制补饲日粮，为了获得最佳生长，一般要比蛋白质推荐值稍高2％～3％。

四、脂肪

脂肪在动物体内的作用与糖类相同，即氧化供能，以满足土鸡对较高的能量浓度的要求；其产热量比糖类高2.25倍。适当的脂肪能增加饲料的适口性与消化率。脂肪可作为脂溶性维生素的溶剂，因此缺少时会影响脂溶性维生素的吸收，而脂肪太多会影响消化。另外，脂肪还有其重要的不可替代的营养作用，如供给土鸡必需脂肪酸。在众多种类的脂肪酸中，有三种脂肪酸，即亚油酸（十八碳二烯酸）、亚麻酸（十八碳三烯酸）和花生四烯酸（二十碳四烯酸）是鸡体本身不能合成的，必须从饲料中获得，但花生四烯酸和亚麻酸可从亚油酸转变而来，故饲料中补充亚油酸即可满足土鸡对亚麻酸和花生四烯酸的需要。缺乏亚油酸可使土鸡生长不良、皮肤鳞片化、水肿及皮下出血，繁殖性能下降，严重缺乏亚油酸可导致土鸡死亡。产蛋土鸡缺乏亚油酸时产蛋力降低，蛋重小，受精率稍有降低，种蛋孵化期间胚胎早期死亡率增高。谷物中玉米的亚油酸含量较高，高粱、麦类等亚油酸含量较低。一般土鸡补饲日粮中需额外添加0.8%的亚油酸。

五、矿物质

矿物质有调节体内渗透压、保持酸碱平衡的作用，是骨骼、蛋壳、激素的重要成分。土鸡的必需矿物质有锰、铁、铜、锌、碘、镁、硫、硒等。这些元素虽然量极微，但是它们对于土鸡的生长发育、繁殖、营养代谢作用以及疾病防御等各个方面都起着很重要的作用。但土鸡对微量元素缺乏和过量都很敏感，缺乏则发生各种微量元素营养性疾患；过量则会发生中毒乃至死亡。有些养殖户认为随意加大微量元素用量，可使土鸡多生蛋、生大蛋，小鸡长得快、健壮不得病，其结果是饲料中微量元素的含量往往超出鸡的最大耐受量，以致土鸡发生中毒乃至死亡，即使有时不死，也会产生毒性反应，使土鸡的生产性能下降，同时，又增加了购买微量元素的开支，造成浪费。因此必须给量准确、搅拌均匀。

六、维生素

维生素是土鸡维持生命和健康的必需营养物质，包括脂溶性维生素和水溶性维生素，大多数不能在体内合成，其中只有维生素C可以合成，因此，土鸡不易缺乏维生素C，一般也不需要外源补充，只有在高温和逆境时才有补充维生素C的必要。维生素对体内蛋白质、糖类、脂肪、矿物质等的代谢起着十分重要的作用，是维持鸡体健康和促进生长不可缺少的有机物质。虽然需要量甚微，

但缺乏时会造成物质代谢紊乱，影响土鸡生长、产蛋和健康，某些维生素缺乏还会严重影响种蛋的受精率和孵化率。

第二节　土鸡的常用饲料

一、土鸡的饲料类型

1. 能量饲料

能量饲料主要包括玉米、高粱、稻谷、糙大米、碎大米、小麦、大麦、燕麦、小麦麸、稻糠、油脂等。鸡每天从吃进的饲料中获得能量。如果鸡吃进的饲料所含的能量不足，就要消耗体内脂肪，甚至把蛋白质转化成能量，这样利用饲料很不经济，所以，通过补充以上能量饲料满足能量需要和提供适当的蛋白质能量比，是相当重要的。鸡只由于生长发育、产蛋、运动、采食所消耗的能量较多，如果得不到充足的补饲将过多地消耗自身的储备，机体处于半饥饿状态，严重影响鸡体的生长性能和产蛋性能。在选用上述能量饲料时必须因地制宜，前提是保障能量满足供给。当饲料能量水平低时，母鸡就要增加采食量来满足能量要求，但同时吃进的蛋白质就可能过高而造成浪费。当饲料能量水平太高时，采食量减少，随之吃进的蛋白质就可能不足，而达不到理想的效果。

2. 蛋白质饲料

蛋白质饲料分为植物性蛋白质饲料、动物性蛋白质饲料、单细胞蛋白质饲料和工业合成氨基酸。植物性蛋白质饲料来源于植物体，是最广泛的一类蛋白质饲料。常用的植物性蛋白质饲料主要有大豆饼（粕）、花生饼（粕）、棉仁饼（粕）、菜籽饼（粕）、向日葵饼（粕）、亚麻仁饼（粕）、芝麻饼（粕）、浓缩蛋白粉（粉丝尾蛋白）、玉米淀粉蛋白、食用酒精糟、啤酒糟。动物性蛋白质饲料来源于动物身体，主要来自水产品、肉类、乳品等加工的副产物以及屠宰场和皮革厂的废弃物，主要有鱼粉、血粉、肉粉、肉骨粉、废弃内脏粉及屠宰下脚料粉、皮革粉、角蛋白粉（羽毛粉）、蚕蛹、虾糠及虾粉、孵化副产品、反刍动物瘤胃内容物。单细胞蛋白质饲料主要是指通过发酵方法生产的酵母菌、细菌、霉菌及藻类细胞生物体等。单细胞蛋白饲料营养丰富、蛋白质含量较高，且含有18～20种氨基酸，组分齐全，富含多种维生素。除此之外，单细胞蛋白质饲料的生产具有繁育速度快、生产效率高、占地面积小、不受气候影响等优点。因此，在当今世界蛋白质资源严重不足的情况下，发展单细胞蛋白质饲料的生产越来越受到各国的重视。工业合成氨基酸，主要产品有赖氨酸、蛋氨酸、蛋氨酸羟基类似物。我国市场销售的赖氨酸和蛋氨酸主要从日本、韩国等进口，国内生产的很少。

3. 矿物质饲料

放养鸡在能量、蛋白质、赖氨酸和蛋氨酸等基本满足鸡体需要的情况下，主要的问题在矿物质及微量添加剂的供应与各元素间的平衡方面。鸡群在放牧饲养条件下，能够采食到的饲料主要是青绿饲料和蛋白质饲料，而对于矿物质的采食则不够充分。这种情况下，如果不注重矿物质的补饲，则会对鸡群的生长、骨骼发育造成一定的影响。甚至会影响鸡群的产蛋率，使软蛋、破蛋、异形蛋的比率增加，所以必须注重放牧鸡的矿物质补饲。常用的矿物质饲料有食盐、钙源饲料（贝壳粉、蛋壳粉等）、磷源饲料（磷酸一钙、磷酸二钙、磷酸三钙）。

4. 维生素饲料

一般来说，放牧饲养的鸡群在自由接触草地的环境中，能够满足自身对维生素的需要，不会出现维生素的缺乏。但在牧草生长后期或秋、冬季节以及草地资源相对匮乏的地区进行放牧饲养，就必须注重维生素的补充。维生素饲料一般以预混剂形式使用，除单体维生素外，更多的是复合维生素。

5. 饲料添加剂

在放牧饲养过程中，经常会使用一些饲料添加剂。饲料添加剂大体可以分为预防疾病的饲料添加剂、促生长添加剂、特殊目的的

饲料添加剂。但是，为了保证产品的生态和绿色，所使用的添加剂应以天然绿色物质为主（如草药），禁用违禁药物和激素等。常用的添加剂有碳酸氢钙、硫酸钙、天然沸石、天然增色剂（金盏菊、万寿菊、红辣椒、苜蓿、海藻粉、胡萝卜、玉米花粉、针叶粉、刺槐叶粉）、氨基酸、氯化胆碱等。

二、土鸡饲料中的常用成分

1. 玉米

玉米是能量饲料，有“能量之王”之称，是养鸡业中最主要的饲料原料之一，代谢能含量为12.9～14.5兆焦/千克。玉米的营养物质消化率高达90%以上。适口性强，易消化。缺点是蛋白质含量仅为8%～8.7%，且蛋白质品质差，赖氨酸、蛋氨酸和色氨酸含量严重不足，钙、磷和B族维生素（维生素B_1除外）含量少。在配制全价饲料时，与大豆饼及鱼粉搭配容易达到氨基酸的平衡。如果不用鱼粉，则必须添加蛋氨酸，在肉鸡饲料中，还要添加赖氨酸。玉米中亚油酸含量丰富，高达2%，易感染黄曲霉菌，储存时水分应低于14%。在土鸡日粮中，玉米可占50%～70%。此外，玉米中钙、磷含量少，且比例不平衡，磷的利用率低。黄玉米含较多的叶黄素，是土鸡的卵黄、皮肤中色素的主要来源。

2. 高粱

脱壳高粱能量含量与玉米相似，粗蛋白质含量较玉米稍高，脂肪较玉米低，缺乏胡萝卜素和维生素D，鞣质含量高，味苦，适口性差，一般在配合饲料时用量不要超过20%。

3. 小麦

小麦的能量约为玉米的90%，但其蛋白质含量高，为12%～15%，且氨基酸比例较其他谷类饲料完善，B族维生素较丰富。适口性好，易消化，可以作为土鸡的主要能量饲料，一般占鸡日粮的30%左右。当日粮中小麦含量为50%以上时，鸡易患脂肪肝综合征，此时须考虑添加生物素。

4. 小麦麸

由于加工的工艺不同，所以质量差异很大。一般来说，小麦麸中蛋白质含量高达14%～16%，赖氨酸含量高，但蛋氨酸含量低。麦麸粗纤维含量高，代谢能低，蛋白质含量高，含钙少，含磷较多，锰和B族维生素含量较多，但缺少维生素B_{12}，适口性强，常作为鸡的辅助饲料。小麦麸容积大，属于低能饲料，用量不宜过多，一般占日粮的3%～15%，育成鸡可占10%～20%，有轻泻作用。

5. 米糠

米糠是稻谷加工的副产品，分普通米糠和脱脂米糠。米糠的油脂含量高达15%，且大多数为不饱和脂肪酸，易酸败，久储容易变质，不能长期存放，应饲喂土鸡鲜米糠。也可在米糠中加入抗氧化剂或将米糠脱脂成糠饼使用。米糠含纤维素较高，使用量不宜太多。此外，米糠适口性差，鸡饲料添加量应少于12%，雏鸡在8%以下。在蛋鸡生产中，产蛋鸡对米糠的耐受量较肉鸡强。使用全脂米糠比使用脱脂米糠蛋鸡所产鸡蛋的蛋径、蛋重都有所下降。日粮中米糠使用量高于45%时，产蛋量开始受到影响，蛋鸡死亡率也会增加。

6. 油脂

主要包括动物性油脂和植物性油脂，这类饲料含能量比较高，动物油脂含代谢能为32.2兆焦/千克，植物油脂含代谢能为36.8兆焦/千克，适合于配合高能日粮。目前常用的油脂有牛油、鱼油、猪油以及骨油和油脚等。在饲料中添加动植物油脂可提高生产性能和饲料利用率。脂肪具有额外热能效应，添加高水平脂肪时，日粮氮校正代谢能值高于各种原料的加和值。饲喂高水平脂肪日粮时，饲料在肠道的停留时间明显增加，有利于饲料的消化和吸收。动、植物两种脂肪混合使用，日粮氮校正代谢能值比两者的加和值高。饱和脂肪酸与不饱和脂肪酸在吸收上具有协同作用，在饲料中添加油脂，混入少量植物油或饲料原料中含有不饱和脂肪酸，是十分有

益的，亦可提高油脂的利用率。添加油脂还可改善日粮品质和生产性能，提高适口性和脂溶性维生素的利用，减少饲料的粉尘飞扬。土鸡后期的日粮中一般可添加2%～3%的油脂。油脂容易氧化酸败，从而降低适口性，且易引起机体消化代谢的紊乱，酸败油脂不可饲用。因此，当油脂需要保存一段时间，或饲料混合后不立即使用时，应在配合饲料中添加抗氧化剂。

7. 大豆

大豆的蛋白质高达37%，粗脂肪高达16%。能量相当于玉米，而粗蛋白质的含量则是玉米的4.3倍，赖氨酸高达2.3%，是玉米的8.5倍。黑豆的营养成分约为大豆（黄豆）的95%左右。大豆和黑豆中含有毒素，需要加热后才能使用。豌豆、蚕豆不含毒素，不需要加热，可以安全饲喂。

8. 大豆饼、大豆粕

大豆经压榨法榨油后所得副产品称为“饼”，用溶剂提油后的副产品称为“粕”，是饼粕类饲料中最富有营养的一种饲料。蛋白质含量为42%～46%，粕高于饼，而能量含量则相反。大豆饼（粕）赖氨酸含量高，是棉仁饼、菜籽饼、花生饼的2倍。氨基酸组成比例也较好，接近动物性蛋白质饲料，但蛋氨酸、胱氨酸含量相对不足，所以用玉米、豆饼（粕）为基础的日粮，常需添加蛋氨酸。其味道芳香，适口性好，营养价值高，用量可占日粮的10%～30%。大豆饼、粕中含有胰蛋白酶抑制因子，血细胞凝集素、尿素酶、皂素等多种抗营养因子或有毒因子，需要适当地加热破坏。因此，热处理不足的大豆饼因含有抗胰蛋白酶因子等有毒因子，土鸡采食后蛋白质利用率低，生长慢，产蛋量下降。经110℃热处理3分钟或100℃热处理30分钟，基本可破坏其中的有害因子。生产中确定豆饼（粕）是否经过适当的加热处理，可取粉碎大豆饼粉10份，放入瓶内，加入1份尿素，再加5份水，立即混匀并将瓶盖拧紧密封，置于20℃环境静止20分钟打开瓶盖，如有氨气味则是加热不足的豆饼；如果无氨味，说明是熟豆饼，可直接使用。豆饼加热过度（呈棕色），使大豆蛋白质产生凝结反应，促进糖类、蛋白质相互作用，形成不易被消化的酰胺键产物，导致蛋白质消化率下降，降低其蛋白质的营养价值，特别是赖氨酸的损失。

9. 胡麻饼

代谢能仅为7兆焦/千克，蛋白质含量36%，赖氨酸、蛋氨酸含量不足。含有黏着物质，使雏鸡采食困难，不宜喂雏鸡。母鸡饲料中不超过5%，过高会引起脱毛、产蛋量下降。

10. 花生饼

蛋白质含量与豆饼相似，适口性好，蛋氨酸含量较高，但赖氨酸、色氨酸含量低，且脂肪含量偏高，易霉变，其霉变物中含有毒性极强的黄曲霉毒素，不宜饲喂土鸡。故储存花生饼时应注意防潮和太阳直射。使用时应与豆饼及动物性蛋白质饲料联合使用，用量可占土鸡饲料的10%～20%。

11. 棉籽饼

含粗蛋白质41.6%、可消化蛋白质33.9%、粗纤维11%、粗脂肪4.3%、钙0.1%、磷1.2%，其粗蛋白质的含量高于大麦、玉米4倍，而且含有多种氨基酸和锰、锌、铜等微量元素，但棉籽饼含有棉酚毒，未经去毒处理的不宜使用，去毒棉籽饼一般不超过饲喂量的8%，如用作种土鸡饲料则要控制在4%以下。棉籽饼去毒方法：粉碎后，加0.5%硫酸亚铁，再加1.5%石灰水拌和加热。

12. 向日葵饼、芝麻饼和亚麻仁饼

这些都可作为土鸡的植物性蛋白质饲料，用量可占土鸡日粮的5%～10%。亚麻仁饼如用温水浸泡会产生剧毒氢氰酸，导致土鸡中毒，这些在饲喂时应特别注意。另外，向日葵盘经冲洗后晾干，干燥粉碎后也可作土鸡饲料。它含消化能8778千焦/千克干重，可消化粗蛋白质78克，此外还含有一定数量的钙、磷、维生素，不仅是较好的能量饲料，也是含蛋白质较高的饲料。

13. 鱼粉

鱼粉是蛋白质质量最佳的饲料，营养价值高，必需氨基酸含量

全面，特别富含植物性蛋白质饲料所缺乏的蛋氨酸、赖氨酸、色氨酸，并含有大量的B族维生素和丰富的钙等矿物元素；还含有硒和一些促生长因子，是其他饲料所不及的，可用于调节日粮氨基酸的平衡，对土鸡的生长、生产繁殖都有良好的效能。在我国当前加工条件下，所产的全鱼粉蛋白质含量达到50%～55%，代谢能10.25兆焦/千克。进口优质鱼粉蛋白质含量可高达63%以上，为棕黄色。鱼粉用量一般占日粮的2%～8%。选用鱼粉要注意其食盐含量，防止引起食盐中毒。另外，鱼粉具有特殊的气味，能增进土鸡的食欲。鱼粉质量很重要，进口鱼粉中较少掺杂鱼的内脏，其新鲜度较好，一般优于国产鱼粉。另外需注意，鱼粉用量过多，会使鸡肉和鸡蛋出现不良气味；加工不当或储存中发生过自燃的鱼粉中含有较多的“肌胃糜烂因子”，此类鱼粉在日粮中添加量过多，可使鸡发生肌胃糜烂症。由于优质鱼粉价格昂贵，可以用咸干鱼替代鱼粉，但最好上锅蒸2分钟，既减少鸡腹泻发生率，又减少食盐含量。

14. 维生素饲料

维生素饲料可分为两大类：一类是各种青绿饲料以及加工的产品（如青贮料、青干草粉等），另一类是商品维生素添加剂。青绿多汁饲料富含胡萝卜素和某些B族维生素，适口性好，能促进土鸡的食欲，农村小规模饲养土鸡可有效地利用这一资源。在较大规模的土鸡饲养情况下，使用青绿饲料较为困难，多用其加工产品。随着土鸡业的发展，维生素的供应已逐渐趋于维生素添加剂的使用。另外，维生素饲料容易受光、热、潮湿等因素影响，注意在干燥、避光、低湿条件下储存。

15. 添加剂

添加剂是指为某种特殊目的而加入到配合饲料中的少量或微量物质。饲料添加剂包括营养性和非营养性的添加剂。营养性的添加剂包括氨基酸、微量元素、维生素等。非营养性添加剂可以分为抑菌促生长剂、驱虫保健剂、防霉防腐剂、抗氧化剂、酶制剂、着色剂、调味剂和诱食剂等。

第三节　土鸡的饲料配制

一、土鸡饲料配制的原则

1. 依据土鸡的生长规律及营养需要配制饲料

土鸡适宜销售所要求的饲养周期和外观特征：公鸡要求冠大尾长，120天以上或150天以上，体重还要维持在1.25～1.75千克，太轻或太重都会影响销售。因此，土鸡不能用全价饲料短期育肥，否则影响外观特征。土鸡骨架定型56天前（定型85%），土鸡生长高峰在45天前和60～100天，土鸡吃食最大时期在90～120天。因此90天前是土公鸡骨骼肌腱发育高峰期，要供足营养，长骨骼就可，不必过肥。90～120天限饲，停用全价饲料。

2. 灵活运用土鸡饲养标准

参照土鸡饲养标准自配饲料时，要结合自身养殖场的生产水平、气候变化、鸡体健康状况及实际饲喂效果等，对饲养标准作适当调整，不能生搬硬套。

3. 充分利用当地饲料资源

饲料占生产成本的比例较大，根据当地饲料资源及价格，选用营养丰富、价格便宜、来源充分的原料配制饲料。选择原料要注意因地、因时制宜，充分利用当地来源有保障、价格便宜、营养价值高的饲料，尽量节省运杂费，降低饲料成本。

4. 饲料选择应多样化

各类原料所含的营养物质不同，配制饲料时如果品种单一，很难保证营养全面。在条件允许的情况下，尽可能使用种类比较多的原料，从而使得营养物质互补（主要是氨基酸互补），降低饲料成本。所以，配制日粮时，原料种类越多越好。饼粕类是重要的蛋白质饲料，最好是几种饼粕同时使用，使日粮中氨基酸趋于平衡，以

提高蛋白质的利用率。菜籽饼、棉籽饼有毒，必须脱毒后再用，豆饼要用熟豆饼。

5. 严禁使用国家禁用的药物或添加剂

土鸡的饲料严禁使用国家药物管理法规和饲料添加剂管理法规中禁止使用的药物和添加剂。

6. 控制粗纤维含量

饲料中粗纤维含量控制在3%以内，后备鸡饲料中粗纤维含量可适当高一点。这是由于鸡没有牙齿，饲料不经咀嚼就进入食管到达嗉囊，在嗉囊经过短时间浸泡，进入肌胃、腺胃，一切食物只靠肌胃的收缩而与小的沙粒磨碎起到替代牙齿咀嚼的作用。所以，鸡特别是雏鸡对粗纤维的消化能力差。因此，饲料中粗纤维的含量，雏鸡不超过3%，肉仔鸡不超过4%，育成鸡和蛋鸡要控制在7%以内。

7. 选用合适的饲料添加剂

在选用饲料添加剂时，要注意品种全、剂量准。氨基酸、维生素、矿物质、微量元素、药物添加剂、酶制剂等都是养鸡不可缺少的添加剂，要根据鸡的品种、生长阶段、生产目的、生产水平，选用不同的添加剂并添加不同的比例。一定要按产品使用说明添加，避免浪费和中毒，特别是药物添加剂必须控制使用量和使用时间，以防中毒。添加酶制剂或复合酶制剂，以提高饲料的品质，提高消化吸收率，提高生产性能，减少疾病的发生，降低饲料成本，提高养鸡的经济效益。

8. 保持日粮稳定性并适时调整

要注意日粮的相对稳定性，雏鸡和产蛋鸡对日粮的变化十分敏感，日粮配方不宜频繁变动，不同阶段的日粮变更要注意逐渐过渡，切忌突变，造成土鸡采食量下降、拒食或消化不良，影响生产水平的发挥。同时要根据不同季节、不同生产阶段、不同生产水平和饲料原料价格变化，适当调整日粮配方。如夏季炎热，土鸡的采食量减少，需增加饲料中的蛋白质含量10%左右；冬季寒冷，鸡用以维持体温能耗增多，饲料中的能量要适当提高。另外，为防止饲料浪费、成本增加和代谢病的发生，要根据实际情况的变化适时调整日粮配方。但改变时应该给土鸡一个适应过程，逐渐改变，防止应激引起生产性能下降。

9. 注意饲料的适口性和利用率

饲料的适口性是饲料的滋味、香味和质地特性的总和，是动物在觅食、定位和采食过程中视觉、嗅觉、触觉和味觉等器官对饲料的综合反应，它通过影响动物的食欲来影响采食量。而采食量是衡量动物摄入营养物质数量的尺度，因而是影响动物生产效率的重要因素。饲料适口性问题是生产高品质饲料必须要解决的问题。鸡的胃容积较小，消化道较短，饲料在消化道存留的时间短，在配料时，既要考虑饲料的营养水平，也要考虑饲料的适口性、容重、消化率和营养成分间的平衡。要保证鸡能吃得下，又能满足营养需求。高粱、菜籽饼等含量过高时会影响其适口性。饲料利用率也称为饲料报酬，指消耗单位风干饲料重量与所得到的动物产品重量的比值，是畜牧业生产中表示饲料效率的指标，它表示每生产单位重量的产品所耗用饲料的数量。因此，提高饲料利用率是提高养殖户经济效益的核心问题。另外，为了提高经济效益，会用到一些便宜的原料，但必须注意对一些有用量限制的原料要严格控制其用量，如棉籽粕、高粱等，避免图便宜而造成对土鸡的伤害。

二、土鸡饲料配制的注意事项

1. 考虑安全系数

由于饲料原料品种不同，来源不同，含水量、储存时间不同，营养成分经常发生变化。在配制日粮时要加上安全系数，以保证应有的营养物质含量，但是安全系数也不能太大，以免浪费。

2. 注意储存时间

每次配制的饲料长期储存会降低营养成分的含量，尤其是有些维生素混入后放置过久，容易氧化失效。夏季长时间储存饲料易发霉，极容易变质。因此，不要一次配得太多，否则不能保持饲料新

鲜。以 1 周配 1 次料为宜。发霉变质的原料坚决不能用。

3. 注意配制流程和方法

配制土鸡饲料首先必须考虑日粮中代谢能和粗蛋白质的需要量以及两者的比例是否适宜，然后再看钙、磷含量是否满足需要和是否平衡，最后再调节维生素和微量元素的需要量。在配合日粮时一般对原料中的维生素不予考虑，完全靠额外添加来满足需要。配制饲料前，原料要粉碎，但不能太细。配制时，一定要搅拌均匀。搞好饲料加工是提高饲料利用率的关键措施之一。多数自配料为粉料，玉米、豆粕等许多原料要粉碎，其粒度一般在 1.5～2 毫米为宜。在加工过程中，各种原料要严格按配方比例准确称量，搅拌时间要控制好，以防搅拌不匀。特别应该提醒的是，添加量在 1%以内的添加剂，要采用多次分级预混方法，即先用少量辅料与添加剂混匀，然后再与更多的辅料混合，再混入整个日粮中搅拌均匀，否则会因采食不匀而发生营养缺乏或中毒。

4. 禁用发霉变质原料

在饲料原料采购时要注意原料的质量。要选用新鲜原料，严禁用发霉变质的饲料原料；要注意鉴别饲料原料的真假，禁用掺杂使假、品质不稳定的原料；慎用含有毒素和有害物质的原料，否则不仅影响其营养，对土鸡还可能致病致死。

三、土鸡的饲料类型

1. 全价饲料

依据土鸡的营养需要，将多种饲料按不同的比例配制成全价平衡的饲料。这种全价配合饲料被养鸡场和养鸡户买回后不需要添加任何成分即可直接饲喂，能满足土鸡对代谢和各种营养物质的需求，获得高的饲料利用率和生产力。全价饲料有干粉料和颗粒料。用全价粉状配合饲料经制粒机压制形成颗粒料。选用棉籽饼、菜籽饼等含有毒素的原料时，要测定毒素含量，控制用量，或者进行脱毒处理。颗粒料有利于土鸡的采食，不易挑食，营养平衡，节约饲料。

2. 浓缩饲料

浓缩饲料是由维生素、微量元素、氨基酸、促生长或防病药物等添加剂预混料，含钙、磷的矿物质饲料，蛋白质饲料与食盐等组成。是配合饲料厂生产的半成品。浓缩饲料中，除能量指标外，其余营养成分的浓度很高，一般为全价配合饲料的3～4倍。这种饲料是目前饲料公司生产的主要饲料，适用于能量饲料充足的地方，也适用于受设备限制不能均匀配制饲料的场户。养鸡场和专业户买回后直接添加玉米、麸皮等能量饲料，混合均匀后即可得到全价或近似全价的配合饲料。使用浓缩料可以降低运输费用和包装费用。

3. 添加剂预混合饲料

添加剂预混合饲料简称预混料。是一种在配合饲料中所占比例很小而作用很大的饲料产品。由一种或多种具有生物活性的微量组分（各种维生素、微量元素、合成氨基酸、非营养性添加剂）组成，并将其吸附在一种载体上或用某种稀释剂稀释，并经过搅拌机充分混合而成的产品。它是浓缩饲料和全价饲料的重要组成成分。添加剂预混料在配合饲料中所占比例很小，一般为1%～6%，但却是配合饲料的精华部分。生产添加剂预混料的目的是将添加极微的添加成分经过稀释扩大，使其中的有效成分能均匀地分散在浓缩饲料和全价饲料中以使蛋鸡或肉鸡采食每一部分的全价饲料均能提供全价的营养，并避免某些微量成分在局部聚集造成中毒。若添加比例较低，必须在生产全价饲料前进行第2次预混、扩大，以保证微量成分在最终产品中均匀分布。有饲料加工设备或饲料配制技术较强的大型土鸡场和饲料加工厂可生产使用。盛产各种饲料原料的地区的养鸡场和饲料加工点，直接购买不同类型的预混料按照使用说明进行添加使用，可最大限度地降低饲料成本。使用预混料可以减少用户和采购商的麻烦，农户生产量小，若每项原料都采购来加工，采购费用相对很高，而且很麻烦，农户还容易采购到假原料。另外，还能充分利用农户家中的原料。农户甚至可以根据家中的原料情况订购浓缩料。随着人民群众生活水平的提高，消费者对鸡蛋和鸡肉的品味也有不同的要求，所以通过品种、饲料满足消费者的

品味要求，应是养殖户关注的重点。而这些必须通过养殖户自己配制特殊饲料来解决。

四、饲料配制前的准备

土鸡饲养过程中，饲料费用约占养鸡成本的70%。生产中，我们要掌握计算饲料营养成分的诀窍，做到既节约费用又不降低饲料质量，确保获得理想的产蛋率、产肉率和鸡肉、鸡蛋的风味。

1. 查找营养标准

在自配饲料前一定要注意饲养标准的选择，必须根据所饲养土鸡的品种、日龄、生长发育阶段、生产目的和生产水平，选择合适的饲养标准，确定营养需求量，再与饲料的供给量结合起来，满足土鸡的营养需要，以提高饲料的转化率和饲料报酬为目标，最大限度地发挥土鸡的生长和生产性能。土鸡在不同生长阶段，营养需要各不相同。应从专业手册中找出营养标准作为计算配合饲料的依据。土鸡依其生长阶段，分为育雏期、生长期及育肥期，土鸡的营养需要量因其生长阶段而异。由于土鸡种类很多，体形大小和生产性能不一，至今尚未有完整的营养需要量资料。我们总结了大部分土鸡适用的能量、蛋白质、氨基酸和矿物质需求量，见表4-1。

表4-1　土鸡营养需求推荐值

营养指标	0～9周龄	10～20周龄	21～28周龄
代谢能/(兆焦/千克)	11.92	11.72	11.30
粗蛋白质/%	18	16	12
蛋氨酸/%	0.3	0.27	0.2
蛋氨酸+胱氨酸/%	0.6	0.53	0.4
赖氨酸/%	0.85	0.64	0.45
钙/%	0.8	0.7	0.6
非植酸磷/%	0.4	0.35	0.3
钠/%	0.18	0.18	0.18
氯/%	0.18	0.18	0.18

续表

营养指标	0～9 周龄	10～20 周龄	21～28 周龄
铁/毫克	70	70	70
锌/毫克	50	50	50
锰/毫克	70	70	70
硒/毫克	0.15	0.15	0.15
碘/毫克	0.3	0.3	0.3

2. 计算搭配饲料

养殖户必须经常了解市场行情，选择性价比较高的饲料原料。饼类原料有花生饼、豆饼、棉籽饼、菜籽饼等；饲粮原料，有玉米、小麦、麸皮、高粱等；高蛋白质饲料有鱼粉、血粉、酵母粉等；矿物饲料有骨粉、贝壳粉、蛋壳粉、氟石等；添加剂有生长素、多维素、氨化胆碱、蛋氨酸、赖氨酸等。每类饲料中要选 2～3 种组合饲料配方。一般来说，豆饼、花生仁饼是较好的植物性蛋白质饲料，适口性好，营养全面，可占混合饲料的 10%～20%，花生饼（粕）含蛋氨酸较多，豆饼（粕）含赖氨酸较多。两种饲料同时应用，可互相弥补缺陷；棉仁饼因有毒素，用量不宜过多，一般不超过混合饲料的 7%；鱼粉是最优质的动物性蛋白质，可占混合料的 5%～15%，应计算鱼粉的含盐量，所用鱼粉的含量不宜超过混合料的 0.4%；青绿饲料主要补充维生素的不足，可占混合料的 30%以下；糖类饲料主要含有淀粉和糖类，可占日粮混合料的 70%以下，玉米是谷类饲料中能量最高的饲料之一，可占混合料的 45%～70%；麸皮适口性较好，蛋白质和碳的含量较多，可占混合料的 5%～30%；大麦因含粗纤维较高，用量不宜太多，可占混合料的 15%～20%；高粱口味较涩，过多会使土鸡便秘，可占混合料的 10%左右；米糠常作为辅料，不宜超过混合料的 8%；矿物质饲料主要补充混合料中矿物质的不足，可占混合料的 0.3%～0.9%；骨粉主要补充钙、磷，可占混合料的 1%～2.5%；贝壳粉主要补充钙质的不足，可占混合料的 1%～7%，产蛋母鸡宜多用，

其他鸡宜少用。如果饲料原料中杂质太多，需要适当增加原料比例。

五、饲料的合理加工和储存

1. 青绿饲料的加工与储存

青绿饲料收割期，禾本科由抽穗至盛花，豆科从初花至盛花，树叶类在秋季。切碎法是青绿饲料很简单的加工方法，常用于农家养鸡户青绿饲料的加工。青绿饲料经切碎后有利于鸡的吞咽，也提高了消化率。喂鸡的青绿饲料应切得细一些，长度一般以不超过1厘米为宜。干燥的牧草及树叶是一些鸡场与农家养鸡户在冬、春季节广泛采用的补充饲料之一，通过粉碎加工后，可作为配合鸡饲料的原料，具有成本低和效益大等特点。青绿饲料可采用青贮的方法进行储藏，原理和方法与玉米秸秆青贮相同。但豆科牧草青贮较难，须添加糖类或与禾本科牧草混储。

2. 能量饲料的加工与储存

能量饲料的营养价值和消化率一般都比较高，但由于籽实类饲料的种皮、硬壳及内部淀粉粒的结构均影响营养成分的消化吸收和利用。因此，这类饲料在饲喂前必须经过加工调制，以便能够充分发挥其作用。常用的加工方法是粉碎，但粉碎不能太细，一般加工成直径为2～3毫米的颗粒为宜。能量饲料粉碎后，与外界接触面积增大，容易吸潮和氧化，尤其是含脂肪较多的饲料更容易变质，不宜长久保存，因此能量饲料一次粉碎不宜太多，主要是散装储藏。水分应控制在14%以下，以防发热。不立即使用的玉米，可以入低温库储藏或通风储藏。若是玉米粉，因其空间间隙小，透气性差，导热性不良，粉碎后温度较高（一般在30～35℃），很难储藏。如果水分含量稍高，则易结块、发霉、变苦。因此，刚粉碎的玉米应立即进行通风降温，码垛不宜过高，最好码成“井”字垛，以利于散热，并及时检查，及时翻垛。所以最好应采用玉米籽实储藏，需要配料时再粉碎。由于饼粕类饲料缺乏细胞膜的保护作用，营养物质容易外漏和感染虫、菌，因此保管时要特别注意防虫、防潮和防霉。入库前，可使用磷化铝熏蒸灭虫，用邻氨基苯甲酸进行消毒，仓库铺垫也要切实做好。垫糠干燥、压实，厚度不少于20厘米，同时要严格控制水分，最好控制在5%左右。麸皮破碎疏松，孔隙度较面粉大，吸湿性强，含脂高达5%，因此很容易酸败或生虫、霉变，特别是夏季高温潮湿，更易霉变。新加工出的麸皮温度一般能达到30℃，储藏前要把温度降低至10～15℃才能入库。在储藏期要勤检查，防止结露、发霉、生虫、吸湿。麸皮的储藏期一般不宜超过3个月，储藏在4个月以上酸败就会加快。米糠中脂肪含量高，导热不良，吸湿性强，极易发热酸败。储藏米糠时，应避免踩压。入库的米糠要及时检查，勤翻勤倒，注意通风降温。米糠储藏的稳定性比麸皮还差，不宜长期储藏，要及时推陈储新，避免造成损失。

3. 配合饲料的储存

配合饲料的种类很多，包括全价饲料、预混饲料、精料预混料、添加剂。这几种饲料因内容物不一样，储藏特性也各不相同。料型不同（颗粒料、粉料），储藏特性也有所差异。全价颗粒料因用蒸气加压处理，能杀死绝大部分微生物和害虫，而且孔隙度大，含水量较低，且淀粉膨化后可把一些维生素包裹，因此储藏性能较好，短期内只要防潮，储藏不易发生霉变，也不易因受光照的影响而使维生素破坏。全价粉状配合饲料大部分是谷类，表面积大，孔隙度小，导热性差，容易吸湿发霉，且其中的维生素随温度升高而损失加大。维生素之间，维生素与矿物质的配合方法不同，其损失情况也有所不同。此外，光照也是造成维生素损失的主要因素之一。因此，粉状饲料一般不宜久放，宜尽快使用。一般在厂内存放时间不要超过两个星期。浓缩饲料富含蛋白质，并含有维生素和各种微量元素等营养物质。其导热性差，易吸湿，因而微生物和害虫易繁殖，维生素易受热、光、氧化等因素的影响而失效。有条件时，可在浓缩饲料中加入适量的抗氧化剂。储存时，要放在干燥、低温处。

4. 添加剂预混料的储存

添加剂预混料主要是由维生素和微量元素组成，有的添加了一些氨基酸、药物或一些载体。这类物质容易受光、热、水气的影响，所以要注意存放在低温、避光、干燥的地方，最好加入一些抗氧化剂，储存期也不宜过久。维生素添加剂要用小袋遮光密闭保存，使用时再与微量元素混合，这样其效价就不会受太大影响。

六、降低土鸡饲料成本的措施

1. 贝壳粉和石粉相互替代

为满足雏鸡、育成鸡的生长发育以及蛋鸡产蛋期对钙营养的需求，往往在蛋鸡饲料中添加石粉或贝壳粉。石粉即石灰石粉，天然碳酸钙。一般含纯钙38%左右，是补充钙质最廉价矿物饲料。一般贝壳粉含碳酸钙96.4%左右，折合钙38.6%，贝壳粉作为钙源饲料，应注意优先使用海滨多年堆积的贝壳，因为经长时间堆积，其中附带的有机质已经消失，杂菌较少；新鲜贝壳应注意消毒，因为蛋白质的腐败、附着的细菌、病毒较多，不经消毒往往会给土鸡造成疾病。由于石粉和贝壳粉含钙量差异不大，养殖户可以因地制宜，根据当地的物产特点选择合适的补钙添加剂。

2. 少量添加花生壳

在称好所有原料后，另外加3%～5%的花生壳（不占配方比例），虽然饲料水平略降，但产蛋率、出肉率不会下降，反而升高。花生壳粉中含有大量的脂肪、淀粉、糖类、维生素、矿物质等各种营养物质。将花生壳碾成粉状拌在精料中喂鸡，鸡吃了产蛋率可提高10%～20%，肉鸡增重快，出肉率可提高10%左右。

3. 桑叶粉、槐叶粉和松针粉代替麸皮

用桑叶粉、槐叶粉和松针粉（青绿色）代替麸皮，但此时不能再使用花生壳粉，防止粗纤维过高。土鸡饲养中粗饲料的来源农户可依据当地山林草场湖泊等自然资源的有利条件灵活操作，降低放养土鸡饲养成本。桑叶粉蛋白质含量可达20%以上，是土鸡的蛋白质补充饲料，将夏季养完春蚕后的多余桑叶或养完秋蚕后的桑叶采集后自然干燥，加工成粉状，即可饲用。洋槐叶含粗蛋白质20%以上，此外还有多种维生素，是土鸡良好的蛋白质和维生素饲料。春、夏季节采集洋槐叶，于阴凉通风处晒干，磨成粉状即可饲用。但洋槐叶味较苦，添加量过大，反而会影响土鸡的采食量。紫惠槐叶含粗蛋白质20%～25%，还含有丰富的胡萝卜素和维生素。一般在6～9月采集紫惠槐叶，晾晒后粉碎备用。利用松叶制成的松针粉，是一种多效的饲料添加剂，它含有各种氨基酸、蛋白质、脂肪、微量元素、植物杀菌素和维生素等营养成分。据对比试验，在蛋鸡的配合粮中添加5%的松针粉，产蛋率可提高13.8%。制松针粉的方法有两种，一是放在通风没有阳光直射的地方，阴干至含水量低于20%，然后用粉碎机进行粉碎；二是用蒸气烘干（最好快速烘干，以免损失其中一部分营养），烘干凉后再粉碎。

4. 添加少量芒硝，降低饼类饲料用量

把饲料中的饼类饲料减少1%～2%，同时在饮水中加入0.3%～0.5%的芒硝，可使产蛋率不减少，还可防止啄癖病。芒硝是从矿石、矿泉或海水中获取的天然矿物经煎炼而成。它溶于水，味苦、咸，性大寒，化学成分主要含硫（20%～22.6%）及氯化钠、硫酸镁等无机盐。作为畜禽饲料添加剂，能改善饲料中氮素及其他营养的吸收利用，促进畜禽体内氧化还原过程，对蛋白质、维生素、胆碱的合成起着重要的调节作用。且来源广易得，成本低廉，使用简便，安全无不良反应。在雏鸡、肉鸡的日粮中添加芒硝，日增重提高7%～14.5%；在产蛋土鸡日粮中添加芒硝，产蛋率提高15.8%，节约饲料费用11.5%，且显著降低蛋壳的破损率和预防土鸡啄癖。

5. 蚕蛹粉、羽毛粉、蚯蚓、蝇蛆粉、血粉可替代部分鱼粉

蚕蛹是高蛋白饲料，含粗蛋白质68.3%（可消化蛋白质占56.5%）、粗脂肪28.8%、钙1.2%、磷0.73%，并含有硫胺素、核黄素、维生素E及多种氨基酸，尤其是蛋氨酸含量最好，可作为鸡的蛋氨酸调整添加饲料。家禽屠宰后的羽毛含氮83%、水分

12%、脂肪 1.5%、矿物质 1.5%，是一种高级新型饲料，用高温高压蒸煮，干燥后研成粉，即成良好的饲料。它不仅含有丰富的蛋白质和十多种氨基酸，还有一种能促进土鸡生长发育的“生长激素”，因此是鸡、鸭等家禽的优质饲料。用羽毛粉拌料饲喂土鸡可使鸡的瘦肉增加，而使脂肪肥肉减少，产蛋率提高 20%左右，并可预防土鸡的食羽癖。蚯蚓干体中含有粗蛋白质 66.5%、粗脂肪 12.8%、糖类 8.2%，家庭养殖蚯蚓是解决动物性蛋白质饲料来源的重要途径。蚯蚓粪无臭、无味，亦是鸡的好饲料。蝇蛆粉含蛋白质 59.39%、脂肪 12.6%，同样含有各种必需的氨基酸，每只产蛋鸡每天只需 15～20 克鲜蛆，可满足动物性蛋白质的需要。蝇蛆应先洗净，再用开水烫杀后饲喂。血粉是将家畜的血液凝块后经高温蒸煮、压除汁液、干燥粉碎而成。血粉中粗蛋白质为 83.8%，含赖氨酸、精氨酸、蛋氨酸、胱氨酸等氨基酸，维生素 B_1、维生素 B_2 也很丰富。还含有土鸡所必需的铁、铜等微量元素。但血粉缺乏维生素 A 和维生素 D，含钙、磷等也少，消化率较差，必须注意适量搭配。

七、常用饲料配方

土鸡跟普通肉（蛋）鸡的主要区别是饲养方式，农村饲养的土鸡比普通肉鸡肉质好、味道鲜，深受消费者喜欢，如果把土鸡当作肉鸡用全价饲料喂养，就会失去其特有的风味，与普通肉鸡无任何区别。土鸡无论是在生理特性还是在生长速度、采食量以及胴体品质上都与快速型鸡有较大的差异，而且不同的地方品种在营养素的需求上也存在差异。因此，我们应该根据本地土鸡的生理特点，合理划分生长阶段，确定各阶段最适能量、蛋白质、钙和有效磷等营养水平。土鸡品种繁多，对营养物质的需求不尽相同，以下是我们搜集整理的优质土鸡饲养各阶段的实用日粮配方，切勿直接照搬，仅供参考。

1. 配方一

0～2 周龄雏鸡料：玉米 56.0%，麸皮 6.0%，蚕豆 4.65%，黄豆粕 20.0%，菜籽饼 3.0%，胡麻饼 3.0%，鱼粉 3.0%，食盐

0.35%，预混料 4.0%。

3～4 周龄雏鸡料：玉米 59.0%，麸皮 5.0%，蚕豆 4.65%，黄豆粕 19.0%，菜籽饼 3.0%，胡麻饼 2.0%，鱼粉 3.0%，食盐 0.35%，预混料 4.0%。

5～7 周龄雏鸡料：玉米 62.0%，麸皮 6.0%，蚕豆 3.65%，黄豆粕 15.0%，菜籽饼 4.0%，胡麻饼 3.0%，鱼粉 2.0%，食盐 0.35%，预混料 4.0%。

2. 配方二

0～4 周龄：玉米 45.5%，粗蛋白质 13.5%，四号粉 7.0%，麸皮 3.0%，豆粕 17.5%，鱼粉 3.0%，玉米蛋白粉 5.0%，酵母粉 2.0%，磷酸氢钙 1.2%，石粉 1.0%，食盐 0.3%，预混料 1.0%。

5～8 周龄：玉米 46.1%，粗蛋白质 12.4%，四号粉 10.0%，麸皮 3.0%，豆粕 17.0%，鱼粉 2.0%，玉米蛋白粉 4.0%，酵母粉 2.0%，磷酸氢钙 1.2%，石粉 1.0%，食盐 0.3%，预混料 1.0%。

9 周龄到上市：玉米 49.8%，粗蛋白质 14.8%，四号粉 10.0%，麸皮 3.4%，豆粕 11.0%，鱼粉 1.0%，玉米蛋白粉 4.0%，酵母粉 2.5%，磷酸氢钙 1.2%，石粉 1.0%，食盐 0.3%，预混料 1.0%。

3. 配方三

玉米 49.5%、高粱 9.9%、麦麸 5%、豆饼 24%、鱼粉 10%、骨粉 0.73%、贝壳粉 0.5%、食盐 0.37%。这种配方含粗蛋白质 22.06%，代谢能 2.97 兆卡/千克。

4. 配方四

玉米 50%、碎米 10%、大麦 7.5%、豆饼 22%、鱼粉 8%、食盐 0.3%、矿物质补充剂 1.95%、维生素补充剂 0.25%。

5. 配方五（适于 4 周龄以上的肉用土鸡）

玉米 60%、高粱 10%、豆饼 20%、鱼粉 8%、骨粉 1.3%、贝

壳粉0.33%、食盐0.37%。

6. 配方六（适于4周龄以上的肉用土鸡）

玉米45%、碎米24.5%、小麦5%、菜籽饼7%、鱼粉10%、蚕蛹6%、食盐0.3%、矿物质补充剂1.95%、维生素补充剂0.25%。

7. 配方七（适于4周龄以上的肉用土鸡）

玉米64.5%、豆饼18%、鱼粉8%、细麸8%、骨粉1%、蛋壳粉0.13%、细盐0.37%。此配方含粗蛋白质19.2%，代谢能3兆卡/千克。

8. 配方八（适于45日龄以下的肉用土鸡）

玉米45%、碎米18%、小麦12%、豆饼20%、鱼粉3%、骨粉2%、食盐适量。其中鱼粉、骨粉可自制，收集蚌肉、畜禽骨等晒干烘透粉碎即成。

9. 配方九（适于4周龄以上的肉用土鸡）

玉米20%、碎米15%、小麦10%、豆（糠）饼30%、碎青料20%、微量元素3%、食盐1%、小苏打1%。

10. 配方十（适于4周龄以上的肉用土鸡）

玉米64%、麦麸16%、全脂黄豆10%、鱼粉5%、饲料酵母粉2%、骨粉1.5%、无机盐添加剂0.7%、赖氨酸0.3%、蛋氨酸0.2%、食用盐0.3%。

11. 配方十一（适于4周龄以上的肉用土鸡）

玉米64%、麦麸18%、全脂黄豆10%、鱼粉3%、饲料酵母粉2%、骨粉1.5%、无机盐添加剂0.7%、赖氨酸0.3%、蛋氨酸0.2%、食用盐0.3%。

12. 配方十二（适于蛋用土鸡）

1～3周龄：玉米62%、小米4%、高粱3%、麦麸4%、豆饼12%、鱼粉6%、肉骨粉7%、石粉1%、骨粉0.7%、食盐0.3%。

4～6周龄：玉米62%、高粱4%、麦麸6%、豆饼16%、花生饼4%、棉籽饼2%、鱼粉4%、贝壳粉1%、骨粉0.7%、食盐0.3%。棉籽饼用前须去毒（下同）。

7～14周龄：玉米60%、米糠4%、高粱4%、红薯干8%、豆饼8%、花生饼7%、棉籽饼3%、鱼粉4%、骨粉1%、贝壳粉0.7%、食盐0.3%。

15～25周龄：玉米65%、麦麸15%、大麦5%、豆饼6%、棉籽饼3%、鱼粉3%、贝壳粉1.5%、骨粉1.2%、食盐0.3%。

产蛋率达50%时：玉米60%、麦麸6%、豆饼20%、棉籽饼3%、鱼粉5%、骨粉2%、贝壳粉3.7%、食盐0.3%。

产蛋率达85%时：玉米50%、麦麸4%、豆饼20%、棉籽饼5%、花生饼6%、鱼粉6%、血粉1.5%、骨粉2%、贝壳粉5%、食盐0.3%、蛋氨酸0.2%。

13. 配方十三（适于蛋用土鸡）

雏鸡：玉米62%，麸皮10%，豆饼17%，鱼粉9%，骨粉2%。

青年鸡：玉米55%，麸皮20%，豆饼7%，棉籽饼5%，菜籽饼5%，鱼粉5%，骨粉2%，贝壳粉1%。

产蛋期：玉米56%，杂粮10%，麸皮6%，豆饼17%，鱼粉5%，贝壳粉3%，清石子3%（蛋氨酸0.1%、食盐0.4%）。

第五章

土鸡场的建设及设施

第一节　土鸡场的选址与建设

一、土鸡场的选址

规模化养殖土鸡，环境是成败的关键，而鸡场和鸡舍是保证适宜环境的基础，目前由于鸡场选址不当造成的环境污染与二次污染很严重，人口居住多，村庄散户养殖防疫不同步，给鸡场带来了交叉传染和严重损失，所以土鸡厂选址应具备以下几个条件。

1. 交通

交通应方便，应有路直达鸡场。鸡场位置应选择在交通方便的地方，接近公路，场址与主要交通干线要有一定的距离，最好是1～3千米。靠近消费地区减少运输费用，靠近饲料来源的地方使饲料供应及时。减少车辆带来的噪声应激，利于鸡场运输任务的需要。

2. 水、电

有清洁无污染的水源。排水方便。在水源上必须保证供应鸡的饮水，土鸡在成年时每只鸡每天需要200克的水。以10000只为例，每天需要2000千克的水，在夏天饮水量则会需要更多，鸡舍清洗，用具清洗，夏季降温则需要大量水，在保证水源充足的前提下，水的质量也要严格把关，保证水源无污染。

电是鸡场不可缺少的动力。养鸡生产中的照明、供暖、饮水、通风换气和加工等，都需要用电，所以要求鸡场电源充足。并且配备发电设备以保证无障碍供应。

3. 地势

地势高且稳固，前后左右不受洪水、山体滑坡、泥石流等的影响。一般来讲，坡岭地、斜坡地、黄沙地最好。坡度在20°～30°，山腰处建鸡舍，有利于通风和排水，潮湿低洼的山谷里建鸡舍不利于鸡群的生长和防疫。

4. 防疫条件

距离居民区、村庄不少于100米；距离鸭场、鹅场等禽场不少于200米；距离主干道应有10～20米远。

5. 放牧场地

要有足够宽、阴凉且不积水的放牧场地。一般靠树林、竹林山边建鸡舍较好。放牧场地的面积，不应少于鸡舍面积的三分之二，并且要求放牧场地要阴凉，不阴凉的要及时绿化。

综合以上几点，我们选址的原则在交通便利远离人员集中居住地，水源、电源充足便利，地势以小丘陵区山地为主。

二、土鸡场的建设

在鸡舍建设上，一个土鸡养殖场应有生活区、管理区、生产区、粪污处理区、隔离区等（图5-1）。而在建筑结构上，目前我国的土鸡舍以木质结构、砖结构、彩钢结构居多。由于养殖过程中会产生大量的氨气，彩钢结构具有腐蚀性，宜选择砖木结合构建鸡

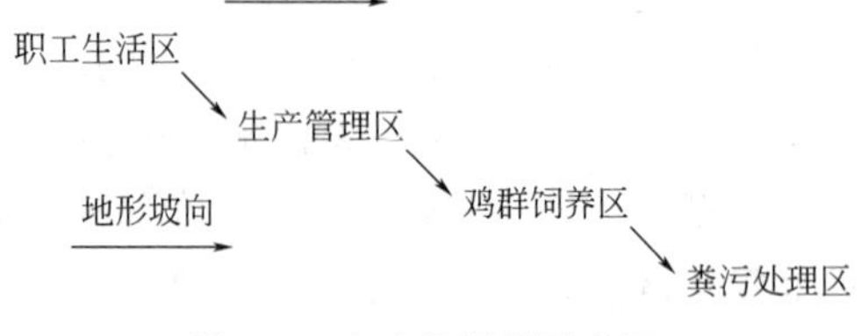

图5-1　土鸡场规划示意图

舍。在风向上，生活区在上风向。新建鸡舍必须留足余地，以备将来扩大再生产，一般要求每栋鸡舍留足一亩空地为宜。

第二节　舍内饲养的土鸡场建设

一、场地选择

选择场址应以方便生产经营、便利交通、防疫条件好、投资低为原则。因土鸡场一旦建成，就不容易改变了，所以在建场前要进行全面了解、综合考察。主要应考虑以下两个大方面的问题。

1. 地理条件

土鸡场场址应选择地势高燥、排水良好且向阳背风的地方；水源水质符合要求，因其关系着生产生活用水以及建筑施工用水；了解地质土壤情况，调查地层构造，主要看它对建房基础的耐压力。要求未被传染病污染过，透气性和透水性良好，以保证场地干燥；了解建场地区的气候情况，作为土鸡建筑设计和指导生产的参考。

2. 环境条件

（1）供水　土鸡场一般距城市较远，如果没有自来水公司供水，可以自己打井、修水塔以保证本鸡场供水。

（2）供电　要认真了解有无双路供电的可能，如没有则需自备发电机以防停电。要保证任何时候都能正常供电，因为机械化程度越高的土鸡场对电力的依赖性越强。

（3）交通　一般应选择在交通方便的地方，接近公路，靠近消费地和饲料来源地。场地既要与主要交通干线有一定的距离（最好在1000米以上），以利于防疫，又要能满足鸡场运输的需要。

二、规划布局

1. 土鸡场分区的原则

各种房舍和设施的分区规划要从便于防疫和组织生产出发。首先应考虑保护人的工作和生活环境，尽量使其不受饲料粉尘、粪便、气味等污染；其次要注意生产鸡群的防疫卫生，杜绝污染源对生产区的环境污染。总之，应以人为先、污为后的排列顺序。分区布局一般为生产、行政、生活、辅助生产、污粪处理等区域。

2. 土鸡鸡舍建筑与合理布局的要点

（1）地势高　地势高，不受水浸，鸡舍地面至少要高于鸡舍外面15厘米以上，打地板时先铺一层地膜，再铺水泥、沙，这样的地面才干燥。

（2）排水沟畅通　鸡舍的排水沟挖深15厘米、挖宽35厘米，并且用混凝土硬化。

（3）鸡舍的高度和宽度　按饲养要求，每平方米可养殖8～10只，鸡舍宽度8～10米，屋檐高2.5米，屋顶4.3米左右，长度不限，能开天窗最好。

（4）生活间与鸡舍完全分开　人居住的生活间要与鸡舍完全隔开，以利于防疫。

（5）建设标准的消毒池和消毒间　鸡舍进出口建好不露天的标准消毒池（长×宽×深＝100厘米×60厘米×4厘米）。在进入养殖区的通道旁建好消毒间。严禁外人随意进出，做好消毒防疫工作。

（6）结构要牢固　鸡舍结构要牢固，具备抗暴雪、暴雨和防大风的能力。

3. 计划布局时应考虑的问题

（1）各区的设置　一般行政区和生产辅助区相连，有围墙隔开，而生活区最好自成一体。通常生活区距行政区和生产区100米以上。污粪处理区应在主风向的下方，与生活区保持较大的距离。各区排列顺序按主导风向、地势高低及水流方向依次为生活区、行政区、辅助生产区、生产区和污粪处理区。如地势与风向不一致时则以风向为主；风与水，则以风为主。

（2）鸡舍的数量　饲养工艺决定了鸡舍的多少，不同的饲养工艺使鸡的饲养分为两段式和三段式，两阶段的饲养方式即是育雏、

育成鸡为一个阶段，成年鸡为一个阶段，需建两种鸡舍，一般两种鸡舍的比例是1∶2。三阶段的饲养方式是育雏、育成、成年鸡均分舍饲养。三种鸡舍的比例一般是1∶2∶6。根据生产家鸡群的防疫卫生要求，生产区最好也采用分区饲养，因此三阶段饲养分为育雏区、育成区、成年鸡区，两阶段分为育雏育成区、成年鸡区，雏鸡舍应放在上风向，依次是育成区和成年鸡区。

（3）鸡舍的朝向　正确的朝向不仅能帮助通风和调节舍温，而且能够使整体布局紧凑，节约土地面积。主要是根据各个地区的太阳辐射和主导风向两个主要因素加以确定的。

（4）鸡舍间距及生产区内的道路　考虑鸡舍间距首先要考虑防疫要求、排污要求及防火要求等方面的因素。一般取3～5倍鸡舍高度作为间距即能满足几方面的要求。生产区的道路分为清洁道和污道两种。清洁道专供运输鸡蛋、饲料和转群使用，污道专用于运输鸡粪和淘汰鸡。

（5）鸡场的绿化　绿化不仅可以美化、改善鸡场的自然环境，而且对鸡场的环境保护、促进安全生产、提高生产效益有明显的作用。土鸡场的绿化布置要根据不同地段的不同需要种植不同种的树木，以发挥各种林木的作用。

（6）鸡舍类型　鸡舍的类型可以分为开放式家鸡舍和密闭式家鸡舍（又称为环境控制鸡舍）。密闭式鸡舍的通风光照均需用电，为耗能型鸡舍建筑，对电的依赖性较大；开放型家鸡舍是利用自然条件的节能型鸡舍建筑，此种鸡舍是依靠空气自然通风，自然光照加人工补充光照，不供暖，靠太阳能和鸡体热来维持舍温。

（7）饲养方式　分为平养和笼养两种。平养鸡舍的饲养密度小、建筑面积大、投资较高，根据鸡群围栏和管理通道的分布，可分为无走道平养、单列单走道、双列单走道、双列双走道、四列双走道等。笼养饲养密度较大，投资相对较少，便于防疫及管理。根据笼具组合形式分为全阶梯、半阶梯、叠层式、复合式和平置式。鸡笼在舍内的排列可以是一整列、双半列双走道、双整列三走道、双整列双半列三走道、三整列四走道等形式。

三、主要建筑物的设计

1. 建筑设计的原则

满足土鸡的生理要求，创造一个良好的环境条件，使土鸡能够充分发挥其品种优势，发挥其生产潜能。适合工厂化生产要求，满足机械化、自动化所需条件或留有待日后添加设备的条件。符合安全卫生防疫要求，便于进行彻底的冲洗和消毒，土鸡舍的屋顶及墙壁没有缝隙，地面及墙壁裙要坚固；所有的口、孔之处均应安装有牢固的金属网罩，以防野禽飞入及老鼠钻入。符合鸡场的总体平面设计要求，布局合理，因地制宜，节约建材，降低造价。

2. 鸡舍的基本结构

鸡舍有多种分类方法，按鸡舍的建筑形式可分为密闭式鸡舍（无窗鸡舍）、普通鸡舍（有窗鸡舍）和卷帘式鸡舍三种；按饲养方式和设备可分为平养鸡舍和笼养鸡舍；按饲养阶段可分为育雏鸡舍、育成鸡舍、成年鸡舍、育雏育成鸡舍、育成产蛋鸡舍、育雏-育成-产蛋鸡舍等。下面按鸡舍建筑形式进行简要介绍。

（1）密闭式鸡舍　此种鸡舍（图 5-2）的屋顶及墙壁都采用隔热材料封闭起来，有进气孔和排风机；舍内采光常年靠人工光照制度，安装有轴流风机，机械负压通风。舍内的温度、湿度通过变换通风量大小和气流速度的快慢来调控。降温采用加强通风换气量，在鸡舍的进风端设置空气冷却器等。

此种鸡舍的优点是能够减弱或消除不利的自然因素对鸡群的影响，使鸡群能在较为稳定的适宜环境下充分发挥品种潜能，稳定高产。可以有效地控制和掌握育成鸡的性成熟，较为准确地监控营养和耗料情况，提高饲料的转化率。因几乎处于密闭的状态下，可以防止野禽与昆虫的侵袭，大大减少了污染的机会，从而减少了经自然媒介传播的疾病的发生，有利于卫生防疫管理。此种鸡舍的机械化程度高，饲养密度大，降低了劳动强度，同时由于采用了机械通风，鸡舍之间的间隔可以减小，节约了生产区的建筑面积。

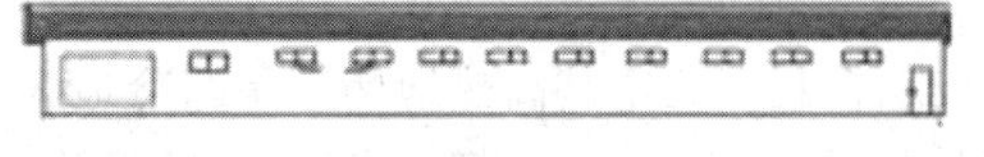

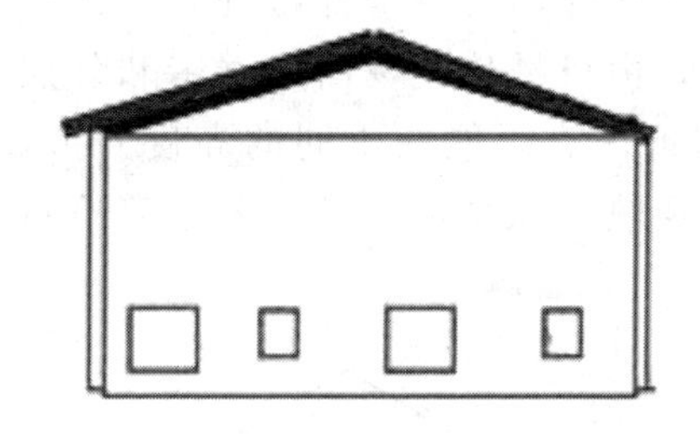

图 5-2　密闭式鸡舍的立面图和实景图

（2）普通鸡舍（有窗鸡舍、开放鸡舍）　普通鸡舍可分为开放式和半开放式鸡舍两种。开放式鸡舍（图 5-3）依赖自然空气流通达到舍内通风换气，完全自然采光；半开放式鸡舍为自然通风辅以机械通风，自然采光和人工光照相结合，在需要时利用人工光照加以补充。普通鸡舍的优点是能减少开支，节约能源，原材料投入成本不高，适合于不发达地区及小规模养殖和个体养殖。缺点是受自然条件的影响大，生产性能不稳定，同时不利于防疫及安全均衡

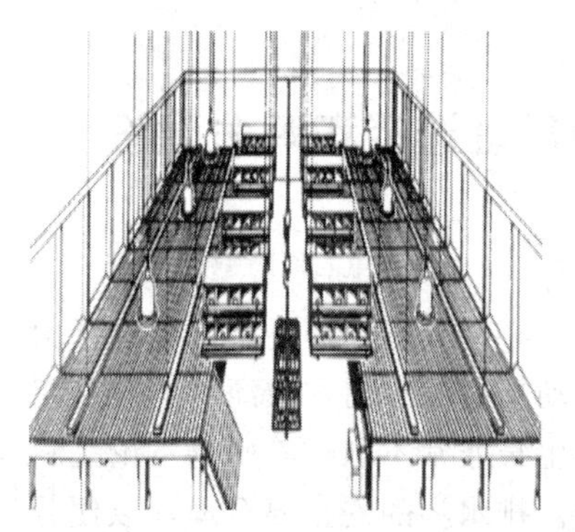

图 5-3　开放式鸡舍的简易图（左）和实景图（右）

生产。

(3) 卷帘式鸡舍(兼用型鸡舍) 卷帘式鸡舍(图5-4)兼有密闭式和开放式鸡舍的优点，在我国无论是高热地区还是寒冷地区都可以采用。鸡舍的屋顶材料采用石棉瓦、铝合金瓦、普通瓦片、玻璃钢瓦，并且采用防漏隔热层处理。卷帘式鸡舍除了在离地15厘米以上建有50厘米高的薄墙外，其余全部敞开，在侧墙壁的内层和外层安装隔热卷帘，由机械传动，内层卷帘和外层卷帘可以分别向上和向下卷起或闭合，能在不同的高度开放，可以达到各种通风要求。夏季炎热可以全部敞开，冬季寒冷可以全部闭合。

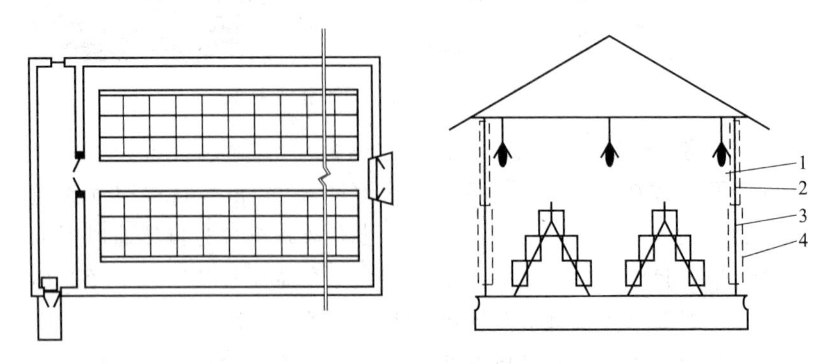

图5-4 卷帘式鸡舍的平面图(左)和剖面图(右)

1—内膜；2—房柱；3—护板；4—外膜

第三节 放养土鸡场的厂址选择和鸡舍建设

一、放养场的厂址选择

土鸡习性与快大型土杂鸡不同，必须具有放养场所。可选择山地、林地、果园等，如果土鸡的活动场所没有树木或灌木丛等遮阴物，土鸡不愿出来活动，对土鸡的生长非常不利。养殖场不论是斜坡还是平地，排水设施一定要完善。排水沟的安排要合理，以便养殖场的清洗和雨季时养殖场的管理。鸡圈面积和饲养数量的计算方

法：夏季每平方米 10～12 只，冬季每平方米 12～15 只。不能随意加大数量，以免出现不好管理、容易生病、抵抗力下降、鸡的生长速度慢等情况。活动场地面积计算方法：每 10 只鸡的活动场地面积大于或等于 3 平方米。

二、放养鸡舍的建设

1. 鸡舍建设式样

鸡舍建设可选择式样：砖混水泥房、石棉瓦空心砖房、覆膜钢架大棚、覆膜竹架大棚。各种式样优缺点比较如下。

（1）砖混水泥房

优点：养鸡过程中易清扫，并且清扫、消毒很彻底，夏季防暑、冬季防寒的效果好。

缺点：投资大，如果鸡场消毒、卫生管理工作搞不好，长时间连续饲养会造成鸡病种类增加、生病后不易治疗。

（2）石棉瓦空心砖房

优点：投资较小，建设速度快。圈舍内部易清扫、消毒（如果圈舍内不用混凝土打地板，消毒、清扫工作的效果就不是很好）。

缺点：夏季防暑、冬季防寒功能差，密封性差。架顶时在石棉瓦底部加一层稻草，用薄膜、铁丝固定可以缓解以上缺点。

（3）覆膜钢架（竹架）大棚

优点：养殖时间较长时可以移动位置，部分材料可以重复使用，投资较小，建设速度最快。

缺点：和石棉瓦房相似，处理方法相似。但是效果比石棉瓦房差。

2. 鸡舍内部设施

鸡舍内部设施在建设时需考虑以下几个方面。

（1）密封性能　密封性能决定了鸡舍的保暖效果好坏。

（2）通风口的设置　鸡舍必须有通风口，出现圈舍内温度过高、温度过低、空气污浊（灰尘过大、臭味过重）时灵活运用通风口功能。

（3）照明设施　一个15～20瓦的白炽灯可以提供15～20平方米的照明，小鸡需要的光照更强，要让小鸡清楚地看见饲料和饮水。

（4）排水系统　不论水泥地面还是泥土地面，必须设置好排水沟。

第四节　常用的设备用具

一、供温设备

土鸡养殖最关键的环节是雏鸡的保温及脱温期的保温工作。怎么给土鸡加温，加温设备有哪些呢？土鸡养殖保温主要有以下几种方式：电热育雏笼、电热育雏保温伞、红外线育雏保温灯、远红外线加热供温、热水管育雏保温、煤炉育雏保温、烟道育雏保温、火坑式育雏器。

1. 电热育雏笼

采用电热育雏笼（图5-5）育雏是既经济又科学的育雏方式，它具有饲养密度高、管理方便、雏鸡不接触粪便、发病感染率低等优点。虽然一次性投资大，但长期使用是非常合算的。电热育雏笼适用于中、小型养鸡场，也适用于规模较大的专业户养鸡。电热育雏笼由1节加热笼、1节保温笼和3～4节活动笼组成，每节都有4层。加热笼的每层都有红外线加热器或电热板，并配有温度控制装置，还有照明灯、加湿槽、地板漏、粪盘等，三面基本封闭，一面与保温笼相通。保温笼在加热笼与活动笼之间，设有加热装置，雏鸡可自由选择适宜温度区活动。活动笼是供雏鸡采食、饮水、排粪和活动的场所。栅栏上装有食槽和水槽，雏鸡可将头从栅栏间隙中伸出来采食、饮水，在笼内自由活动。当温度不合适时，雏鸡钻入保温笼或加热笼内休息。这种育雏笼可饲养15日龄以内肉用雏鸡1500只左右。

2. 电热育雏保温伞

电热育雏保温伞（图5-6）是一种利用电热丝发热的原理，主要用于育雏舍的保温设备。保温伞由伞部和内伞两部分组成。伞部用镀锌铁皮或纤维板制成伞状罩，内伞有隔热材料，以利保温。热

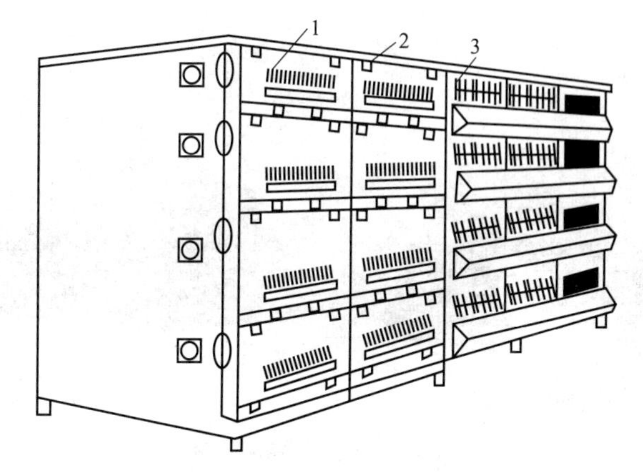

图 5-5　四层电热育雏笼

1—加热育雏笼；2—保温育雏笼；3—雏鸡活动笼

源用电阻丝、电热管子或煤炉等，安装在伞内壁周围，伞中心安装电热灯泡。直径为 2 米的保温伞可养鸡 300～500 只。保温伞育雏时要求室温 24℃以上，伞下距地面高度 5 厘米处温度 35℃，雏鸡可以在伞下自由出入。此种方法一般用于平面垫料育雏。虽然它不能实现大面积的保温需求，但有以下几个优点。

（1）智能控温　智能控温可帮助鸡场节省 30%的用电。

（2）电能供热　电能供热不产生任何有害气体，有利于雏鸡健康。

（3）安全性高　有外壳保护，不易产生明火，使用安全性高。

（4）利用率高　吊顶式安装，可实现多层鸡笼的利用率。

（5）加热均匀　加热均匀可降低个别幼雏患病的可能性，提高雏鸡的存活率。

3. 红外线育雏保温灯

指在育雏室内，按饲养雏鸡数，配备红外线保温灯（图 5-7），利用红外线保温灯释放出的热量育雏。简单易行，被广泛使用。为了增加红外线灯的取暖效果，可在灯泡上部制作一个大小适宜的保温灯罩，红外线灯泡的悬挂高度一般离地 25～30 厘米。红外线保

专业版　　普及版

图 5-6　电热育雏保温伞

温灯灯泡的规格为 250 瓦，每个灯泡可容纳雏鸡数视气温而定。室温为 30℃，育雏数 110 只；24℃，100 只；18℃，90 只；12℃，12 只。育雏时可将数只红外线保温灯连在一起。

图 5-7　红外线育雏保温灯

调节温度方法：最初几天，用围篱将雏鸡围在红外线保温灯泡下，直径约 1.2 米的范围内，随雏鸡日龄或气温升高逐日扩大范围。最初，0～1 周龄红外线保温灯泡悬挂于离地 45 厘米高处，如室温低时可降至离地 33～35 厘米高，第 2 周龄起每周将灯泡升高 7～8 厘米，直至灯泡离地 60 厘米止。判断温度调节是否适宜，需要观察雏鸡活动状态，一般雏鸡扎堆表明温度低，分散开来，表明温度稍高。

红外线保温灯育雏的优点：设备简单，使用和安装方便，保温稳定，育雏室内容易保持清洁、地面垫料干燥，雏鸡易自选所需要的温度，通常育雏效果良好。

4. 远红外线加热供温

远红外线加热器（图 5-8）是由一块电阻丝组成的加热板，板的一面涂有远红外涂层（黑褐色），通过电阻丝激发红外涂层发射一种见不到的红外光发热，使室内加温。安装时将远红外线加热器的黑褐色涂层向下，离地 2 米高，用铁丝或圆钢、角钢之类固定。8 块 500 瓦远红外线板可供 50 平方米育雏室加热。最好是在远红外线板之间安上一个小风扇，使室内温度均匀，这种加热法耗电量较大，但育雏效果较好。

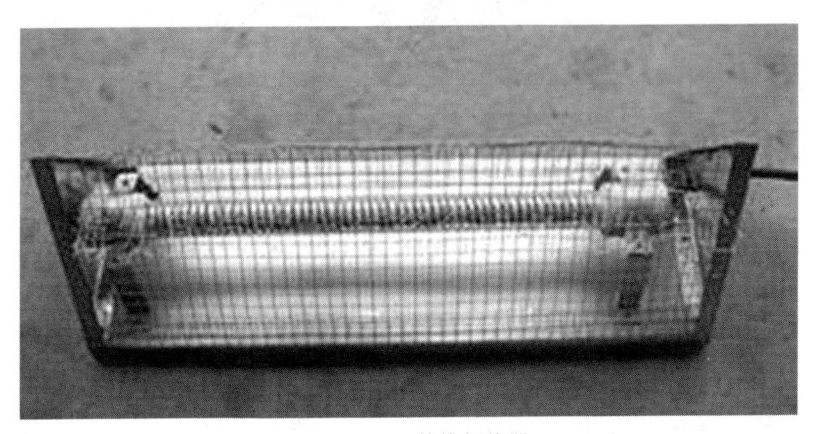

图 5-8　远红外线加热器

5. 热水管育雏保温

在育雏舍配置锅炉，将热水管通向育雏舍内，热水管安在墙壁周围下部，距地面 30 厘米处，在热水管上方 50～60 厘米处，设 1.2～1.5 米宽的保温桶，控制棚下达到育雏温度。这种方法使得舍内清洁、温度稳定，育雏效果好。

6. 煤炉育雏供温

煤炉由炉灶和铁皮烟筒组成。使用时先将煤炉加煤升温后放进育雏室内，炉上加铁皮烟筒，烟筒伸出室外，烟筒的接口处必须密封，以防煤烟漏出致使雏鸡发生煤气中毒死亡。此方法适用于较小规模的养鸡户使用，方便简单。煤炉育雏保温伞结构示意图见图 5-9。

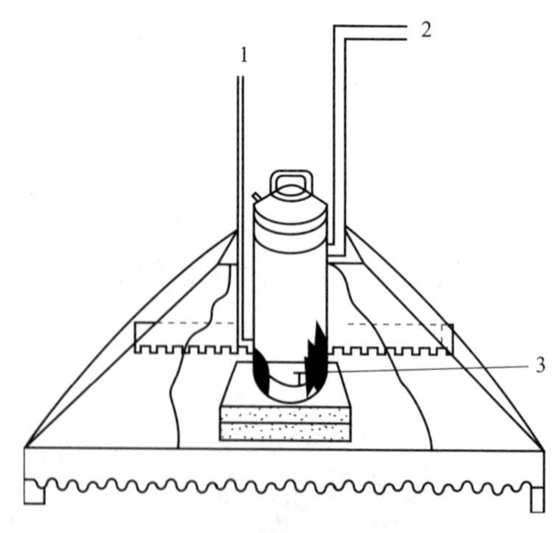

图 5-9　煤炉育雏保温伞结构示意图

1—进气孔；2—排气孔；3—炉门

7. 烟道育雏保温

烟道式育雏器分为地上式和地下式两种。地上式如北方的火墙等，地下式是把烟道搭在地面下形成地炕。不管何种形式，都是由火灶、烟道和烟囱三部分构成。火灶是生火的地方，其大小可根据育雏室面积大小而定。烟道地上式以火墙代替，地下式可以用砖或石头砌成，也有用水泥管或金属管铺设而成，一头连接火灶，另一头连烟囱。烟道安排时应有一定的斜度，接火灶端比接烟囱处低 10～15 厘米，也可在育雏室内地面砌出迂回弯曲的烟道，烟囱高度为烟道长度的 1/2，但要高出房顶。烟囱也不宜过高，过高易引起吸火过猛，浪费能源；过低吸火不利，育雏室内温度难以上升到正常温度。砌好后的烟道应检查是否畅通，传热性能是否良好，要

注意烟道不能漏烟。地下烟道由于设在地下，故不占面积，适用于平面饲养、网上饲养和笼养育雏。

烟道式育雏的优点：燃料来源充足，价格便宜，烟道搭设可因地制宜、就地取材。特别是地下烟道，热从地面上升，适合雏鸡卧地休息，地面垫料暖和干燥，球虫病发生率低，育雏效果好，但应注意防止升温过高而影响雏鸡健康。

8. 火炕式育雏器

火炕式育雏器即在育雏室内用砖或土坯砌成一个近似于人睡觉的火炕，其结构分为上、下两层。下层是用砖砌成的纵横交叉的火道，火道上铺设厚土并夯平。靠火源的地方铺厚些，远离火源的地方铺薄些。上层铺砖、土坯或直接在土坯上垫上垫料即可育雏。实践证明，这种火炕的优点是温度稳定，容易控制；温度自下而上，雏鸡腹部受热，睡得舒服，不易打堆；炕面干燥，鸡不易发生球虫病，育雏效果好；燃料来源广泛，可以用煤，也可以用秸秆类作热源，非常经济和方便。

二、通风设备

新鲜的空气有利于雏鸡的生长发育和健康。鸡的体温高，呼吸快，代谢旺盛，呼出二氧化碳多，雏鸡日粮营养含量丰富，消化吸收率低，粪便中含有大量的有机物，有机物发酵分解产生的氨气和硫化氢多。加之人工供温燃料不完全燃烧产生的一氧化碳，都会使舍内空气污浊，有害气体含量超标，危害鸡体健康，影响生长发育。加强通风换气可以驱除舍内污浊气体，换进新鲜空气，同时，通风换气还可以减少舍内的水气、尘埃和微生物，调节舍内温度。育雏舍既要保温，又要通风换气，应在保持温度的前提下，进行适量的通风换气。

目前鸡舍通风的方式有三种，分别包括自然通风、机械通风和混合通风 3 种。根据鸡舍内气体流动的方向，鸡舍通风分为横向通风和纵向通风。通风方式的不同，对鸡舍通风效果也有所不同。在选择通风方式时需要结合自己鸡舍的实际情况再进行选择。

1. 通风方式

（1）自然通风　自然通风依靠自然风的风压作用和鸡舍内外温差的热压作用，形成空气的自然流动，使舍内、舍外的空气得以交换。一般开放式鸡舍采用的是自然通风，空气通过通风带、窗户和气流等进行流通交换。自然通风较难将鸡舍内的热量和有害气体排出。自然通风的具体做法是在育雏室设通风窗，气温高时，尽量打开通风窗，气温低时把它关好。

（2）机械通风　机械通风则可依靠机械动力，对舍内、舍外空气进行强制交换，一般使用轴流式通风机。吊扇或壁扇只能使鸡舍内的空气进行内循环，不能将热量和有害气体全部排出。机械通风又分为正压通风、负压通风和零压通风3种。机械通风多用于规模较大的养鸡场，可根据育雏舍的面积和所饲养雏鸡数量选购和安装风机，育雏舍内空气以人进入舍内不刺激鼻、眼及不觉胸闷为宜。通风时要切忌间隙风，以免雏鸡着凉感冒。

负压通风是利用排风机将鸡舍内污浊空气强行排出舍外，在建筑物内造成负压，使新鲜空气从进风口自行进入鸡舍。负压通风投资少，管理比较简单，进入鸡舍的气流速度较慢，鸡体感觉比较舒适，因此广泛应用于密闭鸡舍的通风。正压通风是用风扇将空气强制输入鸡舍，而出风口作相应调节以便出风量稍小于进风量而使鸡舍内产生微小的正压。空气通常是通过纵向安置在鸡舍的风管送风到鸡舍内的各个点上。

纵向通风是将排风扇全部安装在鸡舍一端的山墙，或山墙附近的两侧墙壁上，进风口在另一侧山墙或靠山墙的两侧墙壁上，鸡舍其他部位无门窗或将门窗关闭，空气沿鸡舍的纵轴方向流动。密闭鸡舍为防止透光，进风口设置遮光罩，排风口设置弯管或用砖砌遮光洞。进气口风速一般要求夏季2.5～5.0米/秒，冬季1.5米/秒。而横向通风的风机和进风口分别均匀地布置在鸡舍两侧纵墙上，空气从进风口进入鸡舍后横穿鸡舍，由对侧墙上的排风扇抽出。横向通风方式的鸡舍舍内空气流动不够均匀，气流速度偏低，死角多，因而空气不够清新，故较少使用。现在应用较多的、效果较好的通

风方式是负压纵向通风。这种通风方式综合了负压通风和纵向通风两者的优点，故鸡舍内没有通风死角，能够降低舍内温度，并将有害气体排出舍外。

2. 通风设备安装考虑事项

纵向通风设备近年来开始在鸡场应用，有纵向正压通风设备和纵向负压通风设备两种。纵向正压通风设备投资高，对技术和电力要求高；纵向负压通风设备风力大、转速低、噪声小。纵向通风改善了舍内环境，舍内风速提高近6倍，而且均匀；育雏舍内笼层间温差缩小；舍内氨气含量显著减少；生产区噪声降低；降低通风耗电量，节电30%～50%。安装通风设备时需考虑以下几点。

（1）舍内风速　舍内风速大小与有效温度有直接关系。夏季舍内风速以1.5～2.5米/秒为宜，冬季为减少热量散失，舍内风速不宜超过0.3米/秒。

（2）通风换气量　鸡舍纵向通风换气量由所需舍内气流速度和鸡舍横断面积来确定的，即换气量＝气流速度×面积。一般气流速度以1.6米/秒为宜。

（3）进气口面积　进气口面积应接近鸡舍的横断面积，至少也应大于电扇面积的2倍以上。

（4）进气口的位置　较为理想的进气口位置应在净道一侧山墙上，而所有风机设在对面另一端的山墙上，有时受条件限制，进风口位置也设在风机另一端两侧的山墙上。

（5）风机的选型与安装位置　要综合考虑各类风机的性能、耗电与安装管理、鸡舍大小、鸡群数量等。风机最好安装在污道一端的山墙上，也可安装在南北两侧墙上，根据鸡舍的实际情况而定。风机与风机间距离不能小于60厘米，否则通风效果不好。风机离地面的高度为10～20厘米。冬天不需要较大的风量，安装1～2台小型风机，有条件的可安装变速装置。通风设备一般采用大直径、低转速的轴流风机。湿帘风机降温系统由纸质波纹多孔湿帘、轴流风机、水循环系统及控制装置组成。湿帘风机降温系统的主要作用是夏季空气通过湿垫进入鸡舍，用以降低进入鸡舍空气的温度，起到降温的效果。夏季空气经过湿垫进入鸡舍，可降低舍内温度2～5℃。各种型号的风机有额定通风量，选用风机数量时可根据鸡舍的横截面积，要求的通风速度以及风机的额定通风量计算。计算公式：风机数量＝所需风速×鸡舍通风横截面积/每台风机通风量。而湿帘的大小则根据出风口的大小选取，一般湿帘面积为2～3倍的出风口面积。

三、照明设备

光照可以促进蛋鸡产蛋，便于工作人员饲喂、拣蛋、观察鸡群状态，因此，鸡场照明设备是保证鸡舍正常工作和产量的重要设备。那么，鸡场照明设备有哪些呢？按照设备的职能分，鸡场照明设备有人工光照设备、照度计和光照控制器。

1. 人工光照设备

白炽灯、荧光灯。为保证鸡场日常的工作和蛋鸡舍的日产量，鸡舍灯泡安装一定要做到数量足、分布均匀、位置正确，因此，思考科学的鸡场灯泡安装数量、计算与安装标准成为鸡场建设过程中的一项重要任务。

（1）安装数量计算　根据每平方米鸡舍光照所需的强度进行计算，平养鸡舍每平方米的面积需要有2.7瓦灯泡的光照，然后根据鸡场的面积计算需要的总灯泡的瓦数，然后再除以所选灯泡的瓦数就可得鸡场灯泡安装总数。计算公式：2.7×鸡舍面积/一只灯泡的瓦数＝灯泡总数。对于采用多层笼养的蛋鸡舍，为顾及下层鸡笼的照度，每平方米的光强应达到3.5瓦，计算公式不变。

（2）安装标准

① 灯泡类型。40～60瓦白炽灯，带灯罩，这样会更聚光，便于鸡场员工对鸡舍进行日常管理。

② 安装设置。灯泡应设置在两列笼间的走道上，两排以上的灯泡为佳，各排灯泡要交叉排列，可使地面获得比较均匀的光线。

③ 安装位置。灯高2～2.4米，灯距3米，尽可能避免光线直接照射到上层鸡笼。靠墙的灯泡与墙的距离，应为灯泡间距的

一半。

2. 照度计

照度计是专门检测鸡舍光度、亮度的检测设备，有了它可以方便养鸡场调节鸡舍内的光照度以及计算灯泡的安装数量。照度计可以直接测出光照强度的数值，由于鸡对光照的反应敏感，禽舍内要求的照度比日光低得多，所以，在选择照度计时应选用精确度高的仪器。

3. 光照控制器

基本功能是自动启闭禽舍照明灯，即利用定时器的多个时间段自编程序功能，实现精确控制舍内光照时间，使鸡场产量与用电费用达到平衡，有利于养鸡户控制养殖成本。

四、笼具

笼具是现代化养鸡的主体设备，不同笼养设备适用于不同的鸡群。鸡笼设备按组合形式可分为全阶梯式、半阶梯式、层叠式、复合式和单层平列式，按几何尺寸可分为深型笼和浅型笼，按鸡的种类可分为蛋鸡笼、肉鸡笼和种鸡笼，按鸡的体重可分为轻型蛋鸡笼、中型蛋鸡笼和肉种鸡笼。

1. 鸡笼的组装

将单个鸡笼组装成为笼组具有多种形式，应根据本鸡场的具体情况（鸡舍面积、饲养密度、机械化程度、管理情况、通风及光照情况），组装成不同的形式。

（1）全阶梯式鸡笼　组装时上下两层笼体完全错开，常见的为2～3层。其优点是鸡粪直接落于粪沟或粪坑，笼底不需设粪板，如为粪坑也可不设清粪系统；结构简单，停电或机械故障时可以人工操作；各层笼敞开面积大，通风与光照面大。缺点是占地面积大，饲养密度低（为10～12只/米^2），设备投资较多，目前我国采用最多的是蛋鸡三层全阶梯式鸡笼和种鸡两层全阶梯式人工授精笼。全阶梯式鸡笼实景图见图5-10。

图 5-10 全阶梯式鸡笼实景图

（2）半阶梯式鸡笼 上下两层笼体之间有 1/4～1/2 的部位重叠，下层重叠部分有挡粪板，按一定角度安装，粪便清入粪坑。因挡粪板的作用，通风效果比全阶梯差，饲养密度为 15～17 只/米^2。

（3）层叠式鸡笼 鸡笼上下两层笼体完全重叠，常见的有 3～4 层，高的可达八层，饲养密度大大提高。其优点是鸡舍面积利用率高，生产效率高。饲养密度三层为 16～18 只/米^2；四层为 18～20 只/米^2。缺点是对鸡舍的建筑、通风设备、清粪设备要求较高。此外，不便于观察上层笼和下层笼的鸡群，给管理带来一定的困难。我国目前条件下，只有极少数鸡场使用。

（4）单层平列式 组装时一行行笼子的顶网在同一水平面上，笼组之间不留车道，无明显的笼组之分。管理与喂料等一切操作都需要通过运行于笼顶的天车来完成。常不采用此种方法。

2. 育成鸡笼

一般采用 2～3 层重叠式或半阶梯式鸡笼。通常每平方米饲养 10 只左右，此鸡笼的尺寸为 187.5 厘米×44 厘米×33 厘米，可饲养育成鸡 20 只，肉用仔鸡可适当增多。

3. 蛋鸡笼

蛋鸡笼可分为深笼和浅笼，深笼的笼深为 50 厘米，浅笼则为

30～35 厘米。根据不同的规格可分为轻型、中型及重型蛋鸡笼。蛋鸡笼一般每格可容纳 3～5 只鸡；一个单笼可饲养 20～30 只鸡。

4. 种鸡笼

种鸡笼有单层种鸡笼和两层个体人工授精鸡笼。单层种鸡笼的尺寸为 190 厘米×88 厘米×60 厘米，为公母同笼自然交配，可饲养母鸡 22 只、公鸡 2 只。单体笼常用于进行人工授精的鸡场，原种鸡场进行纯系个体产蛋记录时也采用单体笼。

5. 育雏育成一段式鸡笼

这种鸡笼的特点是鸡可以从 1 日龄一直饲养到产蛋前（100 日龄左右），减少转群对鸡的应激。鸡笼一般为三层或四层，雏鸡阶段只使用中间一层，随着鸡的长大，逐渐分散到上下两层。

五、喂料设备

喂料设备包括储料塔、输料机、喂料机和饲槽等四个部分。储料塔一般在鸡舍的一端或侧面，用 1.5 毫米厚的镀锌钢板冲压而成，其上部为圆柱形，下部为圆锥形，圆锥与水平面的夹角应大于 60°，以利于排料，喂料时，由输料机将饲料送到饲槽。常用的喂料设备有以下几种。

1. 链板式喂饲机

普遍应用于平养和各种笼养的成年鸡舍。它由料箱、链环、长饲槽、驱动器、转角轮和饲料清洁器等组成，链环经过饲料箱时将饲料带至食槽各处。

2. 螺旋弹簧式喂料机

广泛应用于平养成年鸡舍。电动机通过减速器驱动输料圆管内的螺旋弹簧转动，料箱内的饲料被送进输料圆管，再从圆管中的各个落料口掉进圆形食槽。

3. 塞盘式喂饲机

它是由一根直径为 5～6 毫米的钢丝和每隔 7～8 厘米一个的塞盘组成（塞盘是用钢板或塑料制成的），在经过料箱时将料带出。

优点是饲料在封闭的管道内运送，一台喂饲机可同时为2～3栋鸡舍供料。缺点是当塞盘或钢索折断时，修复麻烦且安装时技术水平要求高。

4. 喂料槽

平养成年鸡应用地较多，适用于干粉料、湿料和颗粒料的饲喂，根据鸡只大小而制成大、中、小长形食槽。

5. 喂料桶

是现代养鸡业常用的喂料设备。由塑料制成的料桶、圆形料盘和连接调节机构组成。料桶与料盘之间有短链相接，留一定的空隙。

6. 斗式供料车和行车式供料车

这两种供料车多用于多层鸡笼和层叠式笼养成年鸡舍。

六、饮水设备

饮水设备包括水泵、水塔、过滤器、限制阀、饮水器以及管道设施等，常用的饮水器类型有以下几种。

1. 长形水槽

这是许多老式禽场常用的一种饮水器，一般用镀锌、铁皮或塑料制成。这种饮水器的优点是结构简单、成本低，便于饮水免疫；缺点是耗水量大，易受污染，刷洗工作量大。

2. 真空饮水器

由聚乙烯塑料筒和水盘组成，筒倒扣在盘上（图5-11）。水由壁上的小孔流入饮水盘，当水将小孔盖住时即停止流出，适用于雏鸡和平养鸡。优点是供水均衡、使用方便，但清洗工作量大，饮水量大时不宜使用。

3. 乳头式饮水器

为现代最理想的一种饮水器。它直接同水管相连，利用毛细管作用控制滴水，使阀杆底端经常保持挂着一滴水，饮水时水即流

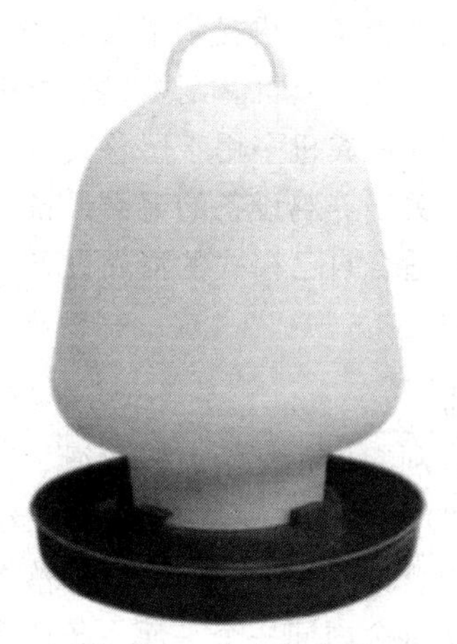

图 5-11　真空饮水器

出，如此反复，既节约用水又有利于防疫，并且不需要清洗，经久耐用不需要经常更换。缺点是每层鸡笼均需设置减压水箱，不便进行饮水免疫，对材料和制造精度要求较高。

4. 杯式饮水器

饮水器呈杯状，与水管相连，此饮水器采用杠杆原理供水，杯中有水能使触板浮起，由于进水管水压的作用，平时阀帽关闭，当鸡吸触板时，通过联动杆即可顶开阀帽，水流入杯内，借助于水的浮力使触板恢复原位，水不再流出。缺点是水杯需要经常清洗，且需配备过滤器和水压调整装置。

5. 吊盘式饮水器

除少数零件外，其他部位用塑料制成，主要由上部的阀门机构和下部的吊盘组成。阀门通过弹簧自动调节并保持吊盘内的水位。一般都用绳索或钢丝悬吊在空中，根据家禽身体高度调节饮水器高度，故适用于平养，一般可供 50 只鸡饮水用。优点为节约用水，清洗方便。

七、清粪设备

鸡舍内的清粪方式有人工清粪和机械清粪两种。人工清粪需要的设备是铁锨、刮板和粪车；机械清粪常用设备有刮板式清粪机、传送带式清粪机和抽屉式清粪机。刮板式清粪机多用于阶梯式笼养和网上平养；传送带式清粪机多用于层叠式笼养；抽屉式清粪机用于小型层叠式鸡笼。关于养鸡设备的清粪设备，没有最好的，只有最适合的，只有选择适合自己模式的清粪设备，才会以最大的便利赢得最高的经济效益。

1. 刮板式清粪机

一般由牵引机、刮粪板、框架、钢丝绳、转向滑轮、钢丝绳转动器等组成（图5-12），一般在一侧都有储粪沟。它是靠绳索牵引刮粪板，将粪便集中，刮粪板在清粪时自动落下，返回时，刮粪板自动抬起。主要用于鸡舍内同一个平面一条或多条粪沟的清粪，一条粪沟与相邻粪沟内的刮粪板由钢丝绳相连，可在一个回路中运转，一个刮粪板正向运行，另一个则逆向运行。也可楼上楼下联动同时清粪。钢丝绳牵引的刮粪机结构比较简单，维修方便，但钢丝绳易被鸡粪腐蚀而断裂。刮板式清粪机一般用于双列鸡笼，一台刮粪时，另一台处于返回行程不刮粪，使鸡粪都被刮到鸡舍同一端，

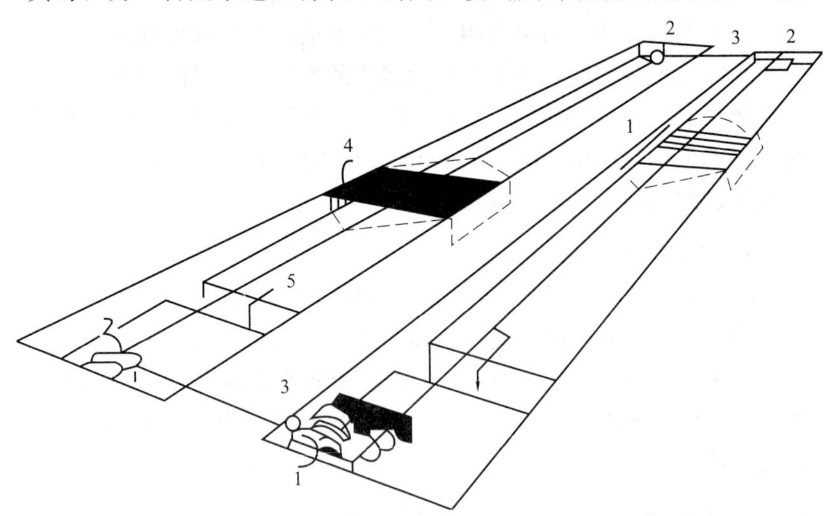

图 5-12　刮板式清粪机简图

1—主机座（绞盘）；2—转角轮；3—牵引绳；4—刮粪板；5—横向粪沟

再由横向螺旋式清粪机送出舍外。通常使用的刮板式清粪机分全行程式和步进式两种。

全行程式刮板清粪机适用于短粪沟。步进式刮板清粪机适用于长鸡舍，其工作原理和全行程式完全相同。刮板式清粪机是利用摩擦力及拉力使刮板自行起落，结构简单。但钢丝绳和粪尿接触易被腐蚀而断裂。采用高压聚乙烯塑料包覆的钢丝，可以增强抗腐蚀性能。但塑料外皮不耐磨，容易被尖锐物体割破失去包覆作用，因此要求与钢丝绳接触的传动件表面必须光滑无毛刺。

2. 传送带式清粪机

常用于高密度叠层式上下鸡笼间清粪，鸡的粪便可由底网空隙直接落于传送带上，可省去承粪板和粪沟。采用高床式饲养的鸡舍，鸡粪可直接落在深坑中，积粪经一年后再清理，非常省事。传送带清粪装置由传送带、主动轮、从动轮、托轮等组成（图5-13）。传送带的材料要求较高，成本也昂贵。传送带式清粪机使鸡粪干燥成粒状，容易处理，鸡粪再用率高。鸡粪在鸡舍内无发酵，使室内空气更好，减少病菌的生长。采用的特殊化纤、聚乙烯等抗老化材料，具有防寒、防腐蚀、耐磨等特点，延长使用寿命。如制作和安装符合质量要求，则清粪效果好，否则系统容易出现问题，会给日常管理工作带来许多麻烦。

图 5-13　传送带式清粪机

八、清洗消毒设施

主要有消毒进出鸡场车辆的消毒池，机械清扫和冲洗设备，紫外线照射灯（低压汞灯），干热灭菌设备，火焰灭菌设备，煮沸消毒设备，高压蒸汽灭菌器，电子消毒器，喷雾消毒的机械设备，消毒液机，生物消毒设施，过滤除菌设备，消毒防护设备。此外，还有降温器、加湿器、除尘设备等。

1. 禽场大门口消毒设施

禽场大门入口设运输车辆消毒池和人员消毒更衣室，所有人员、车辆及有关用具等均须进行彻底消毒后方能进场。车辆消毒池为水泥结构，要宽于门，长于车轮一圈半，长、宽、深分别为6.0米、3.8米、0.5米，池内存积有效消毒液，每周更换2次。人员消毒间紧邻大门消毒池，为一封闭式狭长过道，长不少于5米，宽1～1.5米，顶上安装喷洒消毒器，使用温和的含氯消毒液。

2. 生产区消毒设施

进入生产区，也要设置车辆消毒池和人员消毒更衣室。车辆消毒池为水泥结构，长、宽、深分别为3.5米、2.5米、0.3米，两边为缓坡，池内存积有效消毒液。所有用具经喷洒消毒后带入生产区。人员消毒更衣室为2间，每间面积不少于15平方米。其中一间内设置衣物消毒室，房顶上悬挂4盏紫外线消毒灯，对墙壁上的工作服等物品进行消毒，人员在此更衣换鞋并戴口罩帽子；另一间为人员消毒室，墙壁上悬挂臭氧消毒器1台，距地面1.5米，人员进入后关闭门窗。出口处设置人员洗手消毒，其中1盆内放置有效消毒液，另1盆内为清水，手擦干后进入人员消毒池。人员消毒池位于出口处，长6米、宽0.8米、深0.3米，与生产区相通。生产区每栋禽舍门口设脚踏消毒池（长、宽、深分别为0.6米、0.4米、0.08米）或消毒盆（直径0.6米），消毒剂每天更换一次。

九、其他用具

包括滴管、连续注射器、气雾机等防疫用具以及自动断喙器和

称重用具。

第五节　鸡场环境管理

一、鸡场的管理措施

1. 鸡舍间相互独立

鸡舍间互不相通，以避免大小鸡之间的交叉感染，不建议在鸡舍下面建粪池。

2. 远离其他养鸡场

与其他养鸡单位离得越远越好，这样可以减少疾病传播的危险。

3. 清洗消毒

所有的鸡舍必须用高压水龙头彻底清洗干净，鸡舍中所有的工具（如电扇、料槽、扫帚等）都必须清洗。所有的鸡舍必须用杀死重要病原的广谱清毒剂消毒。外面的车辆不得进入，除非经过清洗和消毒。

4. 注意灭鼠灭蝇

积极采取措施控制老鼠、苍蝇和流浪动物。一旦出现老鼠，应使用灭鼠药或利用防鼠鸡舍来灭杀和控制它。

5. 饲养人员注意消毒

鸡场饲养人员不能与外面的鸡群接触。工人进鸡舍时必须始终穿干净的衣服和靴子。与大鸡、产蛋鸡接触过的人，必须洗澡后方可进入小鸡舍。当不同日龄的鸡养在同一鸡场时对鸡的看护必须从最健康的鸡开始（通常是最小的鸡）。在衣服、靴子未经适当的清洗和消毒前，工人不可以从大鸡舍再回到小鸡舍。非必要的人员不得进入鸡场，参观者必须遵守上述各条规则。

二、鸡场的绿化

养殖场建设现在都比较重视环境绿化，因为绿化具有很多好处，比如说可以改善鸡场小气候，有利于鸡场生物健康等。所以，鸡场绿化必不可少，养殖户应该重视鸡场绿化布置。

1. 鸡场绿化的好处

（1）改善鸡场小气候　夏季，由于树叶及其他植物叶片表面水分的蒸发、光合作用和遮阴作用，大量吸收太阳辐射热，从而降低了空气的透明度，也减弱了日辐射光能。树冠可遮挡50%～90%的太阳辐射热，草地遮挡80%，使树下地皮上方的温度降低2～3℃。

（2）净化空气，保护环境　由于鸡群的呼吸作用和废弃物的发酵腐败，鸡舍不断产生二氧化碳、氨气和硫化氢气体。绿色植物可以利用太阳能进行光合作用，吸收二氧化碳，放出氧气，使鸡舍周围空气清新干净。在气流和风的作用下，新鲜空气进入鸡舍，有助于鸡群健康。

（3）洗尘灭菌　自然界中大量的细菌是吸附在尘埃中的，鸡舍排出的粉尘也携带着大量的毛屑和其他污染源。由于树木和草地的阻挡，降低了局部地段的风速，使尘埃降落到地面，遇雨水冲洗到土壤中，加之草皮对粉尘污物的吸附、过滤，经雨水淋洗，不断被清除，从而减少了空气中细菌和污染源的含量。

（4）增强防火效果　树木、树叶蒸发水分及树叶间层含有大量的水汽，可以提高树木草地环境的湿度，如杨树林夏季每天每公顷蒸腾57吨以上的水。由于湿度的增加和林带减弱风势，大大有助于防火效能的增强。

（5）减弱噪声　阔叶树木树冠能吸收26%的声能，夏季树叶茂密时可降低7～9分贝，秋季可降低3～4分贝。

2. 鸡场绿化布置

（1）防护林带　种植防护林带的目的是降低场区风速，防止风沙对场区鸡舍的侵袭。它有主、副林带之分。主林带位于场区迎冬季主风边缘地带；副林带多配置在非主林带地段的其他三方向边缘地段。主林带种以枝条较稠密的树种（如槐树、柳树等）和不落叶

的树种（如柏树、松树等）。副林带的行数较少，修剪时树冠要比主林带高些，其他方面与主林带相同。

（2）隔离绿化　鸡场各分区之间和沿鸡场四周围墙，要设置隔离的绿化设施，可种植带有针刺的树木，起到篱笆作用。要尽可能密植，以防止人畜进入。防疫沟水面放养水生植物，也可种植其他水生植物（如莲藕、慈菇、茭白等）。

（3）遮阴植物　散养鸡舍运动场四周、笼养和网养鸡舍间距均需要种植树木花草，尽量给予完善的绿色覆盖。枣树、核桃树、柿子树等的枝条长，通风好。在修剪时，树冠要高出房檐，既要注意通风排污，又要注意遮阴效果。

（4）行道树　在道路两旁植树，以遮阴、洗尘为主要目的，同时也应注意通风排污的效果。植树品种与道路、风向有关，道路与风向平行宜种植槐树、柳树等；道路与风向垂直宜种植杨树、梧桐、合欢等。在较小的人行道要种植冬青。

（5）树木株行距与建筑物的水平间距　树木种植的株行距与成年树冠的宽度相等或稍小于成年树冠宽度。种植树木时，要注意树木与建筑物的水平距离，以免树根破坏建筑物基础或影响通风排污效果。

三、水源的卫生防护

对水源的基本要求为水量充足、取用方便且便于防护。鸡场总用水量可根据饲养规模及饲养方式、工作人员的耗水量、场区灌溉、绿化用水、消防用水的总和来确定。有条件的地区最好场区内自行配备给水管网，以保证水质的相对稳定，同时也便于提高工作效率，但应注意饮水过程中，水中残留余氯对疫苗或药物效力的影响。如鸡场地下水源充足，水质良好，可采用打井修水塔，建立供水系统，自给自足。如果在天然水塘、河流附近建场，水源附近应没有屠宰场和排放污水的工厂。离居民点2000米以上，避免城市污水的污染。因此应尽可能将场址选在水源的上游（工厂、城镇的上游），以保持水质干净，不受污染。对水源周围要定期维护，不得有污染源存在。鸡场理想的水质应要求无异味、无异臭和无异色；水质澄清、不含肉眼可见物；水质的酸碱度、总硬度、矿物质、有毒物质、微生物数等符合鸡饮用水标准。

1. 鸡场饮水存在问题的根源

① 老板和技术场长重视不够。

② 原水不合格。

③ 没有净水设备。

④ 饮水系统不合格（水线和乳头质量差）。

⑤ 没有相应的饮水管理制度（专人负责、定期监测）。

鸡场的饮水问题很重要，也不难解决，关键是大家的重视程度。许多鸡场在建设时和使用过程中始终没有检测过自己的水质。多数县城的疾病控制中心、自来水公司都可以检测水质，市一级的农科院和科研院校也都可以检测水质。

2. 鸡场原水存在的问题

原水来源有地下水、自来水、地表水（湖水、山沟水、池塘水）。有的鸡场取水点在湖水、河塘、山沟雨水和泉水，这些水源很有必要进行检测。最好根据情况进行净化处理。

鸡场的原水经常存在以下问题。

① 总菌落数超标。

② 大肠杆菌数超标（远远超过 10 个菌落/毫升）。

③ pH 值偏高（许多鸡场水 pH 值达到或超过 8）。

④ 水质有异味（如有咸味、发涩等）。

⑤ 浑浊度超标（池塘水、山沟水）。

⑥ 寄生虫（湖水、池塘水、山沟水）。

⑦ 水藻（储水池、透光水管）。

3. 鸡场如何拥有良好水质

① 鸡场周围没有污染源（化工厂、皮革厂、造纸厂、屠宰场等）。

② 从地下取水（水井深 100 米），并送检水样，达到合格饮水

要求。

③ 水井封闭。

④ 优质和密闭的供水系统（避免开放的水塔、水箱带来二次污染）。

⑤ 必要时安装净水设备。

⑥ 定期添加酸化剂，每周2～3天。

⑦ 定期冲洗水线，育雏期每天1次，育成期和产蛋期每周1次，用药后立即冲洗。

⑧ 定期检测水质，至少每年1次，根据水源污染情况而定。

⑨ 空场期间做好水线消毒和酸化。

水线要保持全程的清洁，不要看到水线已经变脏了再去清洗。每周用2天液体酸化剂，水线始终都十分干净。尤其在水线用药和用维生素之后，一定要冲洗，并添加酸化剂饮用1～2天，这样就不会产生生物膜了。干净的水线不仅看起来好看，最重要的是可以减少鸡的肠道和生殖道细菌感染，也提高了饲料的消化利用率。

四、鸡场的消毒

1. 鸡场消毒的种类

根据疫情的发生和鸡的饲养情况，可将消毒工作分为以下三种类型。

（1）预防消毒　养鸡场未发生传染病时，每月定期对鸡场内的路面、鸡舍内的用具、运输工具和鸡群消毒1～2次。若本地区有传染病发生时，则适当地增加1～2次消毒，以预防传染病的发生。

（2）紧急消毒　鸡场内的某栋鸡舍发生传染病时，立即对这栋鸡舍进行封锁，进出的物品、鸡群和人员等都要进行消毒，每天消毒1～2次，鸡舍的环境也要进行消毒处理，如清除鸡舍外杂草，喷洒杀虫剂以消灭有害昆虫，驱散鸡舍附近的野鸟，杀灭在鸡舍出没的鼠类等。邻近的鸡舍也要增加消毒次数，将传染病封锁在发病的鸡舍内，防止传染病扩散到其他的鸡舍或场外。

（3）最终消毒　每批鸡饲养结束时，在粪便和垫料等废弃垃圾处理完毕后，对鸡舍内外、料槽和饮水器等用具进行1次彻底的消毒，以杀灭由于饲养上一批鸡而可能存留下来的病原菌，保证下一批鸡进入时，鸡舍是清洁无病原菌的。

2. 消毒对象

为了预防传染病的发生，凡是同鸡直接或间接接触的人员和物品都要消毒。消毒对象有以下4类。

① 场区内通往鸡舍的路面要定期进行消毒，铲除鸡舍附近的杂草，并要喷洒杀虫药物以消灭有害昆虫，驱散在鸡舍附近活动的野鸟，杀灭出没于鸡舍的鼠类等野生动物。

② 鸡舍内笼架、料槽、饮水器等用具，装运饲料的麻袋及车辆等工具。

③ 鸡舍内的粪便、垫料和病死鸡等垃圾物。

④ 往来于场区内和进入鸡场内的工作人员。

3. 消毒方法

根据消毒对象的不同需采用不同的消毒方法，日常所采用的方法主要有3种：物理方法、化学方法和生物学方法。

（1）物理方法

① 清扫洗刷法。将鸡舍内的垃圾扫出之后，用水或高压水枪冲洗鸡舍内的设备、墙壁、天棚和地面，将附着于其上的污物冲洗掉，这是非常重要的一步，因污物内往往藏有病原菌，污物不去掉将影响化学消毒的效果。因消毒剂只能杀死污物表面的病原菌，消毒液有可能渗透不到污物的内部而将其中的病原菌杀死，将来在一定条件下此污物将成为传染病的疫源。清洗是采用任何消毒法之前所必须经过的第一步。

② 阳光照射法。将洗刷干净的设备和用具移至阳光下暴晒，通过阳光中的紫外线和干燥作用，将附着其上的病原菌杀死。

③ 干热消毒法。一些用具可放在烘干箱内干热消毒。

④ 煮沸消毒法。一些用具可放在水中煮沸消毒。

⑤ 高温、高压或流动蒸汽消毒法。利用高热、高压或流动蒸

汽的温热而将鸡舍四壁和设备及用具上的病原菌杀死。

⑥ 火焰喷射法。利用火焰喷射器或喷灯所产生的高温而将鸡舍四壁和金属设备及用具上的病原菌杀死。

⑦ 焚烧消毒法。将垃圾或死鸡进行焚烧以消灭病原菌。

（2）化学方法

将消毒剂（药）按要求配制成一定浓度的溶液，按下述方法进行消毒。

① 洗刷或浸泡消毒法。将需要消毒的物品进行洗刷或浸泡以杀死其上的病原菌，应注意消毒液经过多次反复使用后会降低其消毒效果，要及时更换消毒液。

② 喷洒消毒法。利用喷雾器向路面、墙壁、设备及用具上进行喷洒消毒，喷出雾滴的直径应大一些，雾滴的直径最小应在200微米以上。

③ 气雾消毒法。此法常用于鸡舍内的带鸡消毒，气雾消毒的最适宜温度为18～22℃，最适宜相对湿度为70％～80％，最适宜的雾滴直径为50～100微米，若雾滴过小（5～10微米）时，则雾滴易被鸡吸入呼吸道内而产生不良的作用。气雾消毒时，至鸡背的羽毛微湿即可，消毒液的用量为15～30毫升/米^3。

④ 熏蒸消毒法。此法多用于福尔马林对鸡舍和种蛋的消毒，详细操作方法见消毒剂（药）中的福尔马林部分。

⑤ 投放消毒法。向污水或水中投放消毒剂（药）以杀灭水中的病原菌。

（3）生物学方法

将鸡舍内的粪便、垫料和其他垃圾堆集于一处，其上覆盖一层泥浆或一层泥土，其中的微生物发酵产热，可将病菌杀死。

五、灭鼠与杀虫

鸡场进行杀虫、灭鼠以消灭传染媒介和传染源，也是防疫的一个重要内容，鸡舍附近的垃圾、污水沟、乱草堆，常是昆虫、老鼠滋生的场所，因此要经常清除垃圾、杂物和乱草堆，搞好鸡舍外的环境卫生，对防止某些疫病具有十分重要的实际意义。

1. 灭鼠方法

① 用铁丝网将鸡舍，饲料库洞口、窗口等封闭，使鼠类不能进入。

② 灭鼠器捕杀。

③ 用灭鼠药。可用“敌鼠钠盐”，或用对人畜毒性低的毒鼠药。“敌鼠钠盐”是一种抗凝血的药物，能抑制维生素 K，阻碍凝血酶原的合成，使血管壁的通透性增加，导致鼠体内脏、皮下出血死亡。对人畜毒性低，国内已用于住房、畜舍、仓库、冰库灭鼠，证明比较安全。常用 0.05%毒饵：先将“敌鼠钠盐”用开水溶化成 3%的溶液，然后按 0.05%的浓度与谷物或其他食饵混合均匀而成。投放毒饵需连续 4～5 天，因为少量多次比一次大量食入效果好。使用时应慎重，如发现人畜中毒，可用维生素 K 解救。鸡场内经常有死鸡出现，必须严格处理好鸡的尸体，以免造成污染或疫病的传播，死亡小鸡应烧毁或深埋，防止野狗掏食。凡经剖检的尸体也应安全处理，勿给狗吃或送人，更不要乱丢乱抛，防止有人将死鸡加工处理上市销售。

2. 杀虫灭蝇方法

① 保持鸡舍的良好通风，避免饮水器漏水，经常清除粪尿，减少蚊蝇繁殖的机会。

② 使用杀虫药。用蝇毒磷（0.02%～0.05%）等杀虫药，每月在鸡舍内外和蚊蝇滋生的场所喷洒 2 次。

③ 使用黑光灯。这是一种专门用来灭蝇的装于特制的金属盒里的电光灯，灯光为紫色，苍蝇有趋向这种光的特性，而向黑光灯飞扑，当它触及带有负电荷的金属网即被电击而死。

六、废弃物处理

鸡场废弃物的处理，是保持鸡场良好生态环境的重要部分。也是保持和促进鸡场生态良性循环和发展不可缺少的部分，不仅直接影响鸡场的卫生防疫和养殖环境的改善，还有助于改善周围的生态

环境，同时也将进一步扩大养殖场的经济效益和社会效益。如果废弃物处理不当，不但会影响鸡场的卫生防疫工作，还会污染周围的环境，甚至影响周围居民的生活。严重的成为污染源，形成重要的环保问题。因此，对废弃物进行科学的处理，是鸡场设计中的重要环节。

1. 鸡场废弃物的种类及危害

（1）鸡场废弃物的种类　鸡场废弃物主要包括鸡粪、死鸡、污水和孵化场的蛋壳、无精蛋、死胎、毛蛋及弱死雏鸡、废弃的垫料、鸡场和鸡舍散发的有害气体和灰尘及饲料加工厂排出的粉尘等。

（2）鸡场废弃物的危害　鸡场废弃物处理不当会造成以下危害。

① 空气浑浊。一方面鸡粪散发的恶臭气体（氨、硫化氢、甲烷等）严重污染大气，使空气浑浊。另一方面直接影响鸡体健康，降低其产蛋性能及对疾病的抵抗力。同时，有害气体中的氨具有强烈的刺激气味，对人体黏膜刺激大，易引起黏膜充血、喉头水肿、支气管炎等。鸡粪中产生的甲烷、二氧化碳、二氧化氮等这些具有温室效应的气体，随着养鸡业的快速发展释放量会更大，对环境造成的影响也会更加严重。

② 传播疾病。鸡场的废弃物如果处置不合理，会造成环境中病原微生物的滋生、污染，使养殖场疾病增多，很难控制，并直接对生产场的健康鸡和员工形成威胁；鸡粪中含有大量的寄生虫、虫卵、病原菌、病毒等，会滋生蚊蝇，传播病菌，尤其是人畜共患病，若不妥善处理，可能引起疫情的发生，进而危害人畜健康。

③ 污染水源和土壤。鸡粪及污水中含有大量的氮、磷化合物，其污染负荷很高。如果未经处理的鸡粪直接排入附近的河流、小溪等水域或深入地下，将污染土壤、地面和地下水。畜禽排泄物中还带有生产中大量使用的促生长剂——金属化合物以及细菌、病毒及其他微生物等，它们进入水源和土壤，将会污染地下水系，使地下水有害菌群超标，亦会对人畜造成危害。严重时，还会出现水源发

黑、变臭，造成持久性的有机污染，使原有水源丧失使用功能，极难治理和恢复。

④ 危害农田生态。高浓度的畜禽养殖污水长期用于灌溉，会使作物陡长、倒伏、晚熟或不熟，造成减产，甚至导致作物大面积腐烂。此外，高浓度污水可导致土壤孔隙堵塞，造成土壤透气、透水性下降及板结，严重影响土壤质量。

2. 鸡粪的无害化处理及利用

（1）鸡粪中的营养物质　鸡的消化道较短，饲料在消化道内停留时间短，消化吸收率较低，饲料中 2/3 的养分被排出体外，因此鸡粪中含有许多未被消化吸收的营养物质。据报道，鸡粪含粗蛋白质约 28%、总氨基酸 8%，且各种氨基酸比较平衡；此外，还含有丰富的 B 族维生素和多种微量元素。处理后的鸡粪可作为有机肥、饲料和能源加以利用，变废为宝。

（2）鸡粪的处理方法　鸡粪的处理方法很多，其目的是达到脱水、去臭、杀虫、灭菌以及改进适口性等。国内鸡粪的处理方法主要有干燥法、发酵法及膨化法。

① 干燥法。

a. 高温快速干燥法。是利用高温烘干介质迅速提取湿鸡粪中水分的处理方法。一般采用顺流干燥工艺，500～800℃的高温烟气道在干燥设备进料端迅速蒸发鸡粪中的水分，随着物料温度的逐渐升高，热烟气的温度逐渐降低，物料本身的温度控制在不至于损耗营养成分的范围内，在干燥的同时，达到杀虫、灭菌、除臭的作用。这种方法加工速度快，营养成分损失少，可以有效地杀菌、除臭，且不受自然气候的影响，可实现工厂化连续生产。生产出的干鸡粪具有较高的利用价值，既可作饲料，也可作为优质肥料使用。

b. 机械干燥法。利用烘干机械设备进行干燥，多以电源加热，温度在 70℃时需 12 小时，140℃时需 1 小时，180℃时需 30 分钟即可作饲料。适于大型集约化饲养场或饲料加工厂。

c. 自然干燥法。首先是鸡粪的收集，鸡粪越新鲜越好，夏季需当日收集，冬季不超过 3～4 天收集 1 次；其次是晾晒，将收集

到的鸡粪去除羽毛等杂质后放在水泥地面或塑料薄膜上利用阳光晒干，水分降到1%以下（手感干燥疏松）即可；然后粉碎过筛，储存（阴凉干燥处）备用。适于雨量较少、气候干燥、阳光充足的地区和小规模鸡场采用，但灭菌效果差，不利于鸡场防疫。鸡粪适口性差，养分损失较多。

② 发酵法。利用厌氧或好氧使鸡粪发酵的处理方法。鸡粪通过厌氧发酵可以生产沼气（如沼气发酵），也可以改良鸡粪品质，提高消化率，还有灭菌除臭等作用（如自然厌氧发酵、青贮发酵）。通过好氧发酵可以使鸡粪熟化，并杀虫、灭菌、除臭。

a. 干鸡粪发酵法。先将干鸡粪平铺在地上（室外的水泥地或土地均可）呈长条状，按鸡粪重的35%浇水。每吨鸡粪撒速腐剂1千克（因速腐剂用量小很难撒匀，可先加入米糠或麦麸制成预混料），加过磷酸钙15千克（除臭用）、草粉或草炭100千克。而后将堆肥翻倒两遍，堆成高约1米、宽1.5～2米、长度不限的堆，并在堆顶打孔若干个。最后用长方形塑料布将肥堆覆盖，塑料布与地面相接，隔1米压一重物，使膜内既通风又避免被大风鼓起。夏、秋季节早晚揭膜通风1次（1～2小时），若天气晴朗可于头天傍晚揭膜次日早上覆盖。堆沤3～4天后，堆温可升至60～70℃。堆沤10天后可翻堆1次，堆沤20天即能熟透，肥分提高，消灭有害虫菌，成为优良的绿色环保肥料。

b. 湿鸡粪发酵法。先在地上铺一层秸秆粉（米糠、草粉、花生壳粉、草炭均可），然后将湿鸡粪铺在上面，按堆料重撒入0.1%尿素，按每吨重撒入15千克过磷酸钙，按0.2%撒入速腐剂制预混料（速腐剂为0.2%，另加麸皮或米糠预混合）。肥堆的水分控制在50%左右，可用秸秆粉调节湿度，以手握成团、从1米高落地能散开为宜。将堆肥翻倒两遍，堆成宽1.5～2米、高1米左右、长度不限的堆，并用棍打通气孔，盖上塑料布保温、保湿、保肥。其他管理与干鸡粪发酵相同，应特别注意通风换气。

c. 机械发酵法。我国研制的9FJ-5001A型鸡粪再生饲料发酵机，温度可根据需要调节，3～4小时就可达发酵目的。经过发酵的鸡粪呈现黄褐色，松散、有微酸香甜的气味，适于中小型鸡场或饲料厂应用。

d. 用EM菌发酵法。事先用麦麸、米糠或草粉作鸡舍垫料，垫料与鸡粪的重量比约为3∶2，鸡粪与垫料混合物水分含量控制在35%左右。要求所收集的鸡粪必须是无疫病的新鲜鸡粪，夏天不超过3天，冬天不超过5天，以当日收集的鸡粪发酵效果最好。配制方法：按0.5吨鸡粪垫料混合物与400毫升菌液、400克红糖的比例进行混合。按要处理鸡粪混合物的量分别计算出菌液和红糖的用量，先用少量50℃左右的温水把红糖溶解，然后加适量冷开水稀释，随之加入所需的菌液，并按处理鸡粪及垫料量的5%加足清水，混匀待用。将收集的鸡粪垫料混合物分层装入发酵池内（小型鸡场可用坛、缸处理），每层20厘米厚，按比例喷洒稀释菌液，每加一层料喷洒一次菌液，直至储满，用塑料薄膜密封发酵。在常温情况下，发酵5～7天即可完成。发酵成功的鸡粪，酸香味取代了臭味，鸡粪表面有白色菌丝覆盖，可用于饲喂奶牛等动物。

e. 沼气厌氧发酵法。此法能充分利用资源，产生新的能源——沼气，它不仅可以处理含水量多的鸡粪，还可以处理高浓度的有机污水。适用于刮粪和水冲法的饲养工艺，适合南方阴雨天多、烘干或晒干鸡粪困难的地方。其所产生的沼渣、沼液不会产生第二次污染，而且无蝇无蛆，可以用于肥田、养鱼，有利于建立生态农业系统。

③ 膨化法。膨化法又叫热喷法，即将鲜鸡粪先晾至含水率30%以下，再装入密闭的膨化（热喷）设备中，热至200℃左右，压力每平方米8～15千克；经过3～4分钟处理，迅速将鸡粪喷出，其容积比原来可增大30%左右。处理后的鸡粪膨松适口，富香味，有机质消化率可提高10%。至于鸡粪中矿物质量大、能量偏低、粗蛋白质中的非蛋白氮较多及尚有一些残留药物等问题可通过饲料合理搭配加以解决。

（3）鸡粪的无害化处理卫生要求及利用

① 粪便堆肥无害化卫生标准。蛔虫卵死亡率≥95%；粪大肠

菌群数 105 个/千克；有效控制苍蝇，堆体周围没有活的蛆、蛹或新羽化的成蝇。

② 液态粪便厌氧无害化卫生标准。寄生虫卵死亡率≥95%；在使用粪液中不得检出活的血吸虫卵；常温沼气发酵粪大肠菌群数≤10000 个/升，高温沼气发酵粪大肠菌群数≤100 个/升；有效控制蚊蝇滋生，粪液中无蚊子，池周围无活的蛆、蛹或新羽化的成蝇；沼气池粪渣达到粪便堆肥无害化卫生标准方能用作农肥。

③ 鸡粪的利用。鸡粪的充分利用可以带来较好的经济效益、生态效益和社会效益。其利用方式主要有以下三种。

a. 制作有机肥。堆肥是最常见的一种处理方式。经过 4～6 周堆积发酵（需氧）后的鸡粪，可制成高档优质的有机肥料；或经过烘干处理，进一步制成有机、无机生物配方肥，并可以商业出售。堆肥的主要缺点在于堆积过程中由于氨气挥发导致氮损失，同时加重了空气和水体的污染。过度使用这种肥料会造成土壤、水体富集营养和地表水的硝酸盐超标。

b. 制作饲料。鸡粪经过预处理如青贮、干燥、发酵、热喷、膨化、添加化学物质等，可以加工成饲料。在加工的过程中也可添加其他物质（如能量饲料），一方面可以提高营养价值，另一方面可以提高适口性。将鸡粪制成饲料，不仅能大大提高养殖效益，更重要的是能减少污染，美化、净化环境，形成生态产业链。目前，已经有“发酵助剂”面市，能将鸡粪发酵成肥料或饲料。

c. 作为能源。鸡粪通过厌氧发酵等处理后，生成甲烷，可以为生产或生活提供清洁能源。常见的是将鸡粪和草或秸秆按一定比例混合进行发酵，或与其他家畜的粪便（如猪粪）混合，同时发酵后产生的废液和废渣是很好的肥料。另外，无论是风干料还是湿料均可进行燃烧，产生的热能可进行发电。因此，以大型鸡场产生的高浓度有机废水和有机物含量高的废弃物为原料，建立沼气发酵工程，得到清洁能源，发酵残留物还可多级利用，可以大大改善生态环境，是未来的发展趋势。

（4）鸡粪作为肥料的处理技术

① 鸡粪直接还田处理技术。因新鲜的畜禽粪便中含有性质不稳定的物质、铵离子、尿酸等，须经熟化还田，否则会对农作物产生一定的毒害。另外其中含有的寄生虫卵及病原微生物，会污染蔬菜、瓜果等。据研究结果表明，通过简易堆制、沤制、发酵鸡粪60天后，即可达到无害化标准。

② 鸡粪工厂化处理技术。这种技术是通过创造适合发酵的环境条件，来促进鸡粪的好氧发酵，使粪中易分解的有机物进行生物转化，性质趋于稳定。利用好氧发酵产生的高温（一般可达50～700℃）杀灭有害的病原微生物、虫卵等，降低鸡粪的含水率，从而将其转化为性质稳定、能储存、无害化、商品化的有机肥料，或作为制造其他商品肥的原料。目前，发达国家普遍采用此种方法进行禽粪的处理。

（5）鸡粪作为饲料的处理技术与应用　随着土鸡养殖业逐渐大规模化、集约化，禽粪的处理也变得越来越重要了。处理好禽粪不但有利于鸡场的卫生防疫、环境保护，还能够增收节支、变废为宝，具有一定的经济意义。因为干鸡粪中含有20%～35%的粗蛋白质，8%～13%的氨基酸和部分矿物质（其中钙、磷含量为正常饲料的4～20倍），所以可被利用作为补充饲料。经鉴定证明，饲喂鸡粪的猪、鱼肉的味道与未饲喂鸡粪的对照组的猪、鱼肉的味道无任何差异。而且，鸡粪饲料中的抗生素、激素及残留的农药不会对畜禽肉质造成不良影响。

鸡粪作为饲料的处理方法很多，目前鸡粪晒干膨化后喂猪效果非常好。可以根据本场的具体情况因地制宜。据国内外实践证明，鸡粪饲料的饲喂效果是羊>牛>鱼>猪>兔>鸡；日粮中干鸡粪的比例分别为奶牛0～30%、肉牛25%～40%、羊35%～70%、鱼20%～50%，一般情况下，新生动物不宜饲喂鸡粪饲料，而应逐渐增加其配比。

3. 污水的无害化处理

养鸡场的粪便污水主要来自清粪和冲洗。其排放量是非常大的。据测定，每只成年产蛋鸡平均产粪103克/天，需冲洗水300

克/只。因此污水的处理也是相当重要的。

（1）简易净化处理　因为排放的污水要符合有关污水排放标准，其中包括生化需氧量、化学耗氧量、悬浮物、凯氏氮、总大肠菌数、蛔虫卵数等。因此要进行适当的净化处理。可以通过农田淌灌，使污水会同灌溉水流入农田；还可以通过地下渗灌及鱼塘净化。在进行净化处理前，污水须先经化粪池厌氧消化，杀灭微生物及寄生虫。

（2）沼气发酵污水处理　沼气处理是利用厌氧微生物的作用，将鸡粪中的高分子有机物质分解，产生沼气，并取得杀虫灭菌的效果。厌氧发酵的主要参考数据如下：固体浓度2%，发酵温度32℃，水力滞留期20天，消解率80%～85%，产气率1.5/(米^3·天)。目前大多数鸡场因清粪工艺的限制，出舍鸡粪的含水率极高，沼气法可直接对这种水粪进行处理，这是它最显著的优点。产出的沼气是一种高热值的可燃气体，因此，在能源比较缺乏的地区，沼气法不失为一种较理想的选择。但是，沼气处理带来的沼液二次污染问题一直没有得到解决，同时，沼气处理所需的高额投资对鸡场也是一个沉重的负担，因此大型沼气工程的建设应慎重考虑。

4. 死鸡的无害化处理

因暴发某种传染病而致死的鸡，如果处理不当或不加处理，其病原微生物会污染大气、土壤和水源，造成疾病的传播和蔓延。处理死鸡时，要符合《家畜鸡防疫条例》规定，方法如下。

（1）焚烧法　将病死鸡放到焚烧炉内焚烧火化，这种方法适用于患烈性传染病死亡的鸡。其优点是能彻底消灭死鸡及其所携带的病原体，杜绝了死鸡作为传染源传播疾病的可能性，是一种彻底的处理方法；缺点是火化设备的成本及使用费用都很高，死鸡需集中处理，但死鸡的储存较复杂，需冷冻、冷藏，会加大成本。焚烧产生的废烟也会对大气造成污染。另外，需要注意的是，焚烧炉应建立在远离生活区及生产区的地方并且处于下风向，同时焚烧炉需装有较高的烟囱，减少对环境的污染。

（2）深埋法　将死鸡深埋于远离生活区和生产区的野外地下2

米左右，以便使死鸡充分腐烂变成腐殖质。注意要在死鸡上面洒上消毒液，然后盖上厚土，再在土上面及周围洒上生石灰等消毒药。这种方法简单易行，所需成本较低，利用土壤和微生物的自净化作用使死鸡得到无害化处理。

（3）高温处理法　将死鸡放入特设的高压锅（490千帕，150℃）内熬煮，经100℃以上的高温处理，可彻底消毒。

（4）堆肥法　利用自然界存在的细菌、放射菌等微生物，将死鸡尸体经生物化学转换，分解为无味的腐殖质物质，既处理了死鸡，又可改善土壤。

（5）提炼动物油　将死鸡在炼油厂进行油脂提炼，在提炼的过程中，可以将死鸡身上的病原体彻底消灭，减少了传染源，同时也对死鸡做了综合利用。但这种方法比较复杂，投资较大，只有大型鸡场或多个鸡场联合才可进行，否则难以实施。

5. 其他

对于孵化场的废弃物经过无害化处理也可以加以利用，无精蛋、死胎、毛蛋、死鸡处理后可以作为动物饲料添加；蛋壳处理后制成蛋壳粉可作为钙饲料，也可加工成肥料。

第六章

种用土鸡的饲养管理技术

第一节　育雏期土鸡的饲养管理技术

一、种用土鸡饲养阶段的划分

种用土鸡按照其生长发育不同，一般可分为育雏期（0～6周龄）、育成期（7～22周龄）和产蛋期（23～64周龄）三个生理阶段。各个阶段在生理特点、生长发育规律和生产性能上存在很大差异。根据不同的生理阶段，给予不同的饲养管理。

1. 育雏期

0～6周龄的土鸡称作雏鸡，这一阶段称为育雏期。雏鸡体小质弱，对外界环境适应能力差，饲养要求条件高，稍有不慎就会引起发病死亡。雏鸡舍要求保温，并有加温设施，为雏鸡生长发育提供适宜的温度。雏鸡饲料的营养要求较高，需供给高能、高蛋白质日粮，满足其快速生长的需要。育雏期还要对雏鸡频繁进行疫苗接种，增强对疫病的抵抗力。

2. 育成期

从育雏结束，一直到开始产蛋的土鸡称为育成鸡，也叫后备鸡，这一阶段称为育成期。土鸡的性成熟较晚，育成期较长，早熟品种（如浦东鸡、萧山鸡、固始鸡、正阳鸡、惠阳鸡等）开产周龄为26～30周，晚熟品种（如北京油鸡、柴鸡、寿光鸡等）开产周龄为32～34周。为便于饲养管理，又把育成期细分为育成前期（7～12周龄）和育成后期（13周龄到产蛋）两个阶段。

（1）育成前期　这一阶段的土鸡对环境的适应性大大增强，食欲旺盛，是体重、肌肉、骨骼、内脏增长的重要时期。饲料中要有较高的代谢能水平和蛋白质水平，满足其生长需要。另外，要保证优质钙、磷饲料的供给，使土鸡的骨骼生长发育良好。

（2）育成后期　生长发育渐缓，体重增加速度放慢。这时的土鸡脂肪沉积加快，尤其是腹部脂肪增加较多，对光照反应敏感。这一阶段的饲养管理重点是降低饲料营养水平，保证适宜的体重，防止鸡体过肥而影响产蛋；加强光照管理，采用渐减或恒定的光照方案，保证土鸡适时开产。同时注意育成期末，如早熟品种在24周龄时，晚熟品种在30周龄时逐渐延长光照时间（小时），促使土鸡性腺发育，促进全群开产。

3. 产蛋期

育成期结束到淘汰的土鸡叫产蛋鸡（或成年鸡），这一阶段叫产蛋期。随着产蛋率的上升，蛋重逐渐增加，体重增加趋缓。为了节约饲料，提高种蛋合格率，产蛋期又分为产蛋前期（产蛋率5%～80%）、产蛋高峰期（产蛋率80%以上）和产蛋后期（产蛋率降到80%以下）三个阶段，三个阶段对饲料营养的要求各不相同。

二、雏土鸡的生理特点

雏鸡培育是养鸡业中一项细致而重要的工作，雏鸡培育的好坏直接影响雏鸡的生长发育、成年鸡的生产力、种用价值和经济效益，雏鸡的生理特点与成年鸡有很大的差别，因而必须根据雏鸡的生理特点来制定育雏期饲养管理的措施。

1. 雏鸡体温调节功能较差，应提供适宜环境温度，坚持看鸡施温

初生雏鸡体温调节中枢的功能还不完善，体温又比成年鸡低1～3℃，刚出生时全身都是绒毛，缺乏抗寒和保温能力，既怕热又

怕冷，随着日龄的增长，绒毛逐渐换成羽毛，保温能力逐渐增强，同时体温调节功能也逐渐完善。根据雏鸡这一生理特点，在育雏期要提供适宜的环境温度。一般第1周35～33℃，第2周33～31℃，第3周31～28℃，第4周28～24℃，以后逐渐降低到室温。在具体执行时还要根据雏鸡对温度的反应情况和环境气候状况进行看鸡施温。

2. 雏鸡代谢旺盛生长迅速，应提供优质全价饲料，加强通风换气

与哺乳动物相比，雏鸡代谢旺盛，心跳快，单位体重耗氧量和排出二氧化碳的量比家畜高1倍以上，需要不断供给新鲜空气，因此在管理上要加强通风换气。雏鸡生长迅速，2周龄体重约为初生时的2倍，6周龄约为初生时的10倍，8周龄约为初生时的15倍。羽毛生长也特别快，而羽毛中蛋白质含量为80%～82%，因此应提供高蛋白质全价饲料。饲料中的蛋白质应以动物性蛋白质为主，并及时扩群，使每只鸡都有足够的活动空间和饮食设施，以利于雏鸡的生长发育。

3. 雏鸡消化吸收功能较弱，应提供易消化的饲料，坚持少喂勤添

雏鸡胃的容积小，进食量有限，肌胃研磨饲料的能力弱，消化道内又缺乏一些消化酶，其消化能力必然较差，根据这一特点，在饲养管理上应做到少喂勤添，提供纤维含量低、易消化的饲料。

4. 雏鸡免疫功能尚未健全，应采用全封闭式育雏法，加强疫病防治

雏鸡免疫功能不健全，容易受到各种病原微生物的侵害而感染疾病，因此应采取各种防病抗病措施，确保其健康生长。

（1）搞好卫生消毒工作　土鸡入舍前应对鸡舍及周围环境进行清扫、冲洗、消毒，育雏期间定期带鸡消毒，减少发病概率。

（2）采用全封闭式育雏法　饲养员吃住在饲养区，严禁其他人员和其他鸡舍的物品进入，杜绝疫病传入。

（3）做好饮食供给工作　供给新鲜、无污染的饮水和饲料，防止病从口入。

（4）加强疫病综合防治　在饮水和饲料中添加抗生素，预防疾病发生；根据母源抗体水平和当地疫情，及时做好防疫接种工作，增强抗病能力。

5. 雏鸡喜群居，胆小怕受惊，应做好防鼠灭害工作，保持环境安静

雏鸡喜群居，胆小怕受惊，各种惊吓和环境条件的突然改变，都会使其惊恐不安，因此在重点做好防鼠灭害工作的同时，饲养员在工作中还应轻拿轻放，避免各种应激因素对雏鸡的影响，保持环境安静，确保其生长良好。

6. 雏鸡水分消耗多易脱水，应及时补充鸡体水分，防止雏鸡脱水

种蛋在21天高温孵化过程中蛋内水分消耗大，雏鸡出壳后又经过分拣、防疫、运输，才送达育雏舍，这段时间较长，雏鸡很容易脱水，因此应及时供给饮水，最好是温开水，水中添加5%的葡萄糖和少量维生素C，以防应激和脱水。

三、育雏的方式

人工育雏方式可分为三大类：第一类是地面育雏；第二类是网上育雏；第三类是立体笼养。现多采用的是立体笼养（立体3层或4层重叠式育雏器）。地面育雏投资少，适合于小户，但从饲养量、防病和工厂化管理程度和发展趋势看还是立体笼养育雏优于地面育雏和网上平养。

1. 地面育雏

把雏鸡放在铺有垫料的地面上进行饲养的方法称为地面育雏（彩图19）。从加温方法来说，地面育雏大体可分为地下烟道育雏、煤炉育雏、电热或煤气保温伞育雏、电热板或电热毯育雏、红外线灯育雏、远红外线板育雏和地下暖管升温育雏等。

（1）地下烟道育雏　地下烟道用砖或土坯砌成，其结构形式多样，要根据育雏室的大小来设计。较大的育雏室，烟道的条数要相对多些，采用长烟道，育雏室较小，可采用“田”字形环绕烟道。其原理都是通过烟道对地面和育雏室空间进行加温，以升高育雏温度。地下烟道育雏有以下优点。

① 育雏室的实际利用面积大。

② 没有煤炉加温时的煤烟味，室内空气较为新鲜。

③ 温度散发较为均匀，地面和垫料暖和。由于温度是从地面散发，小鸡腹部受热，因此雏鸡较为舒适。

④ 垫料干燥，空气湿度小，可避免球虫病及其他病菌繁殖，有利于小鸡的健康。

⑤ 一旦温度达到标准，维持温度所需要的燃料将少于其他方法。在同样的房屋和育雏条件下，地下烟道的耗煤量比煤炉育雏的耗煤量至少省 1/3。

因此，烟道加温的育雏方式对中小型鸡场和较大规模的养鸡场较为适用。值得注意的是，在设计烟道时，烟道的口径进口处应大，往出烟处应逐渐变小，由进口到出口应有一定的上升坡势，烟道出烟处且不可放在北面，要按风向设计。

为了提高热效率和育雏室的利用率，可采用平顶天花板加笼育的方法。在管理上，天花板要留有通风出气孔，根据室温及有害气体的浓度经常进行调节，必要时应在出气孔处安装排风扇，以便在温度过高等紧急情况下加强排气，按育雏温度标准调节室温。

（2）煤炉育雏　煤炉可用铁皮制成或用烤火炉改制而成，炉上设有铁皮制成的伞形罩，并留有出气孔，以便接上通风管道。管道接至室外，以便于排出煤气。煤炉下部有 1 个进气孔，并用铁皮制成调节板，以便调节进气量和炉温。煤炉育雏的优点是经济实用，耗煤量不大，保温性能稳定。在日常使用中，由于煤炭燃烧需要一段时间，升温较慢，因此要掌握煤炉的性能，要根据室温及时添加煤炭和调节通风量，确保温度平稳。在安装过程中，炉管由炉子到室外要逐步向上倾斜，漏烟的用稀泥封住，以利于煤气排出。若安

装不当，煤气往往会倒流，造成室内煤气浓度大，甚至导致小鸡煤气中毒。

在较大的育雏室内使用煤炉升温育雏时，往往要考虑辅助升温设备，因为单靠煤炉升温，要达到所需的温度，需消耗较多的煤炭。另外，在早春很难达到理想的温度。在具体应用中，用煤炉将温度升高到15℃以上，再考虑使用电热或煤气保温伞以及其他辅助加温设备。这样既节省燃料和能源成本，也能预防煤炉熄灭、温度下降而无法及时补偿的缺陷。

（3）电热或煤气保温伞育雏　保温伞可用铁皮、铝皮、木板或纤维板制成。也可用钢筋和耐火布料制成；热源可用电热丝或电热板，也可用石油液化气燃烧供热。伞内附有乙醚膨胀饼和微动开关或电子继电器与水银导电表组成的控温系统。在使用过程中，可按雏鸡不同周龄对温度需要来调整调节器的旋钮。保温伞的优点是可以人工控制和调节温度，升温较快而平衡，室内清洁，管理较为方便，节省劳力，育雏效果好。问题是要有相当的室温来保证，一般来说，室温应存15℃以上，这样，保温伞才有工作和休息的间隔。如果保温伞一直保持运转状态，会烧坏保温伞，缩短使用寿命。另外，如遇停电，在没有定室温的情况下，温度会急剧下降，影响育雏效果。通常情况下，在中小规模的鸡场中，可采用煤炉维持室温，采用保温伞供给鸡雏所需的温度。炉温高时，室温也较高，保温伞可停止工作；炉温低时，室温相对降低，保温伞自动开启。这样，在整个育雏过程中不会因温差过高或过低而影响雏鸡健康。同时，也可以获得较理想的饲料报酬。

（4）电热板或电热毯育雏　电热板或电热毯育雏的原理是利用电热加温，小鸡直接在电热板或电热毯上取得热量。电热板和电热毯配有电子控温系统以调节温度。

（5）红外线灯育雏　红外线灯育雏是指用红外线灯发出的热量育雏。市售的红外线灯为250瓦。红外线灯一般悬挂在离地面35～40厘米的高度。在使用中，红外线灯的高度应根据具体情况来调节。雏鸡可自由选择离灯较远处或较近处活动。红外线灯育雏的优

点是温度均匀，室内清洁。但是，红外线灯一般也只作辅助加温，不能单独使用。否则，灯泡易损，耗电量也大，热效果不如保温伞好，成本也较大。一盏红外线灯使用 24 小时耗电 6 度，费用昂贵，停电时温度下降快。

（6）远红外线板育雏　远红外线板育雏是指采用远红外线板散发的热量来育雏。根据育雏室面积大小和育雏温度的需要，选择不同规格的远红外线板，安装自动控温装置进行保温育雏。使用时，一般悬挂在离地面 1 米左右的高度；也可直立地面，但四周需用隔网隔开，避免小鸡直接接触而烫伤。每块 1000 瓦的远红外线板的保暖空间可达 10.9 立方米。其热效果和用电成本优于红外线灯，并且具有其他电热育雏设备共同的优点。

（7）地下暖管升温育雏　地下暖管升温育雏的方法是在鸡舍建筑时，于育雏室地面下埋入循环管道，管道上铺盖导热材料，管道的循环长度和管道间隔可根据需要进行设计，用暖气、地热资源或工业废热水循环散热加温。这种方法的优点是：热量散发均匀，地面和垫料干燥，几乎所有的雏鸡都有舒适的生活环境，可获得比较理想的育雏效果。如果利用工业废水循环加热，则可节省能源和育雏成本，比较适用于工矿企业的鸡场。

2. 网上育雏

网上育雏是把雏鸡饲养在网床上。网床由网架、网底及四周的围网组成（彩图 20），床架可就地取材，用水、铁、竹等均可。底网和围网可用网眼大小不超过 1.2 厘米见方的铁丝网、特制的塑料网。网床大小可根据房屋面积及床位安排来决定，一般长 200 厘米、宽 10 厘米、高 100 厘米、底网离地面或炕面 50 厘米，每床可养雏鸡 50～80 只。加温方法可采用煤炉、热气管或地下烟道等方法。网上育雏的优点是可节省大量垫料，鸡粪落入网下，可全部收集和利用，增加效益。此外，由于雏鸡不接触鸡粪和地面，环境卫生能得到较好的改善，减少了球虫病及其他疾病传播的机会。还由于雏鸡不直接触地面的寒气、湿气，降低了发病率，育雏成活率较高。但要注意日粮中营养物质的平衡，满足雏鸡对各种营养物质的需要，达到既节省成本，又提高育雏效果的目的。

3. 立体笼养

立体笼养指在特制的笼中养育雏鸡。育雏笼由笼架、笼体、食槽和承粪盘（板）组成（彩图21）。一般笼架长2米、高1.5米、宽0.5米；离地面30厘米；每层为40厘米，共分3层；每层4笼，每架12笼；在上、下笼之间留有10厘米的空间，以放入承粪盘（或承粪板）。承粪盘（板）可以是固定的，用刮粪板刮粪；也可以是活动的，可每天或隔天定期调换清粪，实际使用以活动的较好。每个笼子制成长50厘米、宽50厘米、高30厘米的规格，笼四周用铁丝、竹条或木条制成栅栏，食槽和饮水器可排列在栅栏外，雏鸡隔着栅栏将头伸出吃食、饮水。笼底可用铁丝制成不超过1.2厘米大小的网眼，使鸡粪掉入承粪盘。采用热水或暖气管加热，也可用地下烟道升温加热或室内煤炉加温，还可采用电热加温方法。上述加热方法中，以地下烟道加热的方法为优，主要可使上、下层鸡笼的温差缩小。笼育方式的优点在于能经济利用鸡舍的单位面积，节省垫料和热能，降低成本，提高劳动年产率，还可有效控制球虫病的发生和蔓延。

目前，塑料育雏笼或机械化生产的定型育雏笼产品购买方便，育雏时需要注意的是栅栏间隔较大，幼雏易跑出笼外，因此育雏前需用铁丝或其他材料加密，待其2周龄左右时再拆去。

四、育雏季节的选择

在人工完全控制鸡舍环境的条件下，全年各季都可育雏，但开放式鸡舍，由于人工不能完全控制环境，则应选择合适的育雏季节。季节不同，雏鸡所处环境不一样，对其生长发育和成年鸡的产蛋性能均有影响。土鸡育雏季节如何选择？

育雏可分为春雏（3～5月）、夏雏（6～8月）、秋雏（9～11月）和冬雏（12月至翌年2月）。土鸡育雏以春季育雏效果最好，秋冬育雏次之，盛夏育雏效果最差。

春季气温逐渐转暖，白天渐长，空气干燥，疾病容易控制，因

此春雏生长发育快，体质结实，成活率高，而且育成期正处于夏秋季节，在室外有充分活动和采食青饲料的机会。待9～10月开始产蛋，第1年产蛋期长，产蛋多，蛋大，种蛋合格率高。夏季育雏，虽然可充分利用自然温度和丰盛的饲料条件，但气温高，雨水多，湿度大，如果饲养管理稍差，则雏鸡就会表现食欲不佳，易患白痢、球虫病等，发育受阻，成活率低。育成期天气变寒，舍外运动机会少，当年不易开产，第1年产蛋期短，产蛋量少。

五、育雏的准备

进土鸡苗前充分的准备工作是进苗、管好鸡群、养出好鸡的前提，在进鸡苗之前，需认真做好准备工作。

1. 育雏前的准备工作要点

（1）一定坚信“只有好环境，才能养好鸡”

① 按要求建好标准化鸡舍。

② 彻底清理干净舍内外杂物、杂草，疏通周围排水沟。

③ 大力改造鸡舍通风性能（夏秋季）。

④ 大力改造鸡舍保温性能（冬春季）。

（2）进鸡前3天的准备工作

① 对所有场地、育雏舍内外环境、育雏笼育雏器具、饲喂器具等进行清洗、消毒。

② 购进所有育雏环节中所需的物品，如药品、料桶、水桶、水瓢（塑料制品）、垫料等，并对相关器具（如料桶、水桶等）进行彻底消毒。

③ 有计划地购进育雏环节所用饲料，注意做好防雨、防潮、防鼠工作。

④ 购进适量葡萄糖、食盐，以1000只鸡为例，需葡萄糖500克、食盐100克，初饮对水10千克。

（3）进鸡前2天的准备工作

① 育雏舍内环境再次消毒。

② 所需育雏物品器具进行清洗、消毒，并全部搬进育雏舍。

③ 彻底清理育雏舍2米范围内的所有无关物品和动物（尤其是鸡、鸭、鹅等家禽）。

（4）进鸡前24小时的工作

① 进行升温调试（以距垫料表面20厘米测得的温度为准），达到舍内环境32℃（夏天）、34℃（冬天），检查通风、透气和保温设备是否完好、达标。

② 提前10小时升温，并保持舍内温度达32℃（夏天）或34℃（冬天），准备足够开水，进鸡后，水温达16℃左右，供鸡苗饮用。

③ 闲置育雏舍，一切准备工作就绪。

④ 检查升温设备是否妥当、安全，必须保证所有升温设备没有煤气泄露的可能性，准备煤气泄露的应急物资。

2. 育雏物品准备

（1）饲料　育雏可用全价配合饲料或自配雏鸡饲料。柴鸡0～6周龄累计饲料消耗为每只750～800克。全价配合饲料市场价为0.79～0.85元/500克。自配饲料应注意选择无污染、无变质的原料，且要求搅拌均匀、颗粒大小合适、适口性好。配一次饲料饲喂时间不能过长，1周内吃完为宜。

（2）疫苗　土鸡育雏期所用疫苗主要有马立克病疫苗、新城疫疫苗、传染性法氏囊病疫苗、传染性支气管炎疫苗和鸡痘疫苗等。疫苗费用包括马立克病疫苗在内每只雏鸡为0.16～0.18元，如不包括马立克病疫苗则费用为0.06～0.08元。所用疫苗应根据本地疾病的流行情况制定的免疫程序而定。

（3）药品　育雏期常用的消毒药品有苯扎溴铵、百毒杀等，防治药品有庆大霉素、氟哌酸、土霉素纯粉、电解多维、葡萄糖等。柴鸡育雏期药品费用为每只雏鸡0.03～0.04元。

（4）雏鸡费用　以河北柴鸡为例，公母混合雏每只0.95～1元，鉴别后的母雏每只2～2.1元，鉴别后的公雏每只0.3～0.4元，以上全部是打过马立克病疫苗后的价格。如果购买种蛋后，联系孵化厂代为孵化，每枚种蛋0.6元左右，加工费每枚0.15元，

鉴别费每只 0.03 元，按鉴别出的母雏算，打马立克病疫苗每只约 0.1 元。

（5）其他物品　育雏笼 28 元/个，鸡笼规格可根据需要定做。一般高 24 厘米、宽 45 厘米、长 100 厘米，每个笼子在育雏初期可放 45 只雏鸡。到育雏结束时，每个笼子不能多于 25 只。育雏笼数量根据育雏量的多少而定。此外，需要台秤（30 元/个）、喷雾器（50 元/个）、连续注射器（55 元/个）、推粪车（100 元/个）、断喙器（300 元/个），以上物品一般为每样一个。其他需要准备的物品有温度计、刺种针、滴瓶、承粪板、报纸、开食用塑料布（35 厘米×60 厘米）水槽、料槽、水桶、记录本等。水电费每只雏鸡 0.02～0.03 元，供暖费如用煤每只雏鸡 0.12 元，如用干柴可降低费用 60%。另外早春育雏费用高，晚春费用低。

3. 育雏舍的整理、消毒和试温

每批土鸡进雏前都要对育雏舍进行整理、消毒和试温。首先要将育雏舍内粪渣、灰尘等清理干净，地面用 2%火碱泼洒。所有用具（如料槽、水槽、鸡笼等）都应清洗干净，并将其摆放到位。然后检修水、电、通风设备，做到育雏舍干净、密闭、保温且能正常通风换气。进雏前 1 周对育雏舍及设备进行熏蒸消毒。熏蒸时视育雏舍育雏年限及污染程度可采用高锰酸钾 14 克/米^3，加福尔马林 28 毫升/米^3，或用高锰酸钾 21 克/米^3，加福尔马林 42 毫升/米^3 放入陶瓷盆中，密闭熏蒸 48 小时后，打开门窗通风 3～5 天。注意熏蒸时先放高锰酸钾后倒入福尔马林，熏蒸过程从育雏舍内向外逐步进行。育雏舍试温应在进雏前 2～3 天。如采用锯末炉或点燃火道的方式加温，应注意检查是否漏烟。试温时一定要把育雏舍温度加高到 32～35℃。育雏开始前应在门前消毒池放入药物。

六、育雏的条件

1. 温度

温度是育雏成功的第一关键因素，必须严格而且正确地掌握。雏鸡的温度是否合适由雏鸡的表现和行为可观察出来。

（1）温度正常　雏鸡活泼好动、食欲旺盛、饮水适量、粪便正常、羽毛有光泽、分布均匀、晚上安静、伸颈休息。

（2）温度过高　雏鸡远离热源、两翅张开，伸颈张口呼吸、大量饮水、发出吱吱的叫声。

（3）温度过低　雏鸡扎堆、靠近热源并发出叽叽叫声。

1～3日龄育雏舍温度为32～33℃，4～7日龄为30～32℃，8～10日龄为28～30℃，11～14日龄26～28℃，以后每周下降2～3℃。育雏舍内各部分空间的温度是有差异的，以上温度是指雏鸡活动空间的温度。当外界夜间温度与育雏温度相吻合时即可停止加温，这个过程要逐渐进行，可先白天停后全天停，整个过程在1周时间完成。

（4）温度控制的注意事项

① 平稳降温。每周降温2～3℃，一定要注意平稳降温，每天的温差不要太大，不应超过2℃。

② 温度表校准。温度表使用前要校对准确，挂在与雏鸡背齐的位置上或高于网上5厘米为准，并应在鸡舍内悬挂均匀，远离火炉，以免引起误差。另外，温度表显示的数据应与鸡群状态结合起来。

2. 光照

1～3日龄需要全天光照；4～7日龄每天光照20小时；8～21日龄每天光照16小时，早6点至晚10点开灯，白天如果自然光照较强可减少开灯数量；3周后完全采用自然光照。人工补充时光照强度以每平方米3.5～4瓦为宜，如采用多层笼育，应在下层育雏笼的侧面墙壁上加装灯泡。注意单个灯源瓦数不能过大，以25瓦或40瓦为宜。

3. 通风

通风可将鸡舍内CO、CO_2、NH_3、H_2S等有害气体排出，保持鸡舍内空气新鲜，并可调节舍内温度、湿度，如果通风不良，鸡舍内有害气体聚集，特别是NH_3含量过高时，会诱发呼吸道疾病。

通风前应适当提高舍内温度，以免通风后温度下降。舍内空气对流才能起到通风作用，但要避免冷风直接吹到鸡身上。在保证温度的前提下应每天坚持通风，注意防止煤气中毒。

4. 湿度

7日龄前保证育雏舍内相对湿度为60%～65%，7日龄后育雏舍内相对湿度为50%～55%。

5. 密度

土鸡育雏如采用4层笼育，每笼面积为0.45平方米，开始每个笼子可放45只，先放上面两层笼，下面两层待密度增大时再使用。育雏结束时每笼不能超过25只。如采用地面垫料育雏每群以250～300只为宜，开始时可用木板将雏鸡隔成小群，防止挤压，避免发生啄癖。育雏开始时育雏密度为每平方米40只，到育雏结束减少到每平方米20只。

七、雏鸡的选择和运输

1. 选择土鸡苗场家

购买雏鸡前，应先考察种鸡场种鸡及种蛋情况，最好了解一下上一年从这个种鸡场进雏的养殖户的养殖情况，考察此土鸡品种是否受当地消费市场的欢迎。以河北柴鸡为例，每只种母鸡体重一般应为1.25～1.5千克，羽色为花色、血色、黑色三种，所产蛋重为42～48克/枚，蛋壳颜色为浅粉色，产蛋率保持在50%～60%。种公鸡每只体重2～2.5千克，羽色应为暗红间黄。考察养殖户时也要考察种鸡场信誉程度如何，比如雏鸡质量、鸡群马立克病发病情况及产蛋率等。总之，种禽场要有非常好的地理环境，具备良好的净化和隔离条件和先进的养殖设备和孵化设备，具备先进的经营管理理念和良好的信誉，具备强大的售后服务能力，能解决养殖早期的技术难题。

2. 签订供苗合同

根据养殖需要，结合行情和季节特点，决定进雏的数量和时间，并与相关种禽公司签订单批次的或长期的供货合同。合同内容本着公平、公正、合法的原则，签字盖章以后生效，合同对双方都有法律约束。

3. 把握雏鸡质量

雏鸡出壳时间短，脱水程度轻，比较好养一些。雏鸡卵黄吸收良好，脐部愈合良好，没有“大肚子”现象。鸡苗抓在手里挣扎有力，眼大有神，叫声洪亮。雏鸡品种纯正，毛色均匀一致，把弱、小、大肚子、瘫痪的苗鸡剔除。尽量选用同一批种鸡的后代，母源抗体整齐度好。

4. 适时接雏运雏

初生雏鸡在 36 小时或 48 小时以内，可以利用体内未吸收完的蛋黄，这段时间内可以不饲喂，同时也是运雏的适宜时间。故接雏时间应安排在雏鸡绒毛干燥后的 48 小时以内。冬天以温暖的中午为宜，夏天则宜在早晚进行。

5. 严格产地检疫

一定不要在疫区购鸡苗。在种蛋入孵、出雏后雏鸡鉴别以及注射疫苗时，购鸡户最好在场监督。在鸡苗购进时，要求对方严格履行产地检疫并开具检疫证，确保鸡苗的质量受法律监督和保护，也避免了跨区域运输道路检疫检查所带来的麻烦。

6. 运输工具安全

雏鸡最好选择就近购买，如需远距离购进，最好是让孵化厂或种鸡场送雏，因这些人员比较有经验，运营证件齐全，运输过程中可避免或减少损伤雏鸡。运送鸡苗要用空间大的专车，有特制的货架供鸡苗盒子存放，或选择圆形容器，保暖透气（一般直径 60 厘米、高 15 厘米的篼篓，每个装 100 只雏鸡为宜）。有良好的供暖（空调）和通风系统，密闭良好可以熏蒸消毒，车况良好、证照齐全能确保安全运输，具备防冻、防热、防闷、防颠功能。

7. 掌握装运密度

雏鸡装运密度过稀，既浪费装运容器和增加运输成本，又不能

使雏鸡相互取暖；若密度过稠，又容易造成雏鸡挤压导致死亡。

8. 确定运输路线

在进苗前要事先落实运输路线，选择路况好的路线。避免颠簸和交通阻塞，确保鸡苗最快捷最安全地到达养殖场。

9. 选派专人押车

在接鸡苗时，养殖场要派专人押车，避免路途发生意外，同时也便于跟随鸡苗并进行不定期抽查，确保鸡苗在运输过程中不被颠、不受冻、不受热、不受闷。

10. 到场快速卸车

鸡苗到场后要组织员工迅速卸车，鸡苗进了育雏舍，才算圆满完成接雏工作。

八、雏鸡的饲养管理

1. 育雏期的饲养技术

（1）饮水　雏鸡的第1次饮水称为初饮。初饮最好在出壳后24小时左右，初次饮水最好用凉开水，并加入1%～2%的葡萄糖，适量加入电解多维和抗菌药物（如氧氟沙星、恩诺沙星、培氟沙星、氟苯尼考等）以防止雏鸡白痢、大肠杆菌、支原体等疾病的发生。应在给料前3小时左右提供饮水，水温应在18℃以上，要用新鲜水，第1周最好用凉开水，且开水后不能再断水。有的雏鸡不会饮水，可把鸡嘴按入水中，帮助雏鸡学会喝水。同时也要保证水壶的数量，防止鸡苗脱水。

（2）饲喂　雏鸡第1次吃食称为开食。开食时间以出壳后24～36小时为宜。开食过早，会引起雏鸡消化不良；开食过晚，会消耗雏鸡体力，另外雏鸡因饥饿吃得多且猛，也会造成消化不良，影响生长发育，增加死亡率。开食可用硬纸或浅开食盘，面积应足够大，以便让更多的雏鸡采食。应勤喂少喂，一般在1周后逐渐撤掉浅开食盘，换成料槽（料桶），任其自由采食。以河北柴鸡为例，可参考以下步骤。

① 雏鸡第1次饲喂应在初次饮水后2～3小时。第1次饲喂时应把饲料洒在开食盘或塑料布上，开食最好安排在白天进行。

② 雏鸡每天饲喂6次，从早晨6点每隔3小时喂1次，如果每天饲喂5次，则从早晨6点每隔4小时喂1次。

③ 1～3日龄，应将1/3半熟小米加2/3配合饲料搓成粒状饲喂，每次每百只雏鸡还要加喂1个蛋黄。

④ 每次饲喂50分钟后，去掉塑料布并洗净晾干。

⑤ 4～7日龄，应将1/4半熟小米加3/4配合饲料拌匀后饲喂，不加蛋黄。7日龄后用饲喂全价配合料。

⑥ 7日龄前为预防白痢病可在饲料中添加0.2%土霉素纯粉和0.04%的呋喃唑酮。

⑦ 11～12日龄雏鸡断喙前后各2天，可将饲料中维生素加倍，另外添加维生素K，每100千克饲料中加200克，这样利于止血，防止热应激。

⑧ 笼育柴鸡40日龄左右，地面垫料育雏20～25日龄时，在饲料中添加预防球虫病的药物（如克球粉、马杜拉霉素等），喂药3天后停3天，然后再喂3天，几种药物应交替拌料使用。

（3）断喙　为防止啄癖发生，减少死亡率，最好在10日龄左右断喙，如雏鸡个体小可向后推迟1～2日。如果饲养量少可不断喙，比如200～300只，但大规模养殖一定要断喙。如不能在此期间进行也可在2～3周龄断喙（断喙也可不做，由用户自行选择，商品土公鸡不做为好）。

断喙的方法：左手抓住鸡的腿部，右手拿鸡，将右手拇指放在鸡头顶上，食指放在咽下，稍微用力使鸡舌后缩，在断喙器上垂直切断上喙的1/2、下喙的1/3，然后烧灼2秒钟，以防止流血。育成结束后，喙基本长齐为准，如喙不全则会影响最后淘汰鸡价格。断喙的前后各一天应在饲料、水中加入维生素K_3（饲料中加入2毫克/千克或在水中加入1毫克/千克），以减少出血。

（4）卫生

① 每天刷洗水槽、料槽，注意在饮水免疫的当天水槽不要用

消毒药水刷洗。及时打扫育雏舍卫生。

② 每天定时通风换气。

③ 工作服及器具每天清洗干净后，用紫外线灯照射 2 小时消毒。

④ 定期更换出入口处消毒池消毒药物。

⑤ 育雏舍要定期带鸡喷雾消毒，周边环境也要定期喷雾消毒，避开免疫时间。

（5）其他　另外，还要注意定期为雏鸡称重并做好各次记录，适时分群，给雏鸡创造一个安静适宜的生长环境。

2. 育雏期的管理技术

（1）全进全出　现代肉鸡生产几乎都采用“全进全出”的饲养制度。所谓“全进全出”制度是指同一栋鸡舍在同一时间里只饲养同一日龄的鸡，又在同一天出栏。这种饲养制度简单易行，优点很多：在饲养期内管理方便，易于控制适当的温度，便于机械作业；出场以后便于彻底打扫、清洗、消毒，切断病源的循环感染。熏蒸消毒后密闭 1 周，再养下一批雏鸡，这样又能保持鸡舍卫生与鸡群的健康。这种“全进全出”的饲养制度比在同一栋鸡舍里几种不同日龄的鸡同时存在的连续生产制度增重快、用料少、死亡率低。

（2）公、母鸡分群　根据公、母雏鸡的不同生理特点，随着自别雌雄商品鸡种的培育和初生雏鸡雌雄鉴别技术的提高，近年来许多优质商品土鸡的生产者采用公、母鸡分群的饲养制度。

① 公、母鸡分群饲养的优越性。公、母鸡分群后，同一群体中个体间的差异较小，均匀度提高，便于机械化屠宰加工，可提高产品的规模化水平。由于公、母鸡在生长速度和饲料转化率方面的差异，可确定不同的上市日龄，以适应不同的市场需求。如母鸡作快餐炸鸡用，公鸡作分割加工，这样既可以提高生产效率，也可使产品更规模化。另外，公、母鸡分群饲养比混养时的增重快；分群饲养比混群饲养节省饲料，每千克体重耗料可减少 1.5%左右。

② 公、母鸡分群饲养的科学依据。公、母雏鸡性别不同，其生理基础有所不同，因而对生活环境、营养条件的要求和反应也不

同。主要表现为生长速度不同，公鸡生长快，母鸡生长慢，6周龄时公鸡体重比母鸡体重重20%；沉积脂肪的能力不同，母鸡比公鸡沉积脂肪的能力强得多，反映出对饲料要求不同；羽毛生长速度不同，公鸡长羽慢，母鸡长羽快；表现出胸囊肿的严重程度不同；对温度的要求也不同。

③ 公、母鸡分群后的饲养管理措施。

a. 按经济效益分期出场。根据优质商品土鸡的生长发育规律，一般公鸡最佳出场日龄为90天左右，母鸡为120天左右。

b. 按公、母鸡调整日粮营养水平。公鸡能更有效地利用高蛋白质日粮。饲喂高蛋白质饲料能加快公鸡的生长速度，而且在体内主要是增加蛋白质。公鸡前期日粮可以把蛋白质水平提高到22%。母鸡不能有效地利用高蛋白质饲料，而且多余的蛋白质在体内转化为能量，沉积脂肪，很不经济。在饲料中添加人工生产的赖氨酸后公鸡反应迅速，生长速度和饲料报酬都有明显提高，而母鸡反应很慢。饲喂金霉素可提高母鸡的饲料效率，而对公鸡无效。

c. 按公、母鸡提供适宜的环境条件。公鸡羽毛生长慢、体形大、腹部囊肿比母鸡严重，应提供松软的垫料，并增加垫料厚度，加强垫料管理。公鸡前期长羽速度慢，要求室温稍高些，后期公鸡比母鸡怕热，室温以低些为宜。

d. 分群饲养要注意防疫卫生，防止意外事故。要彻底搞好鸡舍及舍内设备消毒；厚垫料饲养应特别重视对厚垫料的管理，不能忽视鸡只一直生活在垫料上这一基本情况；注意观察接种疫苗的实际效果，免疫后最好进行血清检测，以证明免疫的实际效果；重视舍外环境消毒。

（3）优选、淘汰　为了保持鸡群整齐度，生产出优质产品，提高经济效益，必须对鸡群实行优选。淘汰时应注意以下5点。

① 死亡率高度集中期间每天进行淘汰。

② 前3周进行严格淘汰，因为此时淘汰经济损失较小。

③ 对于离群病雏，应经周密检查进一步证实无发展前途后进行淘汰。

④ 雏鸡一旦出现跗关节扭曲或瘫痪，就将其淘汰，避免消耗大量饲料，因为这些鸡通常发展成囊肿，胴体几乎降低两个等级。

⑤ 患有慢性病的鸡是传染的根源，它影响其他鸡体的健康，必须淘汰。对于并不离群独居的慢性病鸡，应进一步检查，这些鸡通过与其他健康鸡比较，表现为抑郁、嗜睡等症状，以及脚部冰凉、脚和喙缺少色素、眼睛迟钝、冠髯苍白等。

（4）调控温度　雏鸡个体小，绒毛稀，特别是刚出壳的雏鸡，周身毛孔还张开着，不能适应天气的变化。温度过低，雏鸡容易发生打堆，着凉腹泻；温度过高，容易引起食欲下降或引发呼吸器官疾病。因此，要按适当的温度标准，随时调节温度，以维持雏鸡正常生长发育所需的温度。如果限于条件，达不到育雏所需温度时，略低于1～2℃也不要紧，但必须做到温度恒定，切忌温度忽高忽低，因为在忽冷忽热的育雏环境中，雏鸡最容易发生疾病，造成死亡。管理雏鸡第1周是关键时期，尤其前3天最为重要。必须昼夜有人值班，细心照料。切不可麻痹大意，造成不可挽回的经济损失。

九、育雏早期鸡致死原因分析

在养鸡过程中，雏鸡的早期死亡占有较大的比例。根据临床调查结果来看，死亡的原因主要有先天因素和后天因素，前者约占雏鸡死亡总数的35%，后者约占雏鸡死亡总数的65%。

1. 先天因素

（1）种蛋来自患有白痢、支原体、马立克病等可经蛋传播疾病的种鸡群　入孵前种蛋未消毒或消毒不彻底，在孵化过程中胚胎由此染病，导致孵出的雏鸡患病致死。

（2）孵化用具不清洁粘有病菌　孵化时病菌侵入鸡胚，使鸡胚发育不正常，出雏后脐部会发炎形成脐炎，这是导致雏鸡死亡率很高的原因之一。

（3）孵化过程中的原因　由于对孵化知识掌握得不全面，在孵化过程中对温度、湿度及翻蛋、晾蛋等操作方面不当，造成雏鸡发育不全，由此导致雏鸡早期死亡。

2. 后天因素

（1）低温　鸡是恒温动物，在一定范围内的温度条件下，能保持体温相对恒定。但在生产实践中，由于低温而导致雏鸡死亡的比例很大，尤其在出雏第3天死亡会达到高峰。造成低温的原因是由于鸡舍保温性能差，外界气温过低，加温条件弱（如停电、停火等），育雏室内有穿堂风或有贼风。如低温时间过长，就可引起雏鸡大批死亡。经过低温环境未死的雏鸡，极易患上各种疾病和传染病，其结果对雏鸡危害极大。

（2）高温

① 外界气温过高，鸡舍内湿度大，通风性能差，雏鸡密度大。

② 舍内加温过度，或热量分布不均。

③ 管理人员粗心造成室内温度失控等。

高温使雏鸡体热和水分的散发受阻，体热平衡紊乱。短时间的高温，雏鸡有一定的适应和调节能力，若时间过长，雏鸡就会死亡。

（3）湿度　通常状态下，相对湿度的要求不像温度那样严格，如在湿度严重不足、环境干燥、雏鸡又不能及时饮水时，雏鸡可能会脱水。在农村因有鸡雏喝水会腹泻的说法，有些养殖户只喂给市售的配合雏鸡料，不供给足量的饮水，从而导致鸡雏因缺水而死亡。有时因长时间饮水不足，突然供给饮水，雏鸡争饮，造成雏鸡头部、颈部及全身羽毛湿透，短时间干燥不了易引发疾病而死亡。湿度过高或过低都对雏鸡生存不利，适宜的相对湿度应在60％～75％。

（4）饥饿　有多种因素影响雏鸡采食和食欲，造成雏鸡饥饿死亡。如育雏室过冷、过热、湿度过大、通风不良、噪声、光照不足、雏鸡密度过大等不良因素，料盘、水盘数量不够或放置不当，饲料或饮水品质不良，或有疾病感染等，都会导致雏鸡因饥饿而死亡。

（5）其他原因导致的死亡　如兽害、鼠害、啄癖、药害等人为因素。

第二节　育成期土鸡的饲养管理技术

一、育成期土鸡的培育目标

育成鸡的培育目标是通过对雏鸡育成期精心的饲养管理，培育出个体质量和群体质量都优良的育成新母鸡。具体标准如下。

1. 体重

体重的增长符合标准，具有强健的体质，能适时开产，并具备维持持续高产的体力。体重均匀，要求75%以上的鸡体重在平均体重的0.9～1.1倍的范围。

2. 骨骼

骨骼发育良好，骨骼发育应该和体重增长相一致。

3. 抗病力

具有较强的抗病能力，产前做好各种免疫，保证鸡群能安全渡过产蛋期。

二、育成期土鸡的生理特点

1. 适应气候能力强

育成期仍处于生长迅速、发育旺盛的时期，机体各系统的功能基本发育健全；羽毛已经丰满，换羽已经长出成羽，具备了体温自体调节能力，对外界适应能力强。

2. 消化能力增强，骨骼发育快

育成鸡消化能力日趋健全，食欲旺盛；钙、磷的吸收能力不断提高，骨骼发育处于旺盛时期，此时肌肉发育最快；脂肪的沉积能力随着日龄的增长而增大，必须密切注意观察，否则鸡体过肥，对以后的产蛋量和蛋壳质量有极大的影响；体重的增长随日龄的增加

而逐渐下降，但育成期仍然增重幅度最大。

3. 性器官发育迅速

小母鸡从第11周龄起，卵巢滤泡逐渐积累营养物质，滤泡渐渐增大；18周龄以后性器官发育更为迅速。由于12周龄以后性器官发育很快，对光照时间长短的反应非常敏感，不限制光照，将会出现过早产蛋等情况。

三、育成期土鸡的饲养方式

土鸡育成期可采用平养、笼养，也可采用放牧饲养。不同饲养方式各有所长、各有所短，可根据自身的条件进行选择。

四、育成期土鸡的饲养管理

1. 育成期土鸡的饲养管理重点

（1）育成前期　育成前期是骨骼、肌肉、内脏生长的关键时期，一定要抓住营养和其他各方面的管理，使鸡群的体重和骨骼都能按标准增长。前期的体重决定鸡成年后骨骼和体形的大小，鸡在11～12周时就完成了骨骼生长的95%。

（2）育成后期　育成后期是腹腔脂肪增长的重要时期，这期间腹脂增长了9.5倍。由于体内脂肪沉积与生产性能成负相关，所以在育成后期，饲料中的能量不应过高，冬季鸡群食欲好时，要注意适当控制喂料量，避免沉积过多脂肪而影响生产性能发挥。

（3）生殖系统发育期　生殖系统从12周龄开始缓慢发育，18周龄时则开始迅速发育。为满足这种生长需要，就应注意适时供给营养平衡的蛋白质，让小母鸡的卵巢能顺利发育，适时开产。对发育后期在夏季的鸡群特别需要注意，因为夏季耗料少，体重增长和卵巢发育受影响，而使小母鸡开产推迟。从12周龄开始，维护生殖系统的发育至关重要；应定期在饲料或饮水中添加“乐多仙”以及“多维素”或“生长快乐”，能有效保护卵巢和发育中的输卵管，减少新城疫、沙门菌等病原对鸡的侵袭。

2. 育成期土鸡的光照程序

第 1～3 日龄时每天光照 24 小时，由于新生幼雏视力弱，采食能力差，消化功能及体温的调节功能不全，为促进雏鸡的采食量、饮水量，所以光照时间要长，光照强度要大。第 4～14 天时每天减少 1 小时光照时间。第 3 周开始每天减少半小时光照时间，直到自然光照。10 周龄前为幼雏阶段，光照的长短对鸡群的性成熟无影响。第 10～18 周龄是鸡群光照管理的关键期，光照时间的延长或缩短，都会影响鸡群的性成熟，所以育成期光照应保持恒定。

（1）育成期的光照原则　光照时间维持恒定或逐渐减少，不能增加，光照时间最长不应超过 10 小时。

（2）育成期光照对土鸡的影响

① 光照时间长，鸡群采食量增加，身体发育快，体成熟快，能形成较好的体质。

② 影响鸡的卵巢发育而影响鸡的性成熟。不合理的光照（如光照时间过长或光照时间逐渐增加）会导致鸡群成熟过早；而此时鸡的卵巢发育尚未成熟（相对于体重），从而引起产蛋推迟，浪费饲料导致成本上升；鸡群性成熟而身体发育未成熟，鸡群体重达不到开产标准，会导致未到预产期提早产蛋，蛋的重量轻，产小蛋的时间长，脱肛、输卵管炎症严重。鸡群达到开产体重时，方可增加光照时间，不能过早加光；过早则极易导致产蛋率低、产蛋高峰维持时间短、蛋重小。

（3）光照的注意事项

① 从育雏到蛋鸡淘汰全过程的光照制度要认真执行，不能随意改变光照时间。

② 增加光照时一次不能超过 1 小时，否则容易发生脱肛。

③ 开放式鸡舍需人工补充光照时间，将人工补充的时间分早、晚各补充一半为宜。

④ 光照时间的控制多采用自控灯装置计时器，也可人工定时开关灯；光照强度的控制一般采用调压变压器，也可通过更换灯泡瓦数大小简单控制。

⑤ 灯泡高度距地面 2 米以上，以防人员碰到；一般要求带反光罩。

⑥ 光照制度和饲养制度结合起来，效果更好，如育雏期减少光照和限制饲养结合起来控制体重和性成熟；产蛋初期增加光照和提高营养水平结合起来以提高产蛋量等。

⑦ 开始增加光照时间要根据鸡群平均体重和这个品种开产时的标准体重比较结果而定。

⑧ 鸡群未达到适宜体重之前不应使用光照刺激。若对轻于体重标准的鸡群进行光刺激产蛋，则将生产小于正常个头的蛋，并使高峰期产蛋减少或过高峰期产蛋下降。

3. 土鸡育成期放养的饲养管理

（1）加强鸡只管理　雏鸡脱温后，要及时转入成年鸡舍，并设立栖架，让鸡只逐渐习惯在栖架上过夜和休息。要保持环境安静，尽量减少干扰，防止惊群。

（2）搞好转群管理　雏鸡一般在 6 周龄时就应及时转入育成鸡舍，转群时要设法减少应激。

① 转群前做好充分的准备。转群前 1 周，对新鸡舍及其设备要进行全面检查和维修，彻底清洗消毒，调整饲槽、水槽的位置和高度，备足饲料和饮水。等待转群的鸡只，在原舍内先带鸡消毒；转群前 3 天，在饲料中添加多维素，同时饮用电解质溶液；转群前 4～6 小时，对鸡群停料；如果转群距离较远，还要备好运输工具，并提前进行彻底消毒。从育雏舍转到育成舍，尽量缩小两舍间的温差，尤其冬季或早春应在育成舍内备好取暖设备，并提前预温，使舍内温度不低于 15℃。

② 科学进行转群。为降低转群带来的环境应激，要科学选择转群时间。一般夏天转群要选择凉快的晚上或清晨，冬季转群要选择晴天暖和的中午，春、秋季节要尽量避开雨天。为使鸡只有足够的时间采食和饮水，转群当天要给予 24 小时光照。为了防止转群人员带来交叉感染，参与这项工作的人员最好分成抓鸡组、运鸡组和接鸡组。抓鸡时要轻拿轻放，不抓鸡只颈部、尾部，专抓鸡腿。

转群时要特别注意不能与断喙、免疫同时进行，防止加剧应激反应而发生疾病。

③ 及时清理鸡群。要结合转群工作，进行鸡群调整。把体重相近的鸡只放在 1 个笼子里，把强壮、胆大、性情暴烈、体质相似的鸡组成一群放养；把弱小、胆小、性情温顺的鸡组成一群放养；坚决把跛腿鸡、瞎眼鸡、病弱鸡、残次鸡、体重过大或过小鸡只淘汰掉。最后，要清点鸡只总数量。转群后 3 天内，饲料中应加喂多维素 1～2 倍量，或同时饮用电解多维，减少应激。

④ 驱虫。一般放牧 20～30 天后就要进行第 1 次驱虫，可选用伊维菌素、左旋咪或丙硫苯咪等药物，20～30 天后再进行第 2 次驱虫。驱虫时要及时检查鸡粪，看是否有虫体排出，并把鸡粪集中清扫、堆积发酵，以防鸡只啄食虫体。如发现鸡粪里有成虫，次日晚上可以用同等药量再驱虫 1 次。

⑤ 严防中毒。果园内放养时，喷过杀虫药和施过化肥的，需间隔 7 天以上才可放养，雨天可间隔 5 天左右。刚放养时最好用尼龙网或竹篱笆圈定放养范围，以防鸡到处乱窜而采食到喷过杀虫药的果叶和被污染的青草等。鸡场应常备解磷定、阿托品等解毒药物，以防不测。

第三节　产蛋期土鸡的饲养管理技术

一、土鸡产蛋规律

土鸡开产后产蛋率和蛋重变化有一定规律性，饲养管理中应注意观察这一规律，采取相应措施，提高产蛋量和蛋的品质。

1. 始产期

在农村散养时，由于营养水平低，土鸡开产日龄较晚。在规模化饲养，使用全价料和人工料的情况下，土鸡一般在 22～23 周龄达到 5%的产蛋率，到 28 周龄产蛋率达 50%，我们把 22～28 周龄（产蛋率 5%～50%）这一时期称为始产期，此期产蛋规律性不强，蛋重小，畸形蛋密度大。

2. 主产期

从28周龄起产蛋率稳步上升，在31～33周龄可达80%的产蛋率，2～3个月后产蛋率慢慢下降，在55周龄时下降到60%左右，在28～55周龄这一阶段称为主产期。

3. 终产期

55周龄以后，随着产蛋率下降，蛋重逐渐增加，到68周龄，产蛋率下降到45%～50%，一个产蛋年结束，这时母鸡就可淘汰了，不必强制换羽留作第二个产蛋年用，以提高经济效益。

二、产蛋期土鸡的饲养方式

1. 地面平养

这种饲养方式采用开放式鸡舍结构，分舍内垫料地面和舍外运动场两部分。其中，运动场面积是舍内地面的1～15倍。公、母鸡混群饲养，自然交配，公、母鸡配比为1∶(10～15)，舍内饲养密度5只/米^2。运动场设沙浴池，放置饲槽、饮水器，四周设围网。舍内四周按每5只鸡设一产蛋箱，还要设置栖架，夜间休息时，避免在地面上过夜而受到老鼠的侵袭。另外，舍内也设置饲槽（料桶）和饮水器。地面平养适合土鸡的生活习性，可适当补充青绿饲料，种蛋受精率可达90%以上，省去人工授精的麻烦。农村小规模饲养可采用这种方法。

2. 立体笼养

公、母鸡均置于笼中饲养，采用人工授精方法进行繁殖。立体笼养采用蛋鸡即可。母鸡采用三层阶梯式鸡笼，公鸡采用两层笼。立体笼养的优点是饲养密度大，便于观察土鸡苗群的健康状况和产蛋情况，能及时淘汰病鸡和低产鸡，适合大规模鸡场和饲养户采用。另外，立体笼养时种蛋收集方便，不易破损和受到粪便、垫料污染。立体笼养要注意饲料的全价性，特别是维生素和矿物质的供给。

三、土鸡产蛋期的饲养管理要点

1. 产蛋前期的管理目标

（1）管理目标

① 让鸡群顺利开产。

② 让鸡群迅速地进入产蛋高峰期。

③ 减少各种应激，尽可能地避免意外事件的发生。

④ 增强鸡群抗病能力。

青年鸡到 19 周，每周增加 0.5 小时光照，直到每天 16 小时恒定光照，千万不可随意增加和减少光照，否则影响土鸡的产蛋量。

（2）管理要点

① 给予鸡群一个安宁稳定的生活环境。开产是小母鸡一生中的重大转折，是一个很大的应激。临产前三四天内，小母鸡的采食量一般都下降 15%～20%，开产本身会造成母鸡心理上的很大应激；整个产蛋前期是小母鸡一生中机体负担最重的时期。在这段时期内，小母鸡的生殖系统迅速地发育成熟，青春期的体重仍需不断增长，大致要增重 400～500 克。蛋重逐渐增大，产蛋率迅速上升，这些对小母鸡来讲，在生理上是一个巨大的应激。以上情况造成的心理上和生理上的巨大应激，消耗母鸡的大部分体力，使母鸡在适应环境和抵抗疾病方面的能力相对下降。所以必须尽可能地减少外界对鸡的干扰，减少各种应激，为鸡群提供良好的生活环境。

② 满足鸡的营养需要。青年鸡自身的体重、产蛋率和蛋重的增长趋势，使产蛋前期成了青年母鸡一生中机体负担最重的时期，这期间青年母鸡的采食量从 75 克逐渐增长到 100 克左右，由于种种原因，很可能造成营养的吸收不能满足机体的需要。为使小母鸡能顺利进入产蛋高峰期，并能维持较长久的高产，减少高峰期可能发生的营养上的负平衡对生产的影响，从 18 周龄开始应该给予高营养水平的产前料或直接使用高峰期饲料，让小母鸡产前在体内储备充足的营养。临产前，小母鸡即使体重略高于标准也是有益的，这对于高峰期在夏季的鸡群尤其重要。

小母鸡在 18 周龄左右，生殖系统迅速发育，在生殖激素的刺激下，骨腔中开始形成骨髓，骨髓约占性成熟小母鸡全部骨骼重量的72%，是一种供母鸡产蛋时调用的钙源。从18周龄开始，及时增加饲料中钙的含量，促进母鸡骨髓的形成，有利于母鸡顺利开产，避免在高峰期出现瘫鸡，减少笼养鸡疲劳症的发生。对产蛋高峰期在夏季的鸡群，更应配制高能高蛋白质水平的饲料，如有条件可在饲料中添加油脂，当气温高至35℃以上时，可添加2%的油脂；气温在30～35℃范围时，可添加1%的油脂。油脂含能量高，极易被鸡消化吸收，并可减少饲料中的粉尘，提高适口性，对于增强鸡的体质、提高产蛋率和蛋重有良好作用。

检查饲料是否满足青年母鸡营养需要。检查营养上是否满足鸡的需要，不能只看产蛋率。青春期的小母鸡，即使采食的营养不足，也会保持其旺盛的繁殖功能，完成其繁衍后代的任务。在这种情况下，小母鸡会消耗自身的营养来维持产蛋，所以蛋重会变得比较小。因此，当营养不能满足需要时，首先表现在蛋重增长缓慢，产小蛋，接着表现在体重增长迟缓或停止增长，甚至体重下降；在体重停止增长或有所下降时，就没有体力来维持长久的高产，所以紧接着产蛋率就会停止上升或开始下降。产蛋率一旦下降，即使采取补救措施也难以恢复了。

2. 产蛋高峰期的管理

本期管理的重点在于尽可能地让鸡维持较长的产蛋高峰。应该注意以下事项。

（1）营养需求　长期的高产是和健康、体力充沛密不可分的，所以在管理上必须以维护鸡群健壮的体质为中心注意在营养上满足鸡的需要，给予优质的蛋鸡高峰料。根据季节变化和鸡群采食量、蛋重、体重以及产蛋率的变化，调整好饲料营养水平。高峰期的鸡群应提供较高的营养水平。正常的饲料可以提供日常的营养需要，但处于应激状态下的鸡群，对营养吸收的能力只有正常时的三分之一，所以要维持和保证鸡群的高峰产蛋率，就需要定期提高鸡群的营养供应和维护生殖系统完整性；“维金100”“金喜维乐”是蛋鸡专用维生素制剂，在应激状态时，提高3倍量饲喂鸡群，能起到最

佳的治疗效果。

（2）注意免疫　高峰期后每隔30～45天，免疫新城疫，最好采用点眼、滴鼻的方式进行，以保证抗体均匀和减少非典型新城疫的发生；具体免疫时间要根据鸡群状况（如鸡群体质、抵抗力、抗体高低、蛋壳颜色变化、炎症反应、厚度变化、鸡冠的颜色变化、生理变化等因素）来定。加强免疫时，Clone30株与Lasota株需交替使用；Clone30株可使群体内抗体不断均匀，Lasota株可提升抗体，交替使用，有助于抗体的提高和均匀化。

3. 如何提高与稳定蛋鸡的产蛋率

（1）产蛋鸡高峰前期主要致病因素　对于蛋鸡个体来说，产蛋对其本身的应激反应是非常大的，这包括开产应激、营养物质供应不足、体内物质的大量流失等因素。

① 开产应激。蛋鸡产蛋伊始，由青年鸡转为产蛋鸡，卵巢和输卵管都处于生长发育阶段，而此时机体内雌性激素分泌还不稳定，生殖系统发育会受到很大的影响；同时，较高的利用频率会引起母鸡不适，抵抗力下降，所以这时期输卵管炎的发生概率非常高。

② 体内物质的流失。母鸡开产后，每天获得的营养，除产下的鸡蛋外，还应保证母鸡自身的营养供应及体重增加。一方面，此时饲料的转换、成分的更改（特别是蛋白质的增加、钙含量的加大）会引起产蛋鸡的应激反应；另一方面，产蛋消耗的营养逐渐加大，所以这时候的营养极易造成缺乏，引起疾病的发生，特别是重要物质（如钙、磷和维生素）容易供应不足或利用不良。

③ 疾病的发生。青年鸡经常发生的疾病（如非典型新城疫、沙门菌感染等），会导致青年鸡发育不良，体成熟较晚。进入产蛋期后，产蛋的应激，营养的消耗，使母鸡的体质容易变差，影响自身的免疫力，这样会导致潜伏于母鸡体内的致病菌暴发和体外疾病的感染率增加；特别像流感、减蛋综合征这些病毒，长期潜伏于母鸡体内，青年鸡不时表现临床症状，而一旦到了产蛋高峰期，母鸡免疫力降低时就会暴发，这也是为什么很多产蛋鸡高峰期容易发病

而导致产蛋率上不去的原因之一。

（2）预防措施

① 开产前期提前转换产蛋高峰期饲料，并适当增加蛋鸡营养（如蛋氨酸、维生素 D_3、钙磷元素或磷酸氢钙等），提高体内各种营养物质的储备。

② 开产前后，定期投喂“卵必舒”“普杆新”等药物，可减少输卵管炎的发生。

③ 高峰期到来前几天，连续投喂一周左右抗病毒或免疫增强类药物，抑制体内病毒繁殖以及增强机体免疫抵抗力，降低疾病的发生率；特别是长效抗病毒药物或补中益气中药，效果会非常好。

④ 高峰期到来时，加强消毒。特别是饮水消毒，可连续饮用“欧福”或“安立消”（每次饮用 12 小时，但最好连用不超过 3 天，过久容易引起肠道内菌群紊乱），对减少病毒感染能起到很大作用。

（3）高峰期新城疫疫苗的使用

① 母鸡在开产前 120 天左右，需注射新城疫Ⅰ系苗和新城疫油苗，Ⅰ系苗的毒力相对Ⅱ系、Ⅲ系、Lasota 株、Clone30 株等较强，生成体液抗体及细胞免疫抗体较高，可抵抗新城疫野毒及强毒的侵袭；新城疫油苗注射后，21 天后可产生较强的体液免疫抗体，抗体维持时间可达半年以上。

② 现实生产中，Ⅰ系苗的抗体效力能维持 2 个月左右，之后新城疫黏膜抗体及循环抗体便会逐渐降低，不能抵抗新城疫强毒以及野毒的侵入，此时若群体内抗体不均匀或低下便会发病。所以，母鸡在高峰期 180 天左右就必须加强免疫来提高新城疫黏膜抗体水平以及循环抗体水平，最晚不能到 200 天。加强免疫可选用新城疫弱毒苗 Clone30 株或 V4S 株、VA/GA 株等毒力较弱且提升、均匀抗体能力强的毒株，既能提升抗体，对鸡群反应又较小。

③ 180～200 天免疫后，每隔一个月或一个半月，可根据鸡群状况做加强免疫，鸡群状况可根据蛋壳颜色、鸡冠变化作出判断。

（4）产蛋高峰期药物预防　生产实践中证明，在各种疫苗免疫比较成功的前提下，如果能很好地控制大肠杆菌、沙门菌、支原体

等细菌性疾病，有利于提高母鸡自身抵抗力，减少 AI、ND、EDS-76 等多种病毒性疾病的发生率；进入高峰期后，药物预防的程序为每 20～25 天 1 次，投喂预防量“立本康”或“优倍康”，每次连用 3 天，以及在饮用新城疫苗前连续投喂 3 天；对减少输卵管炎和病毒性疾病的发生很有作用。

（5）消毒剂使用方法　每 3 天 1 次喷雾消毒，对鸡群体表和鸡笼、粪便等有效部位进行彻底消毒，可在饮用抗生素的同时进行；每 2 周 1 次饮水消毒，每次连饮 1～2 天，对减少饮水和饮水器内病原微生物含量都非常有效，且能清洗饮水器。同时，使用“欧福”或“安立消”饮水，对减少血斑蛋、沙皮蛋的发生，效果很明显，所以喷雾消毒和饮水消毒要轮流有序进行，既能节约成本，又能发挥它应有的功效。

（6）定期驱虫　母鸡在青年期已经驱过两次蛔虫、线虫和多次球虫了，但进入高峰期后，仍应坚持定期驱虫，特别是经过虫卵繁殖迅速季节（夏天）的鸡，除应注意蛔虫、线虫、球虫外，还应注意绦虫的发生。所以，高峰期内，如发现鸡群营养不良或粪便内有白色虫体时，应注意驱虫，可以使用左旋咪唑、吡喹酮、阿维菌素等对产蛋没有影响的药物。近年来，产蛋鸡隐性球虫的发生率有所增加，应注意加强预防。

（7）环境条件特别是光照的刺激对产蛋鸡的影响　母鸡得到的营养全部从饲料中获得，所以饲料全价是保证母鸡产蛋量的重要因素。另外温度、湿度、通风、光照都应该特别注意。母鸡进入产蛋高峰期前后，光照时间就应该从青年鸡的不超过 12 小时逐渐增加，达到高峰期的 16～16.5 小时。光照刺激是母鸡产蛋的决定因素，如光照时间短且暗，那么鸡群是上不了高峰的，但应注意增加光照时间应逐渐进行，不可突然增加，导致鸡群应激反应大，使得脱肛、输卵管炎的发生率增加。

① 温度。鸡群最适宜的产蛋温度为 13～26℃，冬天问题不是十分严重，没有必要增加炉子，但应注意饲料中能量原料的添加，以产生热量。夏天应减少饲料中能量原料的添加，增加饮水中能量

元素及促进饲料转化的物质（如硫酸钠）。在高温条件下，蛋鸡采食量降低，饮水量增加，营养物质摄入不足，导致生产性能下降，饮水中加入0.05%的硫酸钠对提高蛋鸡饲料利用率及产蛋率有显著效果，同时还应做好防暑降温工作。

② 通风。通风不良的鸡群容易造成鸡群氧气供应不足以及有害气体的吸入增加，导致生产性能不高，特别是冬季，有些养殖户害怕贼风进入或病毒入侵，把鸡舍四周全都堵得一孔不留，使得鸡舍内氧气严重不足，甚至引发鸡群得病。

（8）根据鸡冠和蛋壳质量、颜色来判断鸡群的健康与否

① 鸡冠。鸡冠是鸡的第二性征，鸡冠的发育良好与否与鸡群本身健康与否有很大关系；鸡冠正常呈鲜红色，手捏质地饱满且挺直；鸡进入产蛋期后，由于营养物质的流失，特别是高产鸡，鸡冠都不同程度地有些发白和倾斜，这些是营养供应不足的表现；因为鸡冠是鸡的身体外缘，营养不足时它表现得最敏感。如果检查鸡冠，见鸡冠顶端发紫或深蓝色，则见于高热疾病，如ND、AI、鸡霍乱等；如见鸡冠上面有黑色坏死点，除鸡痘和蚊虫叮咬外，应考虑AI、非典型ND或鸡白痢等；如果鸡冠苍白、萎缩或颜色淡黄，手捏质地发软，则常见于AI、非典型ND、减蛋综合征、变异性传支（传支4/91）；如果鸡冠萎缩得特别严重，那么输卵管也会萎缩；如鸡冠表面颜色淡黄且上面挂满石灰样白霜，则见于产蛋鸡白痢、大肠杆菌等细菌性疾病；如鸡冠整个呈蓝紫色，且鸡冠发软，上面布满石灰样白霜，则基本丧失生产性能，属淘汰之列。

② 蛋壳质量和颜色。蛋壳质量也能暗示出许多疾病；血斑蛋或蛋壳上挂有血痕，则为子宫内部有炎症出血点；沙皮蛋多，则表示鸡群患有传染性疾病，如AI、ND、减蛋综合征、鼻炎等导致输卵管炎症或鸡群本身钙元素或维生素A、维生素D摄入不足；软壳蛋、薄壳蛋多同于沙皮蛋，但疾病可能更严重；如蛋壳内部有阴影，似针尖大小黑点，则为感染沙门菌的表现；如褐壳蛋的蛋壳颜色变浅，上覆一层石灰质样物质，表示鸡群新城疫抗体偏低或有输卵管炎发生的可能。

（9）观察鸡群外表，判断鸡群正常与否 正常的高产鸡鸡冠会随产蛋日期增长而微有发白，脸部呈红白色，嘴部变白，脚部逐渐由黄变白；肛门扁圆形湿润，摸裆部有四指或三指，腹部柔软，如出现裆部少于两指的鸡应挑选出来。如产蛋高峰期的鸡，鸡冠、脸鲜红色，鸡冠挺直，羽毛鲜亮，腿部发黄，则为母鸡雄性化的表现，不是高产鸡，应挑选出来后淘汰。如鸡群中有鸡精神沉郁，眼睛似睁似闭，则应挑出，单独饲养。

观察鸡群羽毛发育情况，如果鸡群头顶脱毛，且脚趾开裂，则为缺乏维生素 B_3 的症状；如脚趾开裂且整个腿部跗关节以下鳞片角质化严重，则为锌缺乏症状，应及时补充锌元素。

（10）产蛋正常与否的判定 一般情况下，如鸡群无重大疾病，每天上午要收绝大部分鸡蛋，达 90%以上，下午收 3%～10%。如果发现下午鸡群的产蛋率升高和产蛋增多，则应考虑鸡群是否营养不足或患有疾病；如果发现鸡群产蛋率忽高忽低，也是产蛋要下降的症状，此时应加强营养，控制输卵管炎的发生。

4. 产蛋后期的管理

（1）产蛋后期鸡群的特点

① 鸡群产蛋性能逐渐下降，蛋壳逐渐变薄，破损率逐渐增加。

② 鸡群产蛋所需的营养逐渐减少，多余营养有可能变成脂肪使鸡变肥。

③ 由于产蛋后期抗体水平逐渐下降，对疾病抵抗力也逐渐减弱，并且对各种应激比较敏感。

④ 部分寡产鸡开始换羽。

以上现象出现的早晚与高峰期和高峰期前的管理有直接关系，因此应对日粮中的营养水平加以调整，以适应鸡的营养需求并减少饲料浪费，降低饲料成本。

（2）产蛋后期的营养调整 产蛋后期由于产蛋性能逐渐下降，对蛋白质和能量的需求也随之发生变化，多余的能量和蛋白质有可能变成脂肪沉积于体内，导致鸡变肥。另外，鸡对钙的利用能力也逐渐降低。产蛋后期营养调整的方法如下。

① 降低日粮中的能量和蛋白质水平。

② 增加日粮中的钙含量；每只鸡每天摄取钙量提高到4.0～4.4克。

③ 限制饲料摄取总量。轻型蛋鸡（白壳）产蛋后期一般不必限饲。中型蛋鸡（褐壳）为防止产蛋后期过肥，可进行限饲，但限饲的最大量为采食量的6%～7%。

④ 产蛋后期的限饲要慎重进行。限饲要在充分了解鸡群状况的条件下进行，每四周称一次体重，称重结果与本品种《饲养手册》的标准体重进行对比，体重超重了再进行限饲，直到体重达标。

（3）及时剔除弱鸡、寡产鸡　饲养蛋鸡的目的是为了得到鸡蛋。如果鸡不再产蛋应及时剔除，以减少饲料浪费，降低饲料费用。同时部分寡产鸡是因病休产的，这些病鸡更应及时剔除，以防疾病扩散，一般每2～4周检查淘汰1次。可从以下几个方面挑出病弱鸡、寡产鸡。

① 看羽毛。产蛋鸡羽毛较陈旧，但不蓬乱，病弱鸡羽毛蓬乱，寡产鸡羽毛脱落正在换羽或已提前换完羽。

② 看冠、看肉垂。产蛋鸡冠、肉垂大而红润，病弱鸡的鸡冠则表现为苍白或萎缩，寡产鸡已萎缩。

③ 看粪便。产蛋母鸡排粪多而松散，呈黑褐色，顶部有白色尿酸沉积或呈棕色（由盲肠排出），病鸡有下痢且颜色不正常，寡产鸡粪便较硬呈条状。

④ 看耻骨。产蛋母鸡耻骨间距（竖裆）在3指（35毫米）以上，耻骨与龙骨间距（横裆）4指（70毫米）以上。

⑤ 看腹部。产蛋鸡腹部松软适宜，不过分膨大或缩小。有淋巴白血病、腹腔积水或卵黄性腹膜炎的病鸡，腹部膨大且腹内可能有坚硬的疙瘩，寡产鸡腹部狭窄收缩。

⑥ 看肛门。产蛋鸡肛门大而丰满、湿润，呈椭圆形。寡产鸡肛门小而皱缩，干燥，呈圆形。寡产鸡的体质、肤色、精神、采食、粪便、羽毛状况与高产鸡都不一样。

（4）减少破损，提高蛋的商品率

① 引起产蛋后期蛋破损的主要因素。

a. 遗传因素。蛋壳强度受遗传影响，一般褐壳蛋比白壳蛋蛋壳强度高，破损率低，产蛋多的鸡比产蛋少的鸡鸡蛋破损率高。

b. 鸡开产后随鸡的年龄增长，蛋逐渐增大，随着蛋的增大，其表面积也增大，蛋壳因而变薄，蛋壳强度降低，蛋易破损，后期破损率高于全程平均数。

c. 气温和季节的影响。高温与采食量、体内的各种平衡、体质有直接的关系，从而影响蛋壳质量，导致强度下降。

d. 某些营养不足或缺乏。如果日粮中的维生素 D_3、钙、磷和锰有一种不足或缺乏时，都会导致蛋壳质量变差而容易破损。

e. 疾病。鸡群患有传染性支气管炎、减蛋综合征、新城疫等疾病之后，蛋壳质量下降，软壳、薄壳、畸形蛋增多。

f. 鸡笼设备。当笼底网损坏时，易刮破鸡蛋，收蛋网角度过大时，鸡蛋易滚出集蛋槽摔破；角度较小时，鸡蛋滚不出笼易被鸡踩破。鸡笼安装不合理也易引起蛋被鸡啄食。每天拣蛋次数过少，常使先产的蛋与后产的蛋在笼中相互碰撞而破损。

② 减少产蛋后期破损蛋的措施。

a. 查清引起破损蛋的原因，掌握本场破损蛋的正常规律。发现蛋的破损率偏高时，要及时查出原因，以便尽快采取措施。

b. 保证饲料营养水平。

c. 加强防疫工作，预防疾病流行。对鸡群定期进行抗体水平监测，抗体效价低时应及时补种疫苗。尽量避免场外无关人员进入场区。及时淘汰专下破蛋的母鸡。

d. 及时检修鸡笼设备。鸡笼破损处及时修补，底网角度在安装时要认真按要求放置。

e. 及时收拣产出的蛋。每天拣蛋次数应不少于 2 次，拣出的蛋分类放置并及时送入蛋库。

f. 防止惊群。每天的工作按程序进行，工作时要细心，尽量防止惊群引起的产软壳蛋、薄壳蛋现象的发生。

四、种土鸡的四季管理要点

养殖种土鸡应根据各个季节的特点，合理安排饲喂，加强饲喂管理。种土鸡的四季管理要点如下。

1. 春季

随着气温的升高，光照时间的逐渐延长，外界食物来源的增加，土鸡的新陈代谢旺盛。春季是土鸡产蛋的旺季，是理想的繁殖季节。在繁殖前，做好疫苗接种和驱虫工作，保证优质饲料的供应，满足青绿饲料的需求，提高合格种蛋的数量。淘汰就巢性强的种鸡，一般要采取一些简单的醒抱措施，如把鸡置于笼中，或增加光照时间和营养。做好种蛋的收集和记录工作。

2. 夏季

气候炎热，食欲下降。夏季的工作重点是防暑降温，维持土鸡的食欲和产蛋率。在运动场设置凉棚，鸡舍四周植树，喷水降温。增加精饲料的喂量，满足产蛋需求，利用早晚气温较低的时段，增加饲喂量。每天早上天一亮就放鸡，傍晚延长采食时间，保证清洁饮水和优质青绿饲料供应。消灭蚊虫、苍蝇，减少传染病的发生。

3. 秋季

秋季是老鸡停产换羽、新鸡开产的季节，管理的好坏对以后的产蛋性能影响较大。对于老鸡来说，要使其快速度过换羽期，早日进入下一个产蛋期，应该迅速减少光照时间和营养，进行强制换羽，然后再逐渐延长光照时间，增加营养。秋季气候多变，一些地区多雨、潮湿、寒冷，鸡群易发生传染病，要注意舍内垫料的卫生和干燥。

4. 冬季

冬季气候寒冷，青绿饲料短缺，日照时间较短，散养土鸡的产蛋量会降低。因此，冬季饲养土鸡的重点是防寒保暖、保证光照和营养，尽量提高产蛋率。进入冬季要封闭窗帘和门帘。气候寒冷的东北、西北和华北北部地区，舍内要有加温设施，一般用火墙、火

道。炉灶应设在舍外，可有效防止一氧化碳中毒。早上打开鸡舍时，要先开窗户后开门，让鸡有一个适应寒冷的过程，然后在运动场喂食。冬季青绿饲料缺乏，可以储存胡萝卜、大白菜等来满足土鸡的需求。冬季喂热食和饮温水有利于提高产蛋率。

第七章 商品土鸡的饲养管理技术

第一节 商品土鸡的饲养管理原则

一、公鸡、母鸡分群饲养

公鸡、母鸡分群饲养是指在土鸡生产过程中，将公、母鸡进行分栏或分舍饲养，饲喂不同的小鸡苗饲料和育肥饲料直至上市。公、母鸡分群饲养的理由是如下。

1. 生长速度不同

公鸡生长速度快，母鸡生长速度较慢，如公、母鸡混群饲养在7～8周龄时，公鸡体重比同龄母鸡体重要高20%～27%。公鸡不但生长速度快，对营养要求与母鸡也不同，公鸡需要较高的蛋白质、磷、钙和维生素，如混群饲养按公鸡营养需要配制配合日粮，能满足公鸡的营养需要，而母鸡却不能有效利用高蛋白质饲料，将多余的蛋白质在体内转化为能量，沉积脂肪。所以公、母鸡分群饲养才能有效地利用饲料，降低饲料成本。

2. 沉积脂肪能力不同

母鸡生长速度较公鸡慢，但沉积脂肪较快，公、母鸡混群饲养到7～8周龄时，母鸡平均腹脂为10.8%，而公鸡仅3%。由于公、母鸡脂肪沉积能力不同，对配合日粮营养需要也不尽相同，宜分群饲养为佳。

3. 羽毛生长速度不同

公鸡长羽慢，母鸡长羽快，母鸡保温性能相对较高，因此，公、母鸡对环境条件的要求和管理要求两者应有所不同。

4. 胸囊肿发病率不同

一般公鸡较易发生胸囊肿病，在管理上公鸡需要松软、较厚的垫料，以减少胸囊肿的发生。当公、母鸡混群饲养时，就需采用较厚的塑料，使饲养成本显著增加。

5. 性情和争食能力不同

公鸡好斗架，争食能力强，而母鸡性情较温顺，争食能力差，公、母鸡混合饲养时，通常当公鸡饱食后，才能让部分弱小的母鸡开始采食。公、母鸡混群饲养到6～8周龄时，公、母鸡体重相差约0.5千克。如分群饲养，公、母鸡体重相差仅0.125～0.25千克。

公鸡与母鸡实行分群饲养，公、母鸡平均增重快，个体之间体重相差小，鸡群生长较均匀，耗料比较少。但目前，我国许多土鸡场没有实行公、母鸡分群饲养，一是因为鉴别雌雄较为困难，二是因为市场没有特殊的要求。

二、自由采食

为了充分发挥土鸡的生长潜能，缩短饲养周期，按时达到上市体重，可让土鸡仔鸡全程自由采食，即采用全价粉碎料、不限量、自由采食的饲喂方式。0～2周龄每天喂6次，其中早晨5点和晚上10点必须各喂1次；3～4周龄每天喂4次，5周以后每天喂3次。

三、全进全出

所谓“全进全出制”是指在同一栋鸡舍同时间内只饲养同一日龄的雏鸡，经过一个饲养期后，又在同一天（或大致相同的时间内）全部出栏。这种饲养制度有利于切断病源的循环感染，有利于疾病控制，同时便于饲养管理，有利于机械化作业，提高劳动效率；“全进全出制”全出后鸡舍便于管理技术和防疫措施等的统一，也有利于新技术的实施；在第一批出售、下批尚未进雏的1～2周为休整期，鸡舍内的设备和用具可进行彻底打扫、清洗、消毒与维修，这样能有效地消灭舍内的病原体，切断病源的循环感染，使鸡群疫病减少，死亡率降低，同时也提高了鸡舍的利用率。

这种“全进全出制”的饲养制度与在同一栋鸡舍里饲养几种不同日龄的鸡相比，具有增重快、耗料少、死亡率低的优点。土鸡肉仔鸡生产者可根据鸡舍、设备、雏鸡来源和市场情况，来制定全年养鸡生产计划、确定饲养规模、休整时间和消毒日程等。

第二节　商品土鸡的饲养方式

饲养方式对土鸡肉的品质有比较大的影响，作为生产优质禽肉的土鸡应该考虑采用合适的饲养方式，以获得良好的鸡肉品质。

一、圈养

1. 庭院圈养

在庭院内用尼龙网围成一片空地，将土鸡养在其中。饲料以配合饲料为主，补喂青绿饲料。这种形式的规模小。通常为200～500只，但是管理方便，土鸡生长速度较快。

2. 集中圈养

使用专门的鸡舍，在鸡舍的一侧墙外围起一个运动场。晚上和风雨天气，鸡群在鸡舍内生活，天气良好的白天，鸡群可以自由选择在鸡舍或运动场中活动、采食。这种饲养方式的饲养量比较大，通常为500～2000只，适合专业户进行专业突击生产，效益可观。

3. 发酵床圈养

发酵床圈养就是用锯末、秸秆、稻壳、米糠、树叶等农林业生产料配以专门的微生态制剂来垫圈养土鸡，鸡在垫料上生活。发酵床圈养土鸡有以下优点。

（1）省饲料省钱　鸡啄食发酵床垫料过程中，一些有益菌可进入鸡胃肠，调节胃肠菌群平衡，大大促进了胃肠对饲料的吸收和利用率。

（2）增强抵抗力，降低药物使用　发酵床中大量有益菌把鸡舍中有害菌、病原菌彻底杀灭或者抑制其繁殖生长，为鸡提供了天然的屏障，鸡免疫力逐渐提高，土鸡最容易得的肠炎、大肠杆菌等肠道疾病得到遏制，使土鸡得病少，可以节省大笔医药费。

（3）改善肉蛋品质　长期生活在发酵床上的鸡，消化系统、代谢功能良好，鸡肉不腥且鲜嫩，市场价值高。

（4）鸡舍臭味小，氨气含量低　鸡粪中未消化吸收的有机物，被发酵床上有益菌群分解转化为无害的无机物和菌体蛋白，避免鸡粪被有害菌腐化发臭，产生氨气。鸡舍氨气含量显著降低，特别是冬天不需要再通风换气，就能大大降低鸡舍氨气含量。为鸡提供良好环境，长得更快，肉质更好，同时实现粪污零排放。

（5）升温保暖　发酵床里面的有益菌在分解鸡粪时会产生一定的热量，在冬天还可以起到升温保暖的作用，可有效降低冬天取暖成本。

（6）省水省人力　鸡粪尿在发酵床上直接被分解转化，不用再除鸡粪，不用冲洗，节省大量人工劳动。

4. 地面平养

这种饲养方式可以充分利用闲房和旧房，地面平养对鸡舍的要求较低，在舍内地面上铺 5～10 厘米厚的垫料，定期打扫更换即可；或用 15 厘米厚的垫料，一个饲养周期更换 1 次。平养鸡舍最好地面为混凝土结构；在土壤为干燥的多孔沙质土的地区，也可用泥土地作为鸡舍地面。地面平养的优点是设备简单、成本低、胸囊肿及腿病发病率低，缺点是需要大量垫料、占地面积多些、使用过的垫料难于处理且常常成为传染源、易发生鸡白痢杆菌病及球虫病等。这种方式简单易行、投资少、管理方便、效益大，是土鸡生产最常采用的饲养方式。

5. 网上平养

网上平养又称网栅养育，在离地面50～60厘米高处搭设网架（可用金属、竹木材料搭建），架上再铺设金属、塑料或竹木制成的网栅片，鸡群在网栅片上生活，鸡粪通过网眼或栅条间隙落到地面。网眼或栅缝的大小以鸡爪不能进入而鸡粪能落下为宜。采用金属或塑料网的网眼形状有圆形、三角形、六角形、菱形等，常用的规格一般为（1.0～1.25）厘米×（1.0～1.25）厘米。网床大小可根据鸡舍面积灵活掌握，但应留足够的过道，以便操作。

网上平养的优点：肉鸡与粪便不接触，降低了球虫病、白痢和大肠杆菌病的发病概率；饲养密度比垫料平养法稍高；节省了垫料，粪便可以每天清除；鸡粪受污染程度低，可提高鸡粪的利用价值；易于控制鸡舍温度、湿度，便于通风换气，鸡体周围的环境条件均匀一致；取材容易，造价便宜，特别适合缺乏垫料的地区采用；便于实行机械化作业，节省劳动力。

网上平养的缺点：与垫料法相比花费大，降低了房舍利用率，胸囊肿、腿病的发病率比垫料法稍高。

二、舍内笼养

笼养就是使用育雏、育成鸡笼将土鸡饲养在用金属丝焊成的笼子中。主要饲喂配合饲料。

1. 笼养的主要优点

① 提高饲养密度。立体笼养密度比平养密度高3倍以上。

② 节省饲料。鸡饲养在笼中，运动量减少，耗能少，浪费料减少。

③ 利于鸡群防疫。鸡不接触粪便，有利于鸡群防疫。

④ 蛋较干净。鸡蛋比较干净，可消除窝外蛋。

⑤ 不存在垫料问题。

2. 笼养鸡的缺点

① 产蛋量比平养有所减少。

② 投资相对增大。

③ 血斑蛋比例高，蛋品质稍差，种蛋合格率低。

④ 笼养鸡易发生猝死综合征，影响鸡的存活率和产蛋性能。

⑤ 淘汰鸡的外观较差，骨骼较脆，出售价格较低。

三、放牧饲养

土鸡放牧饲养，以放牧为主，辅以补饲的土鸡生态养殖模式。这种模式投资少，符合绿色食品生产要求，是一项值得大力推广的绿色养殖技术。

1. 山地选择

为避免污染，必须远离住宅区、工矿区和主干道路，环境安静，空气洁净，最好有灌木林、荆棘林、阔叶林，坡度不宜过大，丘陵山地更适宜。放牧地附近最好有洁净无污染的小溪、池塘等水源。

2. 搭建棚舍

在放养区找一背风向阳的平地。用油毡、帆布、毛竹等借地势搭一坐北朝南的简易鸡舍，也可建一塑料大棚，棚舍能保温、挡风、遮雨，地面不积水。

3. 放养规模和季节

放养规模以每群1500～2000羽为宜，规模太大不便管理，规模太小则效益较低。

4. 放养方法

3～4周龄前采取普通育鸡方法，选一保温性能较好的房间进行人工育鸡，脱温后再转移到山上放养。为尽早让小鸡养成上山觅食的习惯，刚由脱温转入山上放牧时，每天早晨进行上山引导训练。一般要2人配合，1人在前边吹哨边抛撒颗粒饲料，让鸡跟随哄抢，另1人在后用竹竿驱赶，直到鸡群全部上山。为强化训练效果，每天中午可以在山上吹哨补食1次。

5. 放养管理

开始放养的前几天，在饲料或饮水中加入一定量的维生素C

或复合维生素等，可防应激。补喂的饲料中不加工业原料和饲料添加剂，出笼前3个月停止使用抗生素和驱虫药。

第三节 商品土鸡的饲养管理

一、商品土鸡的饲养管理要点

1. 控制密度

育肥初期（5～11周龄）每平方米10～12只，以后按公母、强弱、大小分群饲养，使其密度逐步降至每平方米6～8只。

2. 合理饲喂，适当催肥

育成土鸡在8～18周龄时，生长速度较快，容易沉积脂肪，在饲养管理上应采取适当的催肥措施。采用原粮饲喂的，可适当增加玉米、高粱等能量饲料的比例；饲喂鸡饲料的，可购买肉鸡生长料。为保证育肥土鸡有充足的饮水，可给育肥土鸡添喂占饲料量10%～20%的青饲料。

3. 保证土鸡适期上市

（1）精选良种　选养皮薄骨细，肌肉丰满，肉质鲜美，抗逆性强，体形中等的有色毛的著名地方品种，可以是三黄鸡、三乌鸡、麻花青脚鸡等，也可以根据当地的饲养习惯及市场消费需求，选育适合当地饲养的优良肉鸡品种。

（2）注重放牧　优质放养土鸡的育鸡技术要求与快大型肉鸡相同，在育鸡室内育鸡30天。一般夏季30日龄、春季45日龄、寒冬50～65日龄开始放牧。放牧场地宜选择地势高燥、背风向阳、环境安静、饮水方便、无污染、无兽害的竹园、果园、茶园、桑园等地。鸡只既可吃害虫及杂草，还可积（施）肥。放牧场地可设沙坑，让鸡沙浴。还要搭建避雨、遮阳防寒的草棚或塑料大棚。放牧密度为40～60只/亩，每群规模约为500只为宜。放牧场可设置围栏，放一批鸡换一个地方，既有利于防病，又有利于鸡只觅食。

（3）巧喂饲料　优质土鸡育雏期应饲喂易消化、营养全面的土鸡全价饲料。饲养中粗蛋白质含量应低于快大型鸡全价饲料2%～3%，并做到少量多餐。育成期、放牧期要多喂青饲料、农副产品、土杂粮，以改善肉质，降低饲料成本，一般仅晚归后补喂配合饲料，出售前1～2周，如鸡体较瘦，可增加配合饲料喂量，限制放牧进行适度催肥，中后期配合饲料，不要添加人工合成色素，化学合成的非营养添加剂及药物等，应加入适量的橘皮粉、松针粉、大蒜、生姜、茴香、八角、桂皮等自然物质以改变肉色，改善肉质和增加鲜味。

（4）严格防疫及驱虫　一般情况下，放养土鸡抗病力强，较圈养快大型肉鸡发病少。但因其饲养放牧于野外，接触病原体机会多，因此，要特别注意防治球虫病（一般在20～35日龄预防1次为好）、卡氏白细胞虫病及消化道寄生虫病。每月进行驱虫1次为佳。肉鸡中后期，防治疾病时尽可能不用人工合成药物，多用中药及采取生物防治，以减少和控制鸡肉中的药物残留，以便于出口上市。

（5）适时销售　饲养期太短，鸡肉中水分含量多，营养成分积累不够，鲜味素及芳香物质含量少，达不到优质土鸡的标准；饲养期过长，肌纤维过老，饲养成本太大，不合算。小型肉鸡公鸡100天上市，母鸡120天上市；中型肉鸡公鸡110天上市，母鸡130天上市。此时上市，鸡的体重、鸡肉中的营养成分、鲜味素、芳香物质的积累基本达到成年鸡的含量标准，肉质又较嫩，是体重、质量、成本三者的较佳结合点。

二、圈养土鸡技术

1. 选择林地

应选择远离畜禽交易场所、畜禽屠宰场、垃圾点，避免空气、尘埃、水源、病菌和噪声等污染。最好在河堤上的林场或果园饲养，树林的荫蔽度要在70%以上，防止夏季炽热的阳光直射，引起鸡群中暑。

2. 建造鸡舍

鸡舍应建在林地内背风向阳、地势高燥、水源充足、交通便利的地方。可搭建塑料大棚做鸡舍或土墙搭建为鸡舍，鸡舍两边滴水檐要高，鸡舍建筑面积按每平方米8～10只计算。棚舍前的开阔林地用1.5～2米高的尼龙网树枝圈起来，作为土鸡的活动场所。棚舍内外放置一定数量的料槽和饮水器。

3. 选择品种

应根据鸡群对围林野养的适应性和市场需求来确定。一是选择耐粗放、行动灵活、觅食力强、抗病力强的纯土鸡或地方土鸡血统占75%以上的杂交鸡种；二是选择对严寒和雨淋有一定适应性的快羽鸡种或体色、体态经选育提纯过的地方鸡种。

4. 放养管理

(1) 放养密度　放养密度应按宜稀不宜密的原则，一般每亩林地放养150～250只。密度过大，草虫等饵料不足，增加精料饲喂量，影响鸡肉、蛋的口味；密度过小，浪费资源，生态效益低。

(2) 放养规模　一般以每群1500～2000只为宜，采用全进全出制。

(3) 放养时期　根据林地饲料资源和苗鸡日龄综合确定放养时期。一般选择4月初至10月底放牧，此间林地杂草丛生，虫、蚁等昆虫繁衍旺盛，鸡群可采食到充足的生态饲料。

5. 饲料补给

为补充放养时期饲料的不足，对放养土鸡要适时补饲。可在早晚各补饲1次，按“早半饱、晚适量”的原则确定补饲量。为使在130日龄左右体重既达到上市标准又不会太肥，补饲精料的粗蛋白质含量要适宜，参考配方为玉米59.4%、麦麸9.5%、豆粕22%、骨粉2.5%、草糠6%、食盐0.3%、微量元素添加剂0.1%、蛋氨酸0.1%及氯化胆碱0.1%。

6. 放牧管理

密切注意天气变化，遇到天气突变，下雨、下雪或起大风前应

及时将鸡群赶回鸡舍，防止鸡只受寒发病。夏季的晚上，可在林地悬挂一些白炽灯，以吸引更多的昆虫让鸡群捕食。放养初期每天放牧3～4小时，以后逐日增加放牧时间。为使鸡群定时归巢和方便补料，应配合训练口令，如吹口哨、敲料桶等进行归牧调教。

三、果园散养土鸡技术

利用林果地配套散养土鸡，一方面，鸡粪可以作果树、林木的肥料，为树木提供有机肥，同时土鸡可啄食害虫，促进果树生长；另一方面，树木又为土鸡创造了适宜的生长环境，种养结合形成生物链，可以取得良好的综合的经济效益。其实这里面还有很多的好处，比如说这样放养的土鸡在肉质上会比较好吃，更受消费者的欢迎；土鸡经常在果园里面活动，增强了土鸡的体质，土鸡生病的机会就少了；而且生态养殖在某方面也更能让消费者接受。

1. 果园的选择

果园的选择其实很简单，要选择树木大的，不要选择那些还在幼林期的果园，还有就是树形矮小的果林也不要选择。选择果林的标准有两个：第一，果林的树木要适宜，不宜太多也不宜太少，要有可以给土鸡晒到太阳的地方，也要有能够给土鸡遮阳的地方；第二，果林里的杂草要多一些，可以给土鸡提供充足、优质的青草，这样可以减少我们的饲料成本，所以有时候可以买一些青草的种子在果林中种植。

2. 土鸡品种的选择

由于在果林中养殖的管理条件不是很高，所以就要求我们饲养的土鸡品种要适应能力强、耐粗饲，而且关键是要根据当地的时间适合养殖什么来选择养殖品种。第一选择当然是选择养殖本地的土鸡会比较好，才能保证成活率，还可以选择其他的杂交品种鸡，但是一般不适合养殖大型的肉鸡类。

3. 鸡舍的建造

果林建设养殖舍选择简易的方法建设，可以直接利用现成的房子或者茅草屋稍加修改即可，还可以因地制宜搭建鸡棚。但是鸡棚的位置要高，要背风向阳，棚高可以在2米左右，用尼龙网围起来，按每平方米10只的规格来搭建，夏季的时候要有很好的遮阳通风条件，特别是在育雏后转移时，要有一个简单的保温棚用来过渡，防止因为土鸡苗应激反应而引起不必要的死亡。

4. 土鸡苗的育鸡技术

土鸡苗的育鸡也是必须在育鸡室进行，育鸡的时候要按照不同的季节来分、等到育鸡期过后就可以把土鸡苗转移到野外放养了，在育鸡期间，我们可以给土鸡苗的饲料中适量地添加青饲料，可以是切碎的青菜叶或是野菜叶，这样可以逐渐地锻炼土鸡采食。脱温后为了让土鸡外出觅食，饲喂量要逐步减少，遵循早少晚饱原则，即鸡群可在每天早晨放牧前先喂少量饲料，傍晚将鸡召回后再补饲充足饲料。补饲饲料应以谷物杂粮为主，并添加适量青绿饲料。这样可以降低养殖成本和鸡肉脂肪含量，有利于形成土鸡肉的独特风味。特别注意在育鸡结束前，应考虑到放牧地气温条件和饲料条件，尽量使育鸡后期室温和饲料营养尽量向放牧地接近，以便能很好地平稳过渡。

5. 规模化养殖

果园养鸡实行放牧散养，养鸡规模必须根据林果地的面积及杂草生长情况合理确定，一般每667平方米养鸡50～100只为宜。密度过大，不利于果林日常管理，也会使鸡粪自然净化困难，造成环境污染且不能保证正常采食量；密度过小，则会减弱林果地利用率。根据近几年养殖情况，每只中型土鸡放养5个月，约可采食20千克青绿饲草。放养密度和具体喂料情况，应根据土鸡采草量来确定。

6. 疾病防治

（1）根据本地的流行疫病对土鸡进行免疫　育鸡期腹泻以及放牧期传染性支气管炎发病率较高，可以使用抗生素及疫苗进行及时的防控，效果比较好，如果土鸡苗1日龄和35日龄增加两次传染

性支气管炎疫苗免疫，土鸡的发病率、死亡率会有明显减少，接种免疫后，可以在饲料中和饮水中添加维生素C，黄芪多糖、氨基酸葡萄糖口服液等增强免疫效果。

（2）定期给土鸡驱虫　因为土鸡是放在野外的生活环境下，所以比较容易患寄生虫病，特别是蛔虫病和绦虫病，所以在放养1个月以后要对土鸡进行第1次驱虫，以后每隔10天进行1次驱虫，每次2～3天。

（3）定期消毒　我们要经常对土鸡的饲料槽、水槽进行消毒，每批土鸡出售后，鸡舍用20％氢氧化钠溶液进行地面消毒，用塑料布密封鸡舍，用福尔马林和高锰酸钾熏蒸消毒；对鸡群活动过的场地翻土或撒生石灰进行全面消毒。

（4）防止中毒　果园我们经常要进行灭虫，要选用高效低毒农药，用药后间隔5天以上，才可把鸡放入园内。备好解毒药品，以防鸡群出现中毒。

四、林地散养土鸡技术

1. 鸡舍修建及设备

（1）场地选择　选择经环保监测符合无公害要求的场地，如果园、林地等（最好有草）。同时要求场地相对封闭、易于隔离、向阳、背风、干燥。

（2）鸡舍的修建　林地养鸡就是要充分利用果园、山林、灌丛、草地等环境，所以应因陋就简，搭盖一定量的鸡舍。鸡舍主要是提供鸡休息、背风之用，所以可以相对简单，一般可以在山上开辟一块略为平整的地方，利用秸秆、木条、塑料绳编成篱笆墙，或用塑料布、塑料薄膜、油毛毡围上。一般棚宽5米，棚中间高度1.8～2.0米，长度依据养鸡量而定，一般掌握在每平方米养鸡15只为最好。同时可选用木条、竹竿在鸡舍内顺养鸡林地方向搭建离地30厘米的平台，每隔1厘米设1根，供鸡栖息。

（3）围栏的修建　养鸡山林围网选择尼龙网、塑料网、钢网，也可以用竹竿、树干作围栏。围栏饲养密度一般掌握在每公顷

2250～3000只（有条件的可采取轮牧方式，以利于草地休养生息），场地周边设围栏，栏高1.5米，间隔2米打一木桩，把塑料网固定在木桩上即可（也可用竹子编成竹篱笆）。

（4）设备　料桶和饮水器应根据饲养鸡的数量而定，一般按每30只鸡配1只料桶和1个饮水器，放鸡时这些设备应摆在舍外。

2. 林地散养土鸡鸡饲料的准备

（1）精饲料　选择产品质量稳定、信誉好的饲料厂家生产的饲料。购买饲料应注意3个方面：一是查看标签，根据鸡龄的情况选择购买小鸡、中鸡、大鸡饲料；二是查看生产日期和保质期；三是检查饲料包装是否破损。

（2）鲜活虫饲料的制作　为使放养鸡肉质鲜美、生长快、节约成本，可在养鸡技术区附近人工养殖昆虫喂鸡。目前采取的方法主要是稻草育虫法，具体做法是稍宽、深各0.6米的长方形土坑，将稻草切成6～7厘米长，用水煮1～2小时，捞出倒入坑内；上面盖6～7厘米厚的污泥，每天浇一盆淘米水，约8天即可生虫，翻开污泥让鸡吃完虫后可继续使用此法再生虫。

3. 林地散养土鸡的饲养管理（0～30天）

（1）育鸡舍建设　一般育鸡舍是利用空房进行改造的，每平方米按40只鸡育鸡，要用火炉或红外线灯混合保温。地面再垫上消过毒、暖和干燥的木花或切成3～5厘米的干稻草等垫料。育鸡房必须开有换气的窗口，使其既能保温，又能利用新鲜空气的进入使育鸡室内的二氧化碳、氨气等有害气体得以排出。

（2）育鸡温度　第1周室温32～35℃，第2周起每周降低2～3℃，4～6周龄脱温。温度是土鸡的饲养环境中最重要的因素，适宜的温度有利于卵黄的吸收和抗白痢。

（3）饮水　鸡第1次饮水称为“开饮”。育鸡第1天，鸡饮用糖水可以减小前7天的育鸡死亡率，糖水的浓度一般为8%，用嘴尝微甜即可。也可于饮水中添加维生素，可减小早期的土鸡死亡率。水分消耗受环境温度和其他因素影响很大，炎热季节尽可能给

土鸡提供凉水，而寒冷冬季应提供不低于20℃的温开水，并且水的质量要符合生活饮用水标准。

（4）开食　鸡第1次喂料称为“开食”。一般鸡在全部饮水3～6小时后才可以开食，饲料量为每100只鸡400～500克。

（5）喂料　每周采用少喂勤添的方法，每天喂料6～8次，喂料量以10分钟吃完为准。7天后按照鸡采食习惯，料桶中的饲料应少装勤添，并做到当天饲料当天吃完。

4. 林地散养土鸡的饲养管理（30～90天）

在鸡移至山地前，果林需先盖好鸡舍。搬运鸡只宜在晚上进行，以减少对鸡的惊扰。白天让鸡在林间自由活动，饮水喂料也在舍外。为尽早使小鸡养成在果园林地觅食的习惯，从脱温转入果园林地开始，每天早晨至少由2人配合，进行引导训练。每天放养时间不能过早，过早时天气寒冷，雏鸡抵抗力差，难以成活，除了下雨或大风天气，都可以使雏鸡在室外活动，傍晚再将鸡赶回鸡舍。阴雨天鸡不能外出觅食时要置足水盆或水槽，并及时补充饲料。果园林地施用农药时禁止放鸡，停放时间按农药安全期而定，以防止鸡发生农药中毒。放养场地不准外人和畜禽进入，以防带入传染病。同时要防止蛇、兽、鸟等有害动物对土鸡的危害。

5. 林地散养土鸡常见疾病防治

（1）鸡球虫病　鸡球虫病是一种常见的肠道寄生虫病。雏鸡易发病，发病鸡临床表现为精神萎靡，羽毛松乱。排带血液的粪便，并有零星死亡。勤换垫草，保持干燥可预防或减少鸡球虫病的发生。一旦发病，可用地克珠利口服液等治疗。

（2）鸡白痢　出壳1～3周内的雏鸡最易发生鸡白痢。其发病率和死亡率均很高。发病鸡临床表现为羽毛松乱，两翼下重，缩头颈，不吃不动，挤在一起，频频排出有恶臭的白色糊状稀粪，粘在肛门周围，结成块状。病鸡感染后常因虚弱衰竭死亡。发病时用复方禽菌灵、强效环丙沙星等治疗，效果较好。

（3）鸡大肠杆菌病　鸡大肠杆菌病是一种常见的肠道疾病，死亡率较高，主要症状是肠道充血。发病鸡临床表现为羽毛松软、拉水。发病后用复方禽菌灵、思诺沙星原粉等治疗，效果较好。

林地散养土鸡由于采用了优良的品种，在果园、林地、灌丛、草地饲养，养出的鸡达到色香味俱全，且安全无公害，很适合现代人追求的高品位消费，产品价格一直较高，利润空间较大，所以林下生态型优质土鸡养殖是广大农户增收致富的一个短、平、快的好项目。

五、滩区放养土鸡

滩区面积较大，为使鸡群按时返回棚舍，避免丢失，鸡群脱温后就开始进行放养驯导与调教。早晨出舍、傍晚放归时，要给鸡一个信号。如敲盆、吹哨，时间要固定，最好2人配合。一个人在前面吹哨开道并抛撒颗粒饲料，避开浓密草丛，让鸡跟随哄抢；另一个人在后面用竹竿驱赶，直到全部进入饲喂场地。为强化效果，开始的几天，每天中午在放养区内设置补料桶和水盆，加入少量的全价饲料和干净清洁水，吹哨并引食。同时，下午饲养员应等候在棚舍里，及时赶走提前归舍的鸡，并控制鸡群的活动范围，直到傍晚再用同样的方法进行归舍驯导。如此反复训练几天，鸡群就能建立“吹哨—采食”的条件反射，无论是傍晚还是天气不好时，只要给信号，鸡都能及时召回。

第四节　商品土鸡的季节性管理

一、炎热季节的饲养管理

炎热气候条件下，土鸡的生长和饲料转化率低的影响因素主要是温度。鸡的采食量随温度的上升而下降。在28～36℃的范围内，认真考虑日粮的配制可以获得鸡的稳定生长。要保证蛋白质和氨基酸的需要，并随因高温造成采食量的减少，改变饲料的搭配比例。适当的饲养控制，可消除一部分因高温（超过28℃）带来的不良影响，应该注意以下要点。

① 在炎热气候使用高能量、高蛋白质的高浓度日粮是有利的；采用低能量、高蛋白质的日粮饲养方法则效果欠佳。

② 充足的饮用水非常重要，应备有足够的饮水器。因为鸡是靠排泄水来散发体内多余的热量。

③ 通风可降低鸡舍温度，改善鸡舍气体环境。

二、梅雨季节的饲养管理

在我国，夏季到来之前有很长一段时间的梅雨季节。雨季影响优质土鸡的主要原因是鸡舍内湿度加大、垫料潮湿、饲料霉变等，很可能因此导致球虫病频发，氨气浓度升高，霉菌毒素中毒、呼吸道疾病感染的危险性增加，大肠杆菌病发病率升高。为此，优质土鸡梅雨季节的饲养管理工作必须做好以下几点。

① 雨季到来之前要修理房屋，疏通鸡舍周围的排水沟。下雨时应关好门窗或把窗帘放开，避免雨水进入鸡舍，防止鸡群受凉或发生其他问题。

② 储备好足够的干垫料，厚垫料应勤翻动，保持垫料干燥，潮湿结块的垫料应清扫出鸡舍，降低舍内氨气浓度。

③ 防止饲料原料受潮，饲料的一次配合量不能过多，鸡舍内的配合饲料应放在高于地面的平台上，防止饲料回潮、霉变。

④ 应定期使用高压水泵冲洗水管，清理水箱，清除污泥和有机物质。

⑤ 饮水水源应加以保护，土壤和有机物质污染会使水变浑，这些浑水是细菌性疾病和继发性感染的潜在来源。雨水或河水应储存在沉淀池中，并用明矾作预处理，然后投放漂白粉等含氯消毒剂。

⑥ 应在有关专家的指导下，为优质土鸡配制专用的饲料，并在饮水中加入抗应激维生素。

⑦ 在雨季，鸡场里蚊子、苍蝇等是一个大问题。它是某些寄生虫病、细菌病和病毒病的传播媒介，应采取有效措施加以控制，并做好球虫病等疾病的预防工作。

三、寒冷季节的饲养管理

寒冷季节维持体温会消耗鸡的大部分能量，从而加大饲养成本。因此，做好冬季保温工作非常重要，同时还要注意通风问题。应该注意以下几个方面的问题。

① 修好门窗，配好玻璃，防止漏风。

② 开窗通风，阴天也要打开背风一侧的窗户换气。

③ 由于天气寒冷，冬天应多备些饲料、垫料等常用物品。

以上三个季节是养殖土鸡户必须注意的。做好鸡的饲养管理才能减少土鸡的发病率、死亡率、减少养殖成本，获得更高的效益、更多的利润。

第八章

肉蛋兼用型土鸡的品种选择和饲养管理技术

第一节 肉蛋兼用型土鸡的品种选择

一、当地的气候条件

我国幅员辽阔，各地气候条件相差甚大，品种选择时应考虑所拟选择品种对当地气候条件的适应性。选择时最好选择那些距离当地较近，气候条件差异不大，适应当地环境、气候的品种。只有这样才能减轻鸡群对环境适应的压力，充分发挥其生产性能，取得较好的养殖效果，获得较高的经济效益。

二、当地的消费习惯

不同地区的消费者对鸡蛋的大小、蛋壳及蛋黄的色泽，鸡的羽色、体形、性别的喜好差异很大，在品种选择时应充分考虑。例如，一些地区的消费者喜欢褐色蛋壳的小鸡蛋，一些地区的消费者喜欢褐色蛋壳的大个鸡蛋，特别是习惯腌咸鸡蛋的消费者更是这样。又例如，南方各地的消费者喜欢黄羽鸡，而西南各地的消费者则喜欢麻羽鸡；广东、广西等地的消费者喜欢食用母鸡，而四川、辽宁、天津、河南、山东的消费者则喜欢食用公鸡；南方各地的消费者要求鸡的体形紧凑、腿短骨细，而北方各地则要求不那么严格。

三、当地的消费水平

一般来讲，广大农村的经济尚不发达，土鸡鸡蛋和土鸡肉鸡的消费量较小，且多喜欢个头较小的土鸡鸡蛋和体重较轻的土鸡肉鸡。而在城市和近郊经济发达的地区，不但土鸡鸡蛋和土鸡肉鸡的消费量较大，且消费者对土鸡鸡蛋的大小和土鸡肉鸡的体重也没有明显的特殊要求。

四、雏鸡供应厂家

供给雏鸡的厂家应有一定的规模，并且信誉度和技术服务要好。能够提供饲料管理技术和科学免疫程序。所购品种应符合本品种特征要求，雏鸡应健康状况良好，无经蛋传染性疾病，如白血病、沙门菌病等。

第二节　育雏季节的选择

养殖土鸡能否取得较好的经济效益，与育雏季节的选择密切相关。例如，每年的农历1～5月，一般是土鸡鸡蛋和土鸡肉鸡的销售淡季，那么前一年的7月、8月、9月培育的雏鸡其产蛋高峰期刚好落在土鸡鸡蛋销售淡季，市场对土鸡鸡蛋的需求量较少，销售价格一般较低；并且淘汰鸡的时间又落在10～11月，此时土鸡肉鸡的销售虽已进入旺季，但距元旦和春节尚有一些时日，销量也不太大。所以，每年的7月、8月、9月不要购进土鸡雏鸡，以防产蛋高峰期和淘汰育肥鸡落在销售淡季，造成经济效益不佳。然而，距离土鸡鸡蛋和土鸡肉鸡加工企业较近的地区，则无须考虑市场需求的淡、旺季节的问题。因此，养殖肉蛋兼用型土鸡应根据鸡舍的条件、每个季节的育雏特点、市场对土鸡鸡蛋和土鸡肉鸡的供需预测，进行综合考虑。

3～5月孵出的雏鸡，因气温适中、日照渐长、阳光充足，育雏成活率高，雏鸡体质健壮。育成阶段赶上夏秋季节，户外活动时间多，鸡体质强健。当年8～10月开产，产蛋期长，产蛋率

高，产蛋高峰期正好落在元旦和春节期间，市场对土鸡蛋需求旺盛。

夏季育雏，指6～8月孵出的雏鸡。由于所处的环境是高温，雏鸡食欲不佳，休息不好，生长发育很慢。而且疾病较多，成活率低。到了育成阶段，天气渐冷，户外活动较少，因而发育也差，成年后的生产力也低。我国在夏季酷热的南方地区夏雏尤难养育，而夏季不大炎热的北方，则夏雏相对容易养成，但是生长发育往往不好。

秋季育雏是指9～11月孵出的雏鸡。与夏雏相比，外界环境条件逐渐好转，此时气温适宜育雏。但受自然光照影响，性成熟早，到成年时鸡的体重较轻，所以产蛋较小，产蛋期持续时间短。

冬季育雏，指12月至翌年2月（次年）孵出的雏鸡。恰遇一年中气温最低时期，由于给温时间较长，燃料费用高，消耗的饲料也多，活动多在室内，缺乏阳光和充足运动，因此生长发育较慢，培育成本较高。冬雏于夏季开产，如果饲养管理不当，当年秋季又常会换羽停产。在一般情况下，我国北方不宜孵化冬雏，而南方的冬雏相对较多。但冬季加温育雏要比夏季降温育雏容易得多，冬季干燥，疾病少，成活率高。

以上所述着重是从气候条件影响考虑的，在具体选择育雏季节时，还要结合考虑土鸡场的性质、任务和要求，种蛋供应情况及设备条件等很多因素。如果某一季节的气候条件不好，但因生产任务的需要，必须进行育雏时，可以通过增加设备和改善饲养管理技术等措施，来克服气候条件不良的影响。

第三节　肉蛋兼用型土鸡的饲养管理

肉蛋兼用型土鸡一般分为育雏期、育成期、产蛋期和育肥期四个阶段，0～6周龄为育雏期，7～22周龄为育成期，23～64周龄为产蛋期，65～70周龄为育肥期。另外，肉蛋兼用型土鸡饲养全程的划分，还因品种、生长发育规律的差异而不尽相同。

一、育雏期的饲养管理

1. 准备工作

(1) 进雏前的准备工作　对雏鸡舍进行彻底的消毒。土鸡苗舍内全部设备要进行检修。进雏前鸡舍温度应升至33℃，相对湿度不低于60%。光照定为23小时光照、1小时黑暗。将饮水器置于亮光处，便于雏鸡找到。

(2) 接雏　选择健康活泼，挣扎有力，叫声清脆，收脐良好，羽毛清洁，均匀度好的苗鸡。雏鸡接入鸡舍后，应尽早提供饮水(不低于35℃)及饲料，保证每一只雏鸡都能正常饮水和吃料，对不饮水的雏鸡可进行人工帮助。雏鸡进舍15日内，禁止清扫地面。

2. 1～7日龄鸡的饲养管理

雏鸡最好在出壳后24小时内进入育雏舍，最迟不能超过36小时。雏鸡在第1周的时间是饲养过程中最为关键的时间段。这段时间鸡只体质较弱，鸡只所需营养大部分来自于自身卵黄，所以对温度、湿度、光照等方面的要求尤为严格。

(1) 温度和湿度　温度要求保持在33～35℃，而且是相对的恒温，尤其注意强调的是更换燃料对温差的变化不能超过2℃。育雏棚舍内相对湿度保持在60%～70%。

(2) 光照和密度　第1～3天时，雏鸡对鸡棚舍内的环境不熟悉，所以要求鸡舍内有一定的亮度，光照为24小时，一般建议用白炽灯泡，规定每10平方米1只60瓦，光照均匀。到第4天时，亮度逐渐减弱，可以25瓦代替60瓦灯泡。后期改为15瓦，灯泡减少至看到亮光为宜。

采用垫料平养方式饲养的雏鸡，一般1～3日龄的饲养密度为70只/米^{2}左右，4～7日龄，每平方米50只左右比较适宜。

(3) 饮水　雏鸡进舍以后，休息片刻，能走动时就要及时补充水分，一般在第1～3天的饮水中加入黄芪多糖多维和抗生素供鸡饮用，防止前期鸡只难以吸收饲料养分所造成的营养失衡，又防止像白痢等疾病的发生。

（4）开食　土鸡的开食时间规定在初饮后3小时。通常用碎米或玉米粉作为开食饲料，开食饲料一般喂3天，从4日龄开始改喂专门的育雏料，直到育雏期结束。给雏鸡喂料应当少喂勤添，一般1～7日龄，每天至少要喂6次料。

（5）防控　舍内每隔3天要进行1次带鸡喷雾消毒，可以用苯扎溴铵溶液或次氯酸钠等消毒液，按照说明书要求配制，交替使用。料桶、饮水器每天要用0.2%～0.3%的高锰酸钾溶液浸洗消毒。一般鸡苗在孵化场都会进行1次防疫，等到7日龄后，在雏鸡的饮水中加入新支二联疫苗，饮水要求在1.5～2小时内能够饮完。

3. 8～42日龄鸡的饲养管理

（1）温度和通风　8～14日龄，仍然应该以保温为主，育雏舍的温度要求保持在30～32℃，以后逐渐过渡到自然温度。14日龄以上的雏鸡，排粪量增加，呼吸量加大，导致鸡舍潮湿，舍内氨气浓度增大，容易诱发鸡呼吸道感染和肠道疾病，应当在不影响育雏舍温度的前提下，加强通风换气。

一般8～28日龄，舍内的空气相对湿度保持在60%左右比较适宜。从29日龄开始，调整为50%左右。如果垫料潮湿，应当及时翻料，并且适当添加一些新鲜垫料。

（2）光照与密度　雏鸡8～14日龄，育雏舍应当保证有20～23小时的光照。随着雏鸡的长大，要及时扩群，调整饲养密度，一般8～14日龄35只/米^{2}左右，15～21日龄20只/米^{2}左右，22～28日龄14只/米^{2}左右，29～42日龄12只/米^{2}左右。每次扩群前，都要求把旧垫料和新垫料混合，预防球虫病暴发。

（3）饮水与喂料　8～14日龄的雏鸡每天喂料4次，每天供应充足的清洁饮水；从14日龄开始，雏鸡就可以使用自动饮水器进行饮水，同时，改用大料桶喂料，每天喂料2次即可。要保证食桶中一直有料，供鸡自由采食。

（4）断喙　土鸡一般都野性十足，所以，为了防止雏鸡相互打斗、互啄，造成意外伤害和损伤，要适时断喙，一般在15日龄时进行断喙。断喙时，应当在雏鸡的饮水中添加适量的电解多维和抗生素，减少应激。

（5）疫病防控　8～42日龄期间，在做好日常卫生清洁和鸡舍消毒等常规疫病防控基础工作的同时，要按正常的免疫程序进行计划免疫。

二、育成期的饲养管理

1. 放养场地建设

围网放养场地确定后，要选择尼龙网围成高1.5米的封闭围栏，鸡可在栏内自由采食。围栏面积根据饲养数量而定，一般每只鸡平均占地8米^2。

鸡舍应选择在地势高、干燥、排水良好、距离道路500米以上的地方修建，也可在树林中或林地边，坐北朝南修建鸡舍。鸡舍可采用塑料大棚式，宽6米，长度按鸡的数量而定，大棚顶内层铺无滴膜，上铺一层用以保温隔热的稻草，在稻草上再用塑料薄膜覆盖，并用绳固定。塑料大棚纵轴的两侧下沿可卷起或放下，以调节室内温度和换气。棚内地面可垫细沙，使室内干燥，每平方米养鸡6～8只，同时，搭建多层产蛋窝和栖架，产蛋窝大小以容纳2只鸡为宜。

2. 饲养管理要点

育成期是指雏鸡经育雏脱温后到母鸡开产、公鸡上市阶段，是鸡生长发育的关键期，要注意以下饲养管理技术要点。

（1）放养季节　选择尽量安排雏鸡脱温后在白天气温不低于10℃时开始放养。

（2）放养驯导与调教　为使土鸡按时返回棚舍，便于饲喂，脱温的土鸡在早晚放归时，可定时用敲盆或吹哨来驯导和调教。最好两人配合，一人在前面吹哨开道并抛撒饲料，让鸡跟随哄抢；另一人在后面用竹竿驱赶，直到全部进入饲喂场地。为强化效果，开始的前几天，每天中午在放养区内设置补料槽和水槽，加少量的全价饲料和清水，吹哨并引食1次。同时，饲养员应及时赶走提前归舍

的鸡，傍晚再用同样的方法进行归舍驯导。如此反复训练几天，鸡群就能建立条件反射。

（3）供给充足的饮水 在鸡活动的范围内放置一些饮水器具，如每 50 只鸡准备 1 瓷盆水。同时避免让鸡喝不干净的水。

（4）定时定量补饲 补饲时间要固定，不可随意改动。夏秋季可以少补，冬春季可多补一些；30～60 日龄日补精料 25 克左右，日补 1～2 次。参考配方为玉米 61%、豆粕 15%、花生仁饼 6%、麸皮 7%、细糠 5%、鱼粉 3%、骨粉 1.7%、植物油 1%、食盐 0.3%。8 周龄后，要提高饲料的能量浓度和饲喂量，还需要增加油脂，但不可加牛油、羊油等膻味浓的脂肪。脂肪的添加量为 3%～5%。日补精料量，3～4 月龄补 30～35 克，5～6 月龄补40～45 克，7～8 月龄补 50～55 克，日补 2 次，早晚各 1 次。

（5）发酵生虫 在放牧场内利用经杀菌消毒处理发酵的猪、鸡粪加 20%的肥土和 3%的糠麸拌匀堆成堆后，覆膜发酵 7 天左右，将发酵料铺在砖砌地面上，用草盖好，保持潮湿 20 天左右即可生虫。每天将发酵料翻撒一部分，供鸡食用，可节约饲料 30%。

（6）补充光照 冬、春季节自然光照短，必须实行人工补光。每平方米以 5 瓦为宜，从傍晚到晚上 10 时，从早晨 6 时到天亮。不能猛然长时间补光，每天光照增半小时，逐渐过渡到晚上 10 时。若自然光照超过每天 11 小时，可不补光。晚上熄灯后，还应有一些光线不强的灯通宵照明，使鸡可以行走和饮水。在夏季昆虫较多时，可在栖息的地方挂些紫光灯或白炽灯。

（7）防兽害和药害 要采取措施防止黄鼠狼、老鹰等天敌捕鸡。若在果园内放养柴鸡，喷洒农药时一定要使用生物农药。

（8）定期防疫与驱虫 按鸡疫病防疫程序，30 日龄鸡新城疫Ⅰ系冻干苗滴鼻或点眼 1.5 头份，鸡痘皮下刺种双针；40 日龄禽流感油苗颈背部皮下注射 0.4 毫升；50 日龄喉气管炎冻干苗点眼 1 头份；60 日龄新城疫Ⅰ系冻干苗肌内注射 1 头份；90 日龄喉气管炎冻干苗点眼 1 头份；110 日龄鸡痘冻干苗皮下刺双针，新城疫油苗肌内注射 0.6 毫升，新城疫Ⅳ系饮水 4 头份；120 日龄禽流感油苗肌内注射 0.6 毫升。定期使用药物进行驱虫。

（9）精心管理　育成期管理要做到“五勤”。

① 放鸡时勤观察。健康鸡总是争先恐后向外飞跑，病弱鸡行动迟缓或不愿离舍。

② 清扫时勤观察。清扫鸡舍和清粪时，观察粪便是否正常。

③ 补料时勤观察。补料时勤观察鸡的精神状态，健康鸡往往显得迫不及待，病弱鸡不吃食或反应迟钝。

④ 呼吸时勤观察。晚上关灯后倾听鸡的呼吸是否正常，若带有“咯咯”声，则说明呼吸道有疾病。

⑤ 采食时勤观察。从放养到开产前，采食量逐渐增加为正常。若发现病鸡，应及时治疗和隔离。

三、产蛋期的饲养管理

产蛋期饲养管理是白天让鸡在放养区内自由采食，早晨和傍晚各补饲 1 次，日补饲量以 50～55 克为宜，在整个产蛋期要做到以下几点。

1. 产蛋期营养浓度

饲料应以精料为主，适当补饲青绿多汁饲料，其精料营养浓度，粗蛋白质含量在 15%～16%、钙为 3.5%、磷为 0.33%、食盐 0.37%。要加强鸡过渡期的管理，由育成期转为产蛋期喂料要有一个过渡期，当产蛋率在 5%时，开始喂蛋鸡料，一般过渡期为 6 天，在精料中每 2 天换 1/3，最后完全变为蛋鸡料。

2. 增加光照时间

一般实行早晚 2 次补光，早晨固定在 6 时开始补到天亮，傍晚 6 点半开始补到 10 时，全天光照为 16 小时以上，产蛋 2～3 个月后，将每天光照时间调整为 17 小时，早晨补光从 5 时开始，傍晚不变，补光的同时补料，补光一经固定下来，就不要轻易改变。

3. 产蛋初期饲养

（1）看蛋重　产蛋 2 个月后，蛋重基本达到正常标准，平均

24 枚鸡蛋重 1 千克，营养不足会影响蛋的重量。

（2）看蛋形　柴鸡蛋，蛋形圆满。若蛋大端偏小，是欠早食，应补充足够的精料。

（3）看产蛋率上升趋势　最迟 3 个月后产蛋率达到 60%左右；如果产蛋率波动较大，要从饲养管理上找原因。

（4）看鸡体重　产蛋一段时间后，如鸡体重不变，说明管理恰当；鸡过肥或过瘦，都应调整饲喂量。

（5）看食欲　喂鸡时，鸡很快围聚争食，可以适当多喂些；若来得慢，不聚拢争食，应少喂些。

4. 预防母鸡就巢性

幽暗环境和窝内积蛋不取，可诱发母鸡就巢性，所以应增加拣蛋次数，做到当日蛋不留在产蛋窝内过夜。一旦发现就巢鸡应及时改变环境，将其放在凉爽明亮的地方，多喂些青绿多汁饲料，鸡会很快离巢。

5. 严格防疫消毒

在放养环境中生长的土鸡，容易受外界疾病的影响，所以防疫、消毒工作必须到位。

① 要在兽医人员指导下严格按照鸡疫病防疫程序进行防制。

② 要搞好卫生消毒。放养场进出口设消毒带或消毒池，并谢绝参观。

③ 要做到“全进全出”。每批鸡放养完后，应对鸡棚彻底清扫、消毒，对所用器具、盆槽等熏蒸 1 次再进下一批鸡。

6. 注意天气恶劣

天气不好时，应及时将鸡群赶回棚内进行舍饲，不要上山放养，避免死伤而造成损失。

四、育肥期的饲养管理

育肥期是母鸡增膘育肥的重要阶段。这段时间采取笼养方式，通过特殊的管理，使土鸡在比较短的时间内获得比较高的增重，沉积比较多的脂肪，提高土鸡的肉质和风味。

1. 笼养前的准备

土鸡笼养前2～3天，要进行1次驱虫，驱除土鸡体内的寄生虫，鸡舍的内、外环境，饲槽、料桶等，要进行清洗和常规消毒，防止引入病原。

2. 转群

这里的转群是指土鸡由育成舍转到育肥舍。冬季转群应选择无风的晴天，最好在中午进行，夏季则应避开中午的炎热时间，尽量选择早上或夜晚进行。

3. 日常管理

母鸡育肥阶段最适宜的温度是18～22℃，空气相对湿度要求在50%左右，舍内要保持通风干燥。夏季要注意防暑降温，可通过24小时不关门窗或泼洒凉水、开排气风扇，多设置水盆等措施来达到防暑降温的目的。冬春寒冷季节要注意防寒保暖，在保温的同时，要协调好保温与通风的关系。

育肥期间，适当增加光照，有利于促进母鸡生长发育，提高饲料转化率，一般要求8～12小时的光照。增加饲料投喂量是促使母鸡尽快增肥的重要措施之一，但是增加的速度不能过快，一般从110日龄开始，每周在原来喂料量的基础上增加5%的量，直到增至90%～95%为止，喂料量大约105克，以后维持这样的料量直至鸡出栏。

母鸡过完产蛋期，采用土鸡散养后期育肥技术，可使土鸡肉质细嫩，口感好，香味足，再加上这个时候体重增长也缓慢下来，所以，应该及时上市销售，以便获得良好的经济效益。

第九章

土鸡的疾病防治技术

第一节　严格执行卫生防疫制度

一、科学的饲养管理

土鸡具有生长速度慢、生长周期长、肉质风味好、营养全面、抗病力强、耐粗饲等特点，从这些基本特征来看，饲养管理工作不仅影响土鸡的生长发育，更影响土鸡的健康和抗病能力。只有科学的饲养管理，才能维持土鸡机体健壮，增强机体的免疫力和抗病能力。

1. 提供优质饲料，保证营养供给

饲料为土鸡提供营养，鸡依赖于饲料中的营养物质生长发育、生产和提高抵抗能力，从而维持其健康和生产性能的发挥。所提供的饲料营养物质不足、过量或不平衡，不仅会引起土鸡的生产性能下降，而且会引起营养缺乏症和中毒症，进而影响鸡体的免疫力，增强对疾病的易感性。

2. 充足卫生的饮水

水是最重要、最廉价的营养物质，也最容易受到污染和传播疾病，所以土鸡场要保证水的充足供应和卫生条件。要求饮用优质地下水，水质符合饮用水标准。

3. 保持适宜的环境条件

（1）散养土鸡的环境条件

① 地势。在平原应该选择地势高燥、平坦、开阔的地方。避免低洼潮湿、排水不畅的地方。放养地地下水位要低。在丘陵和山地应选在地势较高、背风向阳、山坡缓的地方。山地放养需要避开容易发生地质灾害的地方，也应避开坡底、谷口地以及风口，免除山洪或暴雨的袭击。

② 土壤。只要是在有丰富的饲草资源和非低洼潮湿地块，任何土质和土壤的地块都可以放养。为了保证鸡的健康，除了有坡度的山区和丘陵外，最好是沙质土壤，以防雨后场地积水而造成泥泞，影响鸡的健康。

③ 水源水质。场址附近必须有清洁充足的水源，取用和防护方便。放养期间要保证充足优质的饮水，尤其是在野外植被稀疏的地块和阳光充足、风吹频繁及干燥的气候条件下，鸡的饮水量大于室内笼养。最理想的水是不经过处理或稍加处理即可饮用的水。水源最好是地下水，以自来水管道输送，地面水源包括江河水、湖泊水，使用时需进行处理。

④ 地形。由于实行规模化养殖，放牧地块面积尽量大而宽阔，不小于 30 亩，不要选择过于狭长或边角过多的多边形地块。

⑤ 植被。选择野生或人工牧草的生长密度高或牧草的覆盖率高的地方。植被中最好是有大量鸡喜欢采食的草种的地方，特别是野草类。最好选在果园农田林地的野生草质量较好的地方，其他地方则需要经过人工改良。

⑥ 放养密度。生态放养土鸡确定适宜的养殖密度很重要，放养密度既要充分利用山场的生物资源，又不影响生态平衡。林地放养的实际密度根据植被条件和管理方式作出调整。一般放养密度在 50～200 只/亩，饲养密度的把握，要根据鸡的成长、人工喂养饲料比例、鸡群生长状况进行相应调整。

（2）养殖场养殖土鸡的环境条件

① 保持适宜的饲养密度。养殖场养殖土鸡应该注意饲养密度的控制，密度过大，鸡群拥挤，不但会造成鸡采食困难，而且空气中尘埃和病原微生物数量较多，最终引起鸡群发育不整齐，免疫效

果差，易感染疾病和啄癖。密度过小，不利于鸡舍保温，也不经济。密度的大小应随品种、日龄、鸡舍的通风条件、饲养的方式和季节等而作调整。

② 保持适宜的光照。光照是一切生物生长发育和繁殖所必需的。合理的光照时间和光照强度不但可以促进土鸡的生长发育，而且可以提高机体的免疫力和抗病能力。土鸡光照强度不能过强，否则易引起鸡群骚动不安、神经质和啄癖等现象。

③ 保持适宜的温湿环境。适宜的温湿环境既可以提高鸡群的饲料转化率，又可以防止环境应激所造成的不利影响。根据不同阶段土鸡的温度和湿度，需要提供最适宜的温湿环境。

④ 保持适量的通风换气。土鸡在生长、生产过程中，需要大量的氧气，排出大量的二氧化碳。舍内空气容易污浊，有害气体、二氧化碳、微粒和微生物等含量极易超标，给土鸡的健康养殖和生长带来巨大危害，特别是冬季舍内密闭严密，有害气体更易超标，刺激呼吸道黏膜，引起黏膜损伤，使病原易于侵袭。

二、健全卫生防疫制度

1. 正确选择鸡场位置，合理布局场内建筑

养鸡场应建在远离村庄及其他人口集中活动区，远离交通要道，距离至少1000米以上。场址要求选在地势较高、易于通风、水源充足、水质优良、周围环境安静的地方。场内建筑布局应按主要风向从上风方向至下风方向依次为孵化室、育雏室、中雏舍、大雏舍和成年鸡舍。各种鸡舍相距不少于30米。其他用房与鸡舍距离应不少于100米，整个鸡场应建围墙与外界相隔，并隔开生产区、生活区和办公区。

2. 建立严格的兽医卫生制度

实践证明，场内卫生状况与鸡饲养成败关系很大，良好的卫生条件往往会在疫病防控方面达到事半功倍的效果。

（1）饮水卫生　要求饮用优质地下水，水质符合饮用水标准。

（2）饲料卫生　除提供合理的全价饲料之外，应特别注意饲料及原料等在收购、运输、储存等环节防止污染（微生物、鼠类及工业污染）、霉败、变质。

（3）鸡舍卫生　鸡舍卫生应在做好清洁消毒的基础上，认真做好防鸟类、防昆虫、防鼠害和防止人为污染的工作。鸡舍严禁外人进入。鸡舍应注意通风，保持鸡舍内空气流通、无异味，尽最大可能降低有害气体（如氨气、二氧化碳等）的浓度，减少空气中颗粒粉尘及病原微生物的含量，对保证鸡体健康、防止疾病发生有重大意义。

（4）鸡粪的无害化处理　鸡粪中含有多种微生物和寄生虫卵，必须无害化处理。无害化处理的方法很多，可根据各养鸡户的具体情况，选择较适宜的方法处理。病死鸡切不可乱扔乱丢，以免引起更多鸡或更大面积的鸡只感染发病。病死鸡，特别是烈性传染病死亡鸡应焚烧、挖坑深埋，或做化学药物处理后深埋。

3. 健全防疫制度

严格执行国家和地方政府制定的动物防疫法及有关畜禽防疫卫生条例，阻断病原的传入和传播。

① 鸡场出入口，设消毒池，池内保持有效消毒液（使用2%烧碱）。

② 保证进出人员及车辆消毒工作。外来人员未经负责人或兽医部门同意不得进入生产区。

③ 任何其他禽及其禽产品不得带入生产区。

④ 饲养员每天要保持环境清洁卫生，不得在不同鸡群间串门。

⑤ 生产区1周消毒1次，工作区和周围环境2周彻底消毒1次。

⑥ 任何外来人员在得到批准后方可进入生产区，进入前必须更衣、消毒，紫外线下照射10分钟，穿全封闭一次性工作服在技术员的陪同下进入。

⑦ 场内兽医人员不得对外诊疗鸡只及其他动物的疾病。

⑧ 生产人员不得随意离开生产区，在生产区穿工作服和胶靴，

工作服应保持清洁，定期消毒。

根据本地区鸡病发生和流行的特点，制定合理的免疫程序，有计划地进行免疫接种，控制主要传染病的发生，用最少的投入达到最好的防病效果。

三、消毒

消毒是消灭病源，杜绝疾病发生的根本措施。现代养鸡生产中，消毒是鸡场必不可少的制度。土鸡养殖过程中同样不能忽视消毒工作。

1. 加强消毒设施建设

鸡场及鸡舍门口必须建造消毒池或设立消毒设施。消毒池的长度不得少于能通过车辆车轮周长的2.5倍，其宽度和深度视能通过车辆的种类而定。场门口及其有条件的鸡舍入口处可设立消毒间，消毒间内安装紫外线灯和淋浴消毒。

2. 建立严格的消毒制度

鸡场应严格按照消毒规程进行场地消毒。进出鸡场、鸡舍的车辆、工作人员必须经过消毒，鸡舍及相关的场地应定期消毒；鸡群转群或淘汰后，鸡舍要进行彻底消毒。鸡舍内用具应经常清洗，定期消毒；有条件的养殖场各鸡舍的用具等尽可能不交叉使用，在不同日龄、批次的鸡群鸡舍内尤其注意。不经无害化处理的死鸡不得出场。

3. 合理使用消毒药品

生产实践中鸡场常用的化学消毒药品很多，使用时应根据消毒对象的情况而定。首先要考虑这种消毒药对病原微生物的杀灭效果，其次要考虑对鸡只和人的安全性，同时要考虑消毒药要来源广泛、价格低廉和使用方便等。使用消毒药物时要仔细查看药品使用说明，严格按照其用法、用量使用。消毒前应首先清扫、冲洗，以保证消毒药物能充分接触所要消毒的物体、用具等。养鸡生产实际中常用消毒药物见表9-1。

表 9-1　养鸡生产实际中常用消毒药物

名称	化学性质	消毒范围	用法用量	注意事项
烧碱(氢氧化钠)	碱类	细菌、病毒、寄生虫卵	常用1%～2%热溶液喷洒	有较强腐蚀性
生石灰(氧化钙)	碱类	细菌、病毒	直接洒在地面或配成20%石灰乳	
百毒杀	季铵盐类	细菌	带鸡消毒、饮水、环境消毒	
过氧乙酸	酸类	广谱消毒剂	0.04%～0.1%溶液用于喷雾,3%～5%溶液用于加热熏蒸房舍	现配现用,不能加热
醋酸	酸类	革兰阴性及部分革兰阳性细菌,病毒	20～40毫升/100米^3,加热熏蒸房舍	
复合酚(菌毒敌、菌毒净)	酚、酸	病毒、细菌、外寄生虫	0.3%喷洒场地、车辆,0.5%用于昆虫和寄生虫的消毒	不与碱性药物混用
甲醛溶液(福尔马林)	醛类	细菌、病毒、真菌、芽孢	2%用于喷洒器械,4.8%喷洒地面,熏蒸房舍用40～60毫升/米^3	
漂白粉	卤素类	细菌	饮水消毒6～10克/吨,喷洒消毒1%溶液	不与碱性药物混用,对皮肤有刺激性,腐蚀金属
次氯酸钠	卤素类	细菌、病毒、芽孢、霉形体	饮水消毒(有效氯5毫克/升)、带鸡喷雾消毒(有效氯180毫克/升)	
威力碘	卤素类	细菌、病毒	带鸡消毒(0.5%)、饮水消毒(0.3%)、清洗器械(1%)、浸泡种蛋(1%)	
碘伏	卤素类	细菌	环境消毒(0.5%)、皮肤消毒(0.75%)	
苯扎溴铵	表面活性剂	细菌	0.05%～0.1%用于皮肤、机械消毒,0.1%用于种蛋喷洒消毒	不宜与肥皂、洗衣粉、碘、过氧化物合用

续表

名称	化学性质	消毒范围	用法用量	注意事项
菌毒清	表面活性剂	细菌	0.2%用于带鸡消毒	能使金属生锈
消毒净	表面活性剂	细菌	器械浸泡(0.1%溶液)	
高锰酸钾	氧化剂	细菌、芽孢	0.05%用于饮水消毒	

四、科学的免疫预防

免疫预防是防制鸡传染性疾病（特别是病毒性传染病）的有效措施之一。预防接种是指将抗原（疫苗、菌苗、类毒素等）通过特定途径接种到鸡只体内，使鸡产生与之相对应的抗体。再遇特定病原体侵入鸡体时，抗体就会与它发生特异性结合，从而保障鸡只不受感染，也就是通常所说的鸡有免疫力。

1. 常用的预防接种方法

疫苗的接种方法主要有注射、饮水、滴鼻、点眼、气雾、刺种等，在使用前一定要认真阅读疫苗使用说明书，按其所注明的方法接种。

（1）注射法　注射法分为肌内注射和皮下注射。肌内注射的位置一般选在胸肌、腿肌（外侧）等肌肉较发达的部位。胸肌注射时选择胸肌最发达的部位，针头斜向扎入，防止因注入太深刺伤内脏器官导致死亡；腿肌注射选在外侧血管、神经较少的部位，避免造成跛行。适用于肌内注射的疫苗主要包括一些活毒苗或灭活苗，如新城疫Ⅰ系疫苗、禽霍乱疫苗等。皮下注射是将疫苗注射在皮下，常选择在皮肤较松弛的部位，如颈部皮下等。注射时用大拇指与食指捏起颈部皮肤，将注射器针头扎入两层皮之间，然后注入药液。使用此法时，应防止针头扎透两层皮肤导致药液外注。适用于此种接种方法的疫苗有马立克疫苗。注射所用器械使用前后一定要进行彻底消毒。

（2）饮水法　将疫苗按要求的浓度配成水溶液，让鸡饮服。这种方法是一种操作简便、省人力、对鸡影响小的免疫方法。适用于饮水的疫苗有新城疫Ⅳ系、传染性支气管炎苗、法氏囊苗等。饮水免疫时应准备充足的饮水器，饮水前停水2～3小时（冬季适当延长停水时间），疫苗稀释后半小时内饮完。免疫前后24小时内禁止饮服高锰酸钾或含漂白粉的自来水，避免经水投服其他药物。

（3）点眼、滴鼻法　用滴管吸取已稀释好的疫苗，滴入鸡的眼内或鼻孔中。这种方法无漏免现象，免疫效果好，但需要逐只抓鸡，劳动强度大，适合于雏鸡。常用于此法接种的疫苗有新城疫Ⅱ系、Ⅲ系、Ⅳ系以及传染性支气管炎、传染性喉气管炎弱毒疫苗。接种时应注意确实将疫苗滴入眼中或鼻中。

（4）气雾法　用高压喷雾器将疫苗喷洒于鸡头方向，距鸡头上方50厘米，气雾粒子直径以30～50微米为适，鸡可通过呼吸道吸入疫苗。此法既省人工又不惊扰鸡群，免疫效果较好。适于大、中型机械化或半机械化鸡场。但是，气雾法必须用于60日龄以上的鸡群。气雾免疫时应关闭所有的通风口，免疫后15分钟可打开。气雾免疫的操作人员要搞好自身的防护工作，如带上防毒面罩或口罩，穿上防毒服装等。可用于气雾免疫的疫苗有新城疫Ⅱ系、新城疫Ⅳ系和传染性支气管炎弱毒疫苗等。

（5）刺种法　用消毒的蘸水钢笔尖或刺种针蘸取已稀释的疫苗，刺于鸡的翅内侧无血管区的内皮下，旋转半圈。此免疫方法抓鸡的劳动强度大，给鸡造成的应激大，用前在饲料中最好加入2～3倍的维生素C。适用于此种接种方法的疫苗有鸡痘疫苗。接种后5～7天对接种效果进行检查，方法是打开接种鸡的翅膀，观察接种疫苗部位，若发现已结痂则说明接种成功，否则应重新接种。

2. 免疫程序

推荐的商品蛋鸡和种鸡的免疫程序见表9-2。

表9-2　商品蛋鸡和种鸡推荐免疫程序

日龄	防治疾病名称	使用疫苗名称	使用方法
1	马立克病	HVT、CVI988	皮下注射

续表

日龄	防治疾病名称	使用疫苗名称	使用方法
7～10	新城疫	Ⅱ系、Ⅳ系、Clone30	滴鼻，点眼，饮水，气雾
	传染性支气管炎	H120 株	
12～14	传染性法氏囊炎	NF8 中等毒力苗	滴鼻，点眼
18～20	新城疫	Ⅱ系、Ⅳ系、Clone30 株	滴鼻，点眼，饮水，气雾，刺种
22	鸡痘	鹌鹑化弱毒苗	刺种
24～28	传染性法氏囊炎	NF8 中等毒力苗	滴鼻，点眼
	鸡毒霉形体	TS-200 株活苗	
31～33	传染性喉气管炎	冻干苗	滴鼻，点眼
33～40	传染性鼻炎	油乳剂灭活	皮下注射
42	传染性支气管炎	H52 株	滴鼻，饮水
70	新城疫	Ⅳ系（或Ⅰ系）	饮水或气雾（Ⅰ系肌内注射）
80	传染性喉气管炎	冻干活苗	滴鼻，点眼
90	禽霍乱	G190E40 活苗	肌内注射
110	传染性鼻炎、鸡毒霉形体	TS-200 株活苗	点眼
115～120	新城疫、传染性支气管炎	油乳剂灭活	皮下注射
125～130	禽流感	H_5+H_9油苗、油乳剂灭活	皮下注射
130～140	传染性法氏囊炎、产蛋下降综合征	油乳剂灭活	皮下注射
300	新城疫	Ⅳ系	饮水或气雾

3. 免疫时应注意的问题

为了保证免疫效果，在制定免疫程序及免疫过程中，应注意的问题：确定接种疫苗的种类、确定接种疫苗的时间、保证疫苗质量、减少接种应激。

五、药物防治

鸡群一旦发病，要及时送兽医部门诊断，以确定病性、病因，针对发病原因进行药物治疗。如怀疑为传染性疾病则应立即隔离，场地严格消毒，防止病情扩大，减少因鸡病造成的损失。就目前兽医药学的发展来讲，由病毒引发的鸡病还没有特效的化学药物。虽然在临床上已有应用抗血清等一类生物制品治疗此类疾病，但往往因发病时间或确诊时间延误，造成治疗效果欠佳。同时，生物制品特别是抗血清、免疫球蛋白价格较昂贵，应用此类药品时应考虑饲养成本、群体状况等因素，再决定使用与否。细菌性疾病有比较多的化学药品及中药可供选择使用，但由于细菌耐药性的产生，在选用药物之前，最好做药敏试验，做到有的放矢，取得较好的治疗效果。另外，为确保食品安全，养鸡生产中使用药物一定要遵守国家相关的兽药使用规定。养鸡生产中常用药物的用法、用量见表9-3；常用药物的休药期、应用限制和允许残留量见表 9-4；禁用药物见表 9-5。

表 9-3 常用药物的用法、用量

药物	防治对象	用法、用量
青霉素 G	葡萄球菌病、链球菌病、坏死性肠炎、禽霍乱及各种并发或继发感染	肌内注射或皮下注射：雏鸡 2000～5000 单位/只，成年鸡 5000～10000 单位/只，每天 2～3 次 饮水：雏鸡 2000～5000 单位/只，成年鸡 5000～10000 单位/只，每天 2～3 次，或每千克水中加药 5000～10000 单位
链霉素	禽霍乱、传染性鼻炎、白痢、伤寒、副伤寒、大肠杆菌病、溃疡性肠炎、慢性呼吸道病、弧菌性肝炎	肌内注射或皮下注射：雏鸡 5000 单位/只，成年鸡 10000～20000 单位/只，每天 2～3 次 饮水：雏鸡 5000 单位/只，成年鸡 10000～20000 单位/只，每天 2～3 次，或每千克水中加药 80000～100000 单位；气雾 1 米 320 万单位，雏鸡 30 万～40 万单位
庆大霉素	大肠杆菌病、鸡白痢、伤寒、副伤寒、葡萄球菌病、慢性呼吸道病、铜绿假单胞菌病	皮下注射或肌内注射：3000～5000 单位/只，每天 1 次 混饮：3000～5000 单位/只，每天 1 次，连续 3～5 天

续表

药物	防治对象	用法、用量
卡那霉素	大肠杆菌病、鸡白痢、伤寒、副伤寒、霍乱、坏死性肠炎、慢性呼吸道病	肌内注射或皮下注射:10～15毫克/千克体重,每天2次 混饲:400～500毫克/千克饲料 混饮:250～350毫克/升
新霉素	大肠杆菌、鸡白痢、伤寒、副伤寒、肠杆菌科细菌引起的呼吸道感染	混饲:70～140毫升/千克饲料 混饮:40～80毫克/升
四环素、金霉素、土霉素	鸡白痢、伤寒、副伤寒、禽霍乱、鸡传染性鼻炎、传染性滑膜炎、慢性呼吸道病、葡萄球菌病、链球菌病、大肠杆菌病、李氏杆菌病、坏疽性皮炎、球虫病	肌内注射或皮下注射:10～25毫克/千克体重,每天2次 混饲:治疗量200～600毫克/千克饲料,预防量100～300毫克/千克饲料 混饮:治疗量150～400毫克/升,预防量80～200毫克/升
强力霉素	鸡白痢、伤寒、副伤寒、禽霍乱、鸡传染性鼻炎、传染性滑膜炎、慢性呼吸道病、葡萄球菌病、链球菌病、大肠杆菌病、李氏杆菌病、溃疡性肠炎、坏疽性皮炎、球虫病	注射:20毫克/千克体重,每天1次 混饲:100～200毫克/千克饲料 混饮:60～120毫克/升
红霉素	慢性呼吸道病、传染性滑膜炎、传染性鼻炎、葡萄球菌病、链球菌病、弧菌性肝炎、坏死性肠炎	肌内注射或皮下注射:4～8毫克/千克体重,每天2次 内服:7.5～10毫克/千克体重,每天2次 混饲:180～220毫克/千克饲料 混饮:105～130毫克/升
泰乐菌素	慢性呼吸道病、传染性关节炎、坏死性肠炎、传染性鼻炎、坏疽性皮炎,促进生长、提高饲料报酬	肌内注射或皮下注射:25毫克/千克体重,每天1次 内服:25～50毫克/千克体重,每天1次 混饲:250～500克/千克饲料 混饮:140～300毫克/升 促生长添加剂量:5～10毫克/千克饲料
北里霉素	慢性呼吸道病、促进生长、提高饲料报酬	肌内注射或皮下注射:25～50毫克/千克体重,每天1次 混饲:500毫克/千克饲料,连用5天 混饮:300克/升,连用5天 促生长饲料添加量:5.5～11毫克/千克饲料

续表

药物	防治对象	用法、用量
支原净	慢性呼吸道病、传染性滑膜炎、气囊炎、葡萄球菌病	肌内注射或皮下注射:25毫克/千克体重,每天1次 混饲:治疗量为335毫克/千克饲料,预防量减半 混饮:治疗量为250毫克/升,预防量减半
林可霉素	慢性呼吸道病、葡萄球菌病、坏死性肠炎、促进肉鸡生长	内服注射或皮下注射:10～20毫克/千克体重,每天1次 口服15～20毫克/千克体重,每天1次 混饲:300～400毫克/千克饲料 混饮:130～240毫克/升 促生长饲料添加剂量:2～4毫克/千克饲料
制霉菌素	曲霉菌病、念珠菌病、鸡冠癣	内服:10～15毫克/千克体重 混饲:100～130毫克/千克饲料,连用7～10天 气雾:50万单位/米^3,吸入30～40分钟 预防混饲:50～65毫克/千克饲料,每月喂1周
磺胺二甲嘧啶	禽霍乱、慢性呼吸道病、鸡白痢、鸡伤寒、副伤寒、球虫病	内服:0.01～0.13克/千克体重,每天2～3次,首次量加倍 混饲:0.3%～0.5%,连用3～4天
磺胺五甲氧嘧啶	禽霍乱、慢性呼吸道病、鸡白痢、鸡伤寒、副伤寒、球虫病	内服:0.05～0.15克/千克体重,每天2次,首次量加倍 肌内注射或皮下注射:0.05～0.15克/千克体重,每天2次,首次量加倍 混饲:0.1%～0.3% 混饮:0.05%～0.15%
氟哌酸	禽霍乱、鸡白痢、伤寒、副伤寒、葡萄球菌病、链球菌病、大肠杆菌病	混饲:50～100毫克/千克饲料

续表

药物	防治对象	用法、用量
增效磺胺	禽霍乱、伤寒、白痢、葡萄球菌病、李氏杆菌病、链球菌病、丹毒、大肠杆菌病、球虫病、卡氏白细胞原虫病	肌内注射或皮下注射：20～25毫克/千克体重，每天1～2次 口服：20～25毫克/千克体重，每天1～2次 混饲：200～500毫克/千克饲料
新生霉素	葡萄球菌病、禽霍乱、溃疡性肠炎、坏死性肠炎	口服：15～25毫克/千克体重，每天1～2次 混饲：260～350毫克/千克饲料，连用5～7天 混饮：130～210毫克/升，连用5～7天

表 9-4　常用药物的休药期、应用限制和允许残留量

药物	屠宰前休药期/天	应用限制	允许残留量/(毫克/千克)
金霉素	1	混饲浓度超过556毫克/千克饲料时，不能用于产蛋鸡	肾脏4；肌肉、肝脏、脂肪、皮肤1；蛋0
红霉素	2	混饲浓度超过206毫克/千克饲料时，禁用于产蛋鸡	食用组织0.125；蛋0.025
恩诺沙星	8	禁用于产蛋鸡	
莫能菌素	5	禁用于产蛋鸡	肌肉1.5；脂肪、皮肤3.0；肝脏4.5
阿莫西林	7	禁用于产蛋鸡	
新生霉素	4	禁用于14周龄以上的后备鸡群	
盐酸氯苯胍	6	禁用于产蛋鸡	皮和脂肪0.2；其他食用组织0.1
磺胺间二甲氧嘧啶	28	16周龄以上鸡禁用	食用组织0.1
氨丙啉	3	仅用于防治球虫	肝脏和肾脏1；肌肉0.5；蛋4
杆菌肽	0		肉和蛋0.05
林可霉素	5		食用组织0.1

续表

药物	屠宰前休药期/天	应用限制	允许残留量/(毫克/千克)
四环素	5	产蛋期禁用	食用组织 0.25
制霉菌素	0	混饲浓度为 56～111 毫克/千克饲料	食用组织 0
土霉素	5	混饲浓度为 56～222 毫克/千克饲料	肾脏 3；肌肉、肝脏、脂肪和皮 1
青霉素	0	混饲浓度为 27～139 毫克/千克饲料	食用组织和蛋 0
大观霉素	5	禁用于产蛋鸡	食用组织 0.1
硫酸链霉素	4	用药不超过 4 天，禁用于产蛋鸡	食用组织和蛋 0
多黏菌素 B	5	禁用于产蛋鸡	0
硫酸庆大霉素注射剂	35	仅用于 1 日龄仔鸡	
二甲氧甲基苄氨嘧啶	5	禁用于 16 周龄以上的鸡群	食用组织 0.1
磷酸泰乐菌素	5		食用组织和蛋 0.2
二硝托胺	3	禁用于产蛋鸡	食用组织 2
竹桃霉素	7	禁用于产蛋鸡	食用组织 0.15

表 9-5　养鸡生产中禁用的药物

序号	禁用药物种类	禁止用途
1	兴奋剂类：克仑特罗、沙丁胺醇、西马特罗及其盐类、酯及制剂	所有用途
2	性激素类：己烯雌苯酚及其盐、酯及制剂	所有用途
3	类雌激素类作用的物质：玉米赤霉醇、醋酸甲羟孕酮及制剂	所有用途
4	氯霉素及其盐类、酯及制剂	所有用途
5	氨苯砜及制剂	所有用途
6	硝基呋喃类：呋喃唑酮、呋喃苯烯酸钠及制剂	所有用途
7	硝基化合物：硝基苯酚钠、硝呋烯腙及制剂	所有用途

续表

序号	禁用药物种类	禁止用途
8	催眠、镇静类：安眠酮及制剂	所有用途
9	林丹	杀虫剂
10	各种汞制剂：氯化亚汞、硝酸亚汞、醋酸汞	杀虫剂
11	硝基咪唑类：甲硝唑、地美硝唑及其盐、酯及制剂	促生长
12	催眠、镇静类：氯丙嗪、安定及其盐、酯及制剂	促生长

第二节　鸡疫病诊断的一般方法

一、依据流行特点判断

鸡许多疾病的发生与年龄、季节、气候条件、饲养管理水平等有密切关系，有一定的发生和发展规律，尤其是传染性疾病。掌握了这一规律，对于正确诊断疾病很有帮助。

1. 与年龄有关的疾病

有些疾病的发生与年龄有密切的关系，即某一年龄段的鸡对某一疾病有较强的易感性，表现为发病率和死亡率均高于其他年龄段的鸡，依此作为正确诊断疾病的依据之一。与鸡年龄有关的疾病主要有鸡白痢、球虫、传染性法氏囊病、传染性马立克病、鸡淋巴细胞白血病、传染性支气管炎、传染性脑脊髓炎、脑软化症、鸡减蛋综合征等。

2. 与季节关系较密切的疾病

鸡痘主要发生在每年的7～10月，此时蚊蝇的叮咬为传播这种病毒创造了良好的条件；气温急剧变化时，鸡淋巴细胞白血病、支原体病、传染性支气管炎、传染性喉气管炎等病发病率增加；夏季天热时，若不注意通风换气，鸡易发生中暑。

3. 与饲养管理条件关系密切的疾病

鸡舍卫生条件差，温度和湿度过高，鸡群密度大时，球虫病容易暴发；育雏温度过低时，鸡白痢的发病率增加；鸡舍通风不良时，易患呼吸道疾病；鸡舍消毒不及时，卫生条件极差时，易患大肠杆菌、葡萄球菌和铜绿假单胞菌病；鸡舍光线太强、温度太高时，鸡易出现啄癖现象等。

4. 与饲料关系密切的疾病

饲料中某种成分含量过高或过低时，可引起鸡的中毒或引发某种缺乏症。例如，当鸡长期采食高蛋白质和高钙饲料，同时缺乏维生素 A 和维生素 D 时，痛风病的发病率高；当鸡饲料中缺乏钙、磷，或两者的比例不适合，维生素 A 和维生素 D 的供给量不足时，常发生佝偻症或骨质疏松症；鸡食入不新鲜的肉粉或骨肉粉时，易引起肉毒梭菌中毒；饲料中食盐含量过高时，鸡出现腹泻，时间长时引起肠炎；饲料中维生素不足时，易患维生素缺乏症；喂发霉变质饲料或当鸡采食了发霉变质垫料、粪便时，易患曲霉菌病。

二、依据临床症状判断

1. 采食和饮水异常

根据鸡群每天的采食和饮水情况，可以判断是否健康以及饲养管理是否正常。如舍内温度高，鸡群采食量减少；舍内温度偏低，采食量增加。而当鸡患病时，采食量就减少，但饮水量增加。饲料含盐量高时，鸡群的饮水量也会增加。

2. 羽毛、冠、肉垂、胫、趾等异常

成年健康鸡羽毛整洁、光泽，排列匀称。刚出壳的雏鸡被毛为稍黄的纤细绒毛。当鸡发病时，尤其是患慢性消耗性病或营养不良时，被毛无光、蓬乱、逆立、粗糙，提前或推迟换毛。健康鸡的冠大而厚，颜色鲜红、肥润，组织柔软、细致、光滑。肉髯左右大小相称，丰满鲜红。冠、肉垂、胫、趾等部位颜色的改变，是病态的一种标志。通常鸡患病之时，冠和肉垂会出现异常颜色和形态。冠发白，多为内脏或大血管出血，或长期受寄生虫的侵袭（蛔虫、绦虫），也见于慢性病（结核、淋巴细胞性白血病）、营养缺乏等病症；冠发绀，常发生于急性热性疾病（如鸡新城疫、禽流感、鸡伤

寒、急性禽霍乱和螺旋体病），也见于呼吸系统的传染病（如鸡传染性喉气管炎、鸡支原体病）和中毒病；冠黄染，发生于白血病、螺旋体病和某些原虫病（如鸡住白细胞原虫病）；冠萎缩，常见于慢性疾病，初开产的鸡突然鸡冠萎缩为淋巴细胞性白血病。冠水疱、脓疱、结痂，为鸡痘的特征。冠上有粉末状结痂，见于黄癣、毛癣。鸡头肿大，常发生于鸡传染性鼻炎和禽流感。

3. 腹泻或下痢

鸡患有白痢、伤寒、副伤寒、传染性法氏囊炎、痛风、肾型传染性支气管炎病时，常排出白色稀粪；患有新城疫、霍乱、铜绿假单胞菌病、传染性支气管炎、传染性喉气管炎等病时，常排出黄绿色或淡绿色粪便；患球虫病、黄曲霉毒素中毒症、内寄生虫病、药物中毒、黑头病时，便中带血；患有白血病、大肠杆菌病、食盐中毒症、李氏杆菌病时，表现为腹泻；鸡舍温度过高时，因鸡大量饮水也可能出现腹泻。

4. 神经症状

可出现神经症状的疾病有鸡新城疫、鸡脑脊髓炎、马立克病、维生素 E 和硒缺乏症、中毒症等。患有鸡新城疫时，鸡表现兴奋、麻痹、痉挛，跛行或不能站立，翅膀、肌肉抽搐，运动失调，步态不稳，常就地转圈，头向后仰或向一侧扭曲，最后出现全身或部分瘫痪。鸡患脑脊髓炎病时，开始表现为精神不振，之后运动失调，前后摇晃，行步不能控制，足向外弯曲，两翅开张，难以行走，有努力保持身体平衡的欲望，但非常吃力。患有鸡马立克病时，两只脚一只向前，另一只向后，呈“劈叉”姿势。翅膀受害时，两翅或一翅下垂，呈“穿大褂”姿势。颈部神经受害时，歪颈或头下垂。迷走神经受害时，嗉囊麻痹和扩张。鸡患维生素 E 和硒缺乏症时，表现为运动失调，头颈弯曲或扭转，站立不稳，两脚发生痉挛性抽搐。患有中毒性疾病时，多表现痉挛、发抖、抽搐、昏迷甚至死亡。

5. 呼吸困难

鸡患有新城疫、传染性支气管炎、霍乱、传染性喉气管炎、传染性鼻炎、鸡慢性呼吸道等疾病时，常引起呼吸困难。鸡患有新城疫时，呼吸症状表现为伸直头颈张口呼吸，并发出“咯咯”的叫声；患有传染性支气管炎病时，病鸡颈伸长，张口呼吸，打喷嚏，呼吸发出一种特殊的叫声，人称“喘鸣”声，在夜间尤为明显；患鸡霍乱时，病鸡嘴张开呼吸，有时发出“咯咯”声；患传染性喉气管炎病时，病鸡吸气时张嘴、伸颈，尽力做吸气姿势；呼气时，可听到喷嚏和痉挛性的咳嗽，有时喷出带血的黏液或固体血液；患传染性鼻炎时，病鸡呼吸困难和呼吸有罗音；患鸡慢性呼吸道疾病时，呼吸困难，咳嗽，气管内有罗音。

6. 口、鼻附着分泌物

鸡患有某些疾病时，消化道、呼吸道内分泌物增加，经口、鼻流出。这些疾病主要包括鸡新城疫、传染性支气管炎、霍乱、传染性喉气管炎、传染性鼻炎、鸡慢性呼吸道疾病、维生素 A 缺乏症等。鸡患新城疫病时，口腔和鼻腔内积聚大量黏液，倒提鸡时，黏液可从口、鼻中流出；患传染性支气管炎时，鼻内流出黏液，眼内分泌物增多；鸡霍乱鼻内分泌物增多，并有特殊的臭味；患传染性喉气管炎时，鼻内有分泌物和湿性罗音，鼻孔中常积聚少量分泌物；患传染性鼻炎时，流出浆液性或黏液性鼻液，以后逐渐变为脓性，并有恶臭味，干后的黏液在鼻孔周围结痂，流眼泪，结膜肿胀，发炎；患鸡慢性呼吸道疾病时，出现浆液性鼻漏，表现为鼻炎、结膜炎、气管炎；患维生素 A 缺乏症时，鼻孔常流出鼻液，结膜发炎。

7. 眼疾

可引起眼部疾患的疾病主要有鸡痘、传染性喉气管炎、鸡慢性呼吸道疾病、曲霉菌病、传染性脑脊髓炎、马立克病、维生素 A 缺乏症、氨气中毒、大肠杆菌病、泛酸缺乏症、鸡伤寒和副伤寒等病。患有皮肤型鸡痘时，病鸡眼睑及其他无羽区长出豌豆大小、表面凸凹不平、内含黄脂糊状的结节，数个结节相连，产生大块的厚痂，使眼难以睁开。患有黏膜型鸡痘时，引起结膜发炎，眼流泪，

眼睑粘连乃至失明；患有传染性喉气管炎病时，病鸡眼中积聚大量分泌物，结膜发炎，严重时使眼睑封闭；患鸡慢性呼吸道疾病时，眼睑肿胀，眼部突出似肿瘤，眼球因受压迫而萎缩，严重者失明；患曲霉菌病时，瞬膜下形成黄色干酪样小球，眼睑突出，角膜中央有溃疡；患有传染性脑脊髓炎时，出现眼球水晶体浑浊，瞳孔反射消失；患马立克病时，眼虹膜呈环状或斑点褪色，虹膜由橘红色变为灰白色，有“白眼病”之称，瞳孔边缘不整齐，并逐渐收缩，最后消失、失明；患维生素 A 缺乏症时，鸡怕光、流泪，引发角膜炎，结膜囊内存有白色干酪样物，角膜溃疡、穿孔，严重时失明；氨气中毒时，眼内分泌物增多，引发角膜炎，眼睑有溃疡或出血；患眼型大肠杆菌病时，眼球发炎，眼球前房积脓，眼球浑浊，因视网膜剥离而失明；患泛酸缺乏症时，眼睑边缘形成小的结痂，渗出物增加将上下眼睑粘连，影响视觉；患鸡伤寒和副伤寒病时，可见结膜炎，流泪、上下眼睑粘连，严重时会导致失明。

8. 腿疾

引起鸡腿疾的疾病主要有葡萄球菌病、大肠杆菌病、支原体病、马立克病、鸡脑脊髓炎、传染性腱鞘炎、佝偻病、产蛋鸡疲劳综合征、痛风等。鸡患有葡萄球菌病时，当这种病菌侵害到鸡腿部各关节，关节以下屈曲，可见鸡跛行或跳跃式行走，腿关节肿大，大腿骨易发生骨折；患有关节型大肠杆菌病时，鸡表现为跛行或卧地不起，关节肿大；慢性时，关节周围呈竹节样肥厚，步行困难；患有支原体病时，鸡关节肿胀、跛行，切开关节可见黄色、黏稠奶油状渗出物；患有马立克病时，病鸡一腿向前，另一腿向后，呈“劈叉”姿势；患鸡脑脊髓炎时，病鸡脚麻痹，不愿行走，倒卧一侧或用膝部着地；患传染性腱鞘炎病时，病鸡关节肿胀，跛行，有时可见腱断裂，跗关节大量出血；患佝偻病时，鸡腿呈“O”形或“X”形，软弱无力，不愿行走，极易形成骨折；患产蛋鸡疲劳综合征时，胸骨和腿骨变形，当受到惊吓或捉鸡时易发生骨折；发生痛风症时，因大量尿酸盐在关节内沉积，使关节肿大，跛行，严重时鸡腿从关节处脱落。

三、依据病理变化判断

1. 皮肤、肌肉

皮下脂肪小出血点见于败血症；传染性腔上囊病时，常伴有股内侧肌肉出血；皮肤型马立克病时，皮肤上有肿瘤。

2. 消化器官

主要观察口腔、食管、嗉囊、腺胃、肌胃、小肠、盲肠、直肠与泄殖腔、肝脏、脾脏（虽不属消化器官，在此一并叙述）、胰脏等。

（1）口腔　有些疾病在口腔内有病变，如患有维生素A缺乏症时，可见脓疱样小白点；患黏膜型鸡痘时，有的病鸡在口腔内有痘疹和假膜或舌苔。

（2）腺胃　病变多发生于腺乳头、胃黏膜、腺胃肌胃交界处及腺胃食管交界处，出现出血点、出血斑、出血条纹和糜烂等。多见于新城疫、传染性法氏囊、禽流感、霍乱等传染性疾病。

（3）肌胃　病变经常出现在角质层下或角质层，表现为出血、变色、溃疡、糜烂。当鸡患有急性败血性传染病（如新城疫、传染性法氏囊、禽流感等）时，常在角质层下有出血点或出血斑，有的出现溃疡、糜烂；当鸡药物中毒时，角质层变色，内容物有异味。如雏鸡呋喃唑酮中毒时，角质层颜色变黄；有机磷中毒时，内容物有大蒜味等。

（4）小肠　小肠常见的病理变化有炎症、出血、坏死、有假膜、肠管内有干酪样物等，有很多疾病发生后，在小肠均可发现病理变化。如可引起小肠炎症的疾病有禽霍乱、鸡白痢、鸡伤寒、鸡副伤寒、大肠杆菌病、链球菌病、肉毒梭菌病、球虫病、肠炎等；可引起小肠黏膜出血（或充血）的疾病有鸡新城疫（前端）、禽霍乱（十二指肠最明显）、鸡伤寒、鸡副伤寒、大肠杆菌病、链球菌病、肉毒梭菌病、球虫病、肠炎等；可引起小肠溃疡、坏死的疾病有鸡新城疫、鸡白痢、球虫病等；可引起小肠壁增厚、肠黏膜上有一层假膜的疾病有鸡新城疫、禽霍乱、鸡伤寒、鸡副伤寒、链球菌

病、球虫病等；患鸡白痢时，小肠内有时有干酪样栓塞。

（5）盲肠　盲肠常见的病变有出血、肠腔内有干酪样栓塞等。可引起盲肠出血的疾病有鸡球虫病；在盲肠内形成干酪样栓塞的疾病有鸡球虫病、鸡白痢、鸡伤寒、鸡副伤寒、黑头病、马立克病等。

（6）直肠与泄殖腔　鸡患有新城疫、霍乱病时，可见直肠与泄殖腔出血及溃疡；患有传染性法氏囊病时，法氏囊充血、肿胀，内有胶冻样物。

3. 生殖器官

生殖器官主要包括卵巢（睾丸）和输卵管（输精管）。

（1）卵巢　常见的病变有出血、变形、萎缩、肿瘤等。鸡患新城疫病时，卵黄膜充血、出血、破裂；患传染性支气管炎时，卵泡充血、出血，卵泡血肿、变形；患禽霍乱时，卵巢出血，卵黄膜破裂；患鸡白痢时，卵巢上的卵泡变形，卵黄为绿色、棕色、黑色等多种颜色，卵黄破裂，流入腹腔，发生腹膜炎；患有伤寒病时，卵黄为绿色、棕色、黑色等多种颜色，卵黄破裂，流入腹腔，发生腹膜炎；患有大肠杆菌病时，卵黄膜充血，卵黄肿胀、破裂，流入腹腔，发生腹膜炎。

（2）输卵管　常见的病变有充血、出血、水肿、增厚、变薄，内有渗出物或干酪样物。产蛋下降综合征、禽流感和传染性支气管炎引起输卵管充血、出血、水肿、增厚、内有渗出物或干酪样物病变。

4. 呼吸器官

呼吸器官主要包括喉、气管、支气管、肺、气囊。

（1）喉与气管　这些部位的主要病变有炎症、充血、出血、有渗出液或黏液增多、黏膜肥厚等。患传染性支气管炎病时，鸡喉头与气管内分泌物增加；患传染性喉气管炎病时，鸡喉头与气管黏膜增厚、出血，有脓性分泌物；患鸡新城疫时，鸡喉头与气管黏膜充血、出血，有的病鸡还有分泌物；患支原体病时，鸡喉头与气管黏膜增厚，有大量黏液；患鸡霍乱及传染性鼻炎病时，鸡喉头及气管很少见有渗出物。

（2）支气管及肺　肺的主要病变有炎症、气肿、水肿、出血，有时见到有小结节或肿瘤。患传染性支气管炎病时，鸡肺部有渗出液；患传染性喉气管炎病时，鸡有支气管肺炎；患有马立克病时，鸡肺部有肿瘤；患有禽流感、霍乱病时，鸡肺部水肿、瘀血；雏鸡患有白痢时，肺表面有白色针尖大小的病灶；患有曲霉菌病时，肺部有米粒大小的白色结节，有时还可见到青绿色的霉菌斑。

（3）气囊　主要病变是发炎、增厚、浑浊、有干酪样物。患有支原体疾病时，气囊肥厚、浑浊、有干酪样渗出物，有时传染性喉气管炎也有此病变；鸡患有霍乱、新城疫、大肠杆菌病、传染性鼻炎时，气囊表面有黄色干酪样渗出物；患有曲霉菌病时，气囊表面有米粒大小的白色结节，还可见到青绿色的霉菌斑。

5. 泌尿器官

主要包括肾和输尿管。大部分疾病可引起肾脏的水肿和充血，除此之外新城疫还可使输尿管中积蓄大量尿酸盐；肾型传染性支气管炎肾脏褪色；鸡患有白痢病时，肾小管和输尿管中沉积大量的尿酸盐；痛风病及维生素 A 缺乏症使输尿管极度扩张，内有尿酸盐沉积，肾脏苍白、肿胀。

6. 淋巴器官

容易出现病变的淋巴器官有法氏囊、盲肠扁桃体等。

（1）法氏囊　主要病变有水肿、黏膜充血、出血、囊内有炎性渗出物或干酪样物等。这是传染性法氏囊病的特征性病变。

（2）盲肠扁桃体　常见的病变有肿胀、充血和坏死。与许多急性败血性疾病有关，无明显的特异性。

7. 神经组织

主要指脑和外周神经。

（1）脑　常见的病变有水肿、充血、出血、脑软化等。如患维生素 E 和硒缺乏症时，表现为脑水肿、小脑软化；患传染性脑脊

髓炎时，脑水肿、充血、出血。

（2）外周神经　常见的病变有肿胀。鸡患马立克病、维生素 B_2 缺乏症时，坐骨神经肿胀几倍。

四、实验室诊断

在鸡的疾病诊断过程中，一般疾病可通过流行病学、临床症状、病理变化，作出较为准确的诊断；但有时某些疾病缺乏明显临床症状和病理特征，此时必须借助实验室手段，才能作出正确的诊断。实验室诊断一般包括细菌的分离培养、生化试验、血清学诊断（包括凝集试验、琼脂扩散试验、病毒中和试验等）。这些化验诊断技术可参考有关兽医书籍，或直接将相关组织病料送至专门的兽医化验部门。

第三节　土鸡的常见疾病介绍

一、营养代谢病

1. 营养代谢病的概念及其种类

鸡在生长发育过程中，需要从饲料中摄取适当数量和质量的营养。任何营养物质的缺乏或过量或代谢失常，均可造成机体内某些营养物质代谢过程的障碍，由此而引起的疾病，称为营养代谢病。

（1）维生素缺乏及其代谢障碍疾病　脂溶性维生素 A、维生素 D、维生素 E、维生素 K 缺乏或代谢障碍病；水溶性维生素 B_1、维生素 B_2、泛酸、烟酸、生物素、胆碱、叶酸、维生素 B_{12} 以及维生素 C 的缺乏或代谢障碍病。

（2）矿质元素缺乏及代谢障碍疾病　钙、磷、钾、钠、氯、锰、碘、铁、铜、锌、硒等矿质微量元素缺乏或代谢障碍病。

（3）蛋白质、糖、脂肪代谢障碍疾病　鸡蛋白质缺乏症、鸡痛风、小雏脂肪酸缺乏症。

2. 主要营养代谢病

（1）蛋白质缺乏病

① 病因。蛋白质是复杂的有机物，由20多种重要的氨基酸组成，是动物生命活动的基础，是组成有机体的重要成分。有10多种必需氨基酸，禽类自身合成不足或难以合成，必须从饲料中供给，若日粮配比缺乏则会引起相应症状。禽的蛋白质需要量实际上是各种氨基酸的总需要量，尤其是10多种必需氨基酸（蛋氨酸、赖氨酸和色氨酸等），还有非必需氨基酸均需适量配在日粮中。

② 主要症状。缺乏蛋白质或必需氨基酸，禽类生长缓慢，采食减少，体重、蛋重或产蛋量下降或体脂肪增加。鸡易于缺乏赖氨酸，可见于雏禽生长停滞，皮下脂肪减少，消瘦，骨的钙化失常，还会引起色素沉积减少，翅膀羽毛向上翻卷。蛋氨酸缺乏会使胆碱和维生素B_{12}的缺乏症加剧。蛋白质超量可引起血中尿酸过多和关节痛。

③ 防治措施。蛋鸡和肉鸡的精粮中需蛋白质含量各有不同，一般雏鸡、肉鸡为18％～20％，产蛋鸡为15％～18％，育成鸡为12％～15％，而雏鸡和产蛋鸡的动物性饲料应不少于3％。在饲料配比中，既要注意蛋白质的数量，又要注意动物性蛋白质（鱼粉、蚕蛹等）与植物性蛋白质（豆饼、菜饼等）的适当搭配。还得注意各种必需氨基酸的平衡给予。以玉米、大豆为蛋白质来源的日粮，用于成年鸡，需加一定量的蛋氨酸，用于幼仔鸡还需加赖氨酸；以禾本科谷物和诸如花生粕等为基础日粮时，还应加适量蛋氨酸和赖氨酸。

（2）维生素A缺乏病

① 病因。鸡维生素A缺乏病主要由于饲料中缺乏合成维生素A的原料或饲料中添加维生素A不足所引起。如果母鸡本身缺乏维生素A，用其所产的种蛋孵出的雏鸡，再喂缺乏维生素A的饲料，也很容易发生维生素A缺乏病。

② 主要症状。鸡维生素A缺乏病的临床症状分不同的情况，幼禽和初生蛋的新母禽，常易发生维生素A缺乏症。鸡一般发病在6～7周龄。若1周龄的鸡发病，则与母鸡缺乏维生素A有关。成年鸡通常在2～5个月内出现症状。雏鸡主要表现精神委顿，衰弱，运动失调，羽毛松乱，生长缓慢，消瘦（彩图22）。喙和小腿

部皮肤的黄色消退。流泪，眼睑内有干酪样物质积聚，常将上下眼睑粘在一起，角膜混浊不透明，严重时角膜软化或穿孔，甚至失明。口黏膜有白色小结节或覆盖一层白色的豆腐渣样的薄膜，剥离后黏膜完整并无出血溃疡现象。有些病鸡受到外界刺激即可引起阵发性的神经症状，头颈扭转，作圆圈式扭头并后退和惊叫，此症状发作的间隙期尚能吃食。成年鸡发病呈慢性经过，主要表现为食欲不佳，羽毛松乱，消瘦，爪、喙色淡，冠白有皱褶，趾爪蜷缩，两肢无力，步态不稳，往往用尾支地。母鸡产蛋量和孵化率降低。公鸡性功能减弱，精液品质退化。成年鸡最后出现眼部病变，与雏鸡相似，只要有一只眼未失明，能支持很久才死亡。通常只出现少数鸡死亡。

③ 防治措施。饲料中补充富裕维生素 A 或胡萝卜素的饲料，例如鱼肝油、胡萝卜和青绿植物等；个别治疗时，每只病鸡喂服鱼肝油丸 1/4～1/2 粒，每天 2 次，或喂鱼肝油乳剂，每只病鸡 1/4 食匙左右，每天 3 次；眼部病可用 3%硼酸溶液冲洗，每天 1 次。

（3）鸡缺乏维生素 D 病

① 病因。身体内钙、磷不足或比例失调，都会影响骨头的生长而出现异常。如果是体内钙、磷不缺，比例也正常，那就是维生素 D 缺乏。维生素 D 是任何年龄的鸡（畜）都不能缺少的重要物质，它能参与身体的钙、磷代谢。在维生素 D 的作用下，钙成为磷酸盐（钙）后被胃肠吸收，并沉着在骨骼组织中，当维生素 D 缺乏时，肠内磷酸盐的吸收便会发生障碍，血液中钙、磷含量降低，骨骼中存储磷酸钙的能力亦减弱，骨质钙化不全。

② 主要症状　肢脚变形，关节肿大，胸廓异常，左右不对称；关节、肋骨与肋软骨连接处明显肿大，长骨疏松易断，喙嘴质地变软，弯曲畸形，骨骼的软骨剧烈增加，步态不稳，站立困难，吃食不便等（彩图 23）。若不及时治疗，常常因此死亡，有的母鸡又经常产软壳蛋。

③ 防治措施。平时让鸡多接触阳光，可防止或减少此病的发生，因为维生素 D 是由一种叫维生素 D 原的物质在阳光的作用下

转变而成的；若已经发生维生素D缺乏症，每只鸡喂1～2滴鱼肝油；高产母鸡和发育小鸡的饲料中，应当补充一些富含维生素D的饲料，如鱼粉、骨粉、血粉或酵母片、干草粉等。

（4）软骨病

① 病因。日粮中维生素D摄入不足，钙含量过低或钙、磷比例不当，另外疾病和药物影响鸡对钙、磷的吸收都会导致鸡患软骨病。

② 主要症状。病鸡表现为双腿无力、走路不稳，喜蹲伏，喙和爪较粗、有的已弯曲、关节增大。剖检可见鸡肋骨与脊柱变弯曲，骨骼较软并易折断，肋骨内侧可见明显结节。

③ 防治措施。调整这个禽场日粮中钙、磷的供给量及配比，重点补充含钙丰富的骨粉、鱼粉，含磷丰富的磷酸钙、次磷酸钙；使用速补14，重点补充维生素D_3，以促进钙、磷吸收沉积；对病禽加喂鱼肝油，每只每天1次，每次1～2滴，连喂2～3天，或注射维丁胶性钙，每只1毫克，每天1次，肌内注射连用2天。

（5）鸡啄癖

① 病因。雏鸡在脱换绒毛时啄羽囊、啄趾，青年鸡和成年鸡啄尾羽、背羽，产蛋鸡啄肛、啄蛋等。所有的鸡都会遭受互啄，因互啄造成的死淘率占20%。内分泌学研究表明，公雏在6～8周龄，母雏在11～12周龄以后，鸡群中个体之间为确定群中等级地位，发生争斗，以确立个体的地位，即个体之间的从属关系，关系确立后，鸡群中才有良好的气氛。青年鸡和产蛋鸡也是一样。有恐惧感的鸡也是发生互啄的主要原因，恐惧感越重，受啄越严重。胆小的鸡总受欺负、受啄，这种鸡生长发育较差。环境因素也会诱发互啄，密度过大，鸡群拥挤不堪，空气污浊，通风不良，光过强，鸡过肥，多表现啄羽。霉菌病肠炎引起鸡营养吸收差，为满足营养需要，鸡就啄羽。鸡体有羽螨、痒感时也互啄。啄肛是因母鸡产蛋时受伤，蛋过大难产或过肥引起的难产，鸡体内有蠕虫或球虫，影响子宫的肌肉收缩力。母鸡产蛋从肛门脱出，别的鸡看到红色，就上前啄，啄出血，群起啄之。被啄肛的鸡，多为开产初期产双黄蛋

的或蛋过大的鸡，或种鸡产蛋窝过少，找不到窝而在窝外产蛋的鸡，往往都是产蛋好的母鸡。笼养的鸡无处可藏，受啄最厉害，损失也最重。

② 防治措施。首要的问题是尽可能查清病因，采取相应的措施，如光照管理、饲养密度、疾病控制、饲料营养及断喙等。1%～2%的石膏粉混饲半月，用于防治啄羽。2%的食盐混饲2～3天，可防治脱水。可选用啄毛灵、啄羽灵等药物用于治疗啄癖。发生外寄生虫时，可用敌敌畏、敌百虫等药物杀灭寄生虫。鸡群发生啄癖亦可将蔬菜、青草吊于鸡群之上，以转移其注意力。

二、传染病

1. 鸡新城疫

鸡新城疫又称伪鸡瘟或亚洲鸡瘟，是由鸡新城疫病毒引起的一种高度接触性传染病，主要侵害鸡和火鸡。

（1）病原　鸡新城疫病毒为副黏病毒属，副黏病毒种。新城疫病毒对热的抵抗较其他病毒强，一般在60℃经30分钟、55℃经45分钟即死。紫外线对这种病毒有杀死作用，0.1%福尔马林37℃经6小时可杀灭这种病毒。pH值有较大范围的稳定性，pH值为2以下或10以上仍可维持几个小时。这种病毒在夏季可存活7～10天，冬季存活几个月。

（2）流行病学　禽中以鸡最易感，品种不同易感性不同，幼雏和中雏易感性比老龄鸡高。一年四季均可发病，以春、秋两季多发。主要传染源是病鸡、带毒鸡。通过飞沫经呼吸道，或通过排泄物污染饲料、饮水经消化道感染。近几年来，典型新城疫病例变化已不多见，取而代之的是非典型新城疫病例。

（3）临床症状　潜伏期一般为3～5天。根据临床表现和病程控制长短可分为最急性型、急性型、亚急性型或慢性型4种。

最急性型无任何症状，突然死亡。急性型病鸡体温升高，可达42～44℃，采食量下降，精神沉郁，离群呆立，羽毛稀松，缩颈闭眼，产蛋量下降，软壳蛋增多，蛋壳颜色变浅。病鸡出现咳嗽、呼吸困难，吸气时伸颈呼吸，时常发出“咯咯”叫声，嗉囊充满酸臭液体。病鸡倒悬可从口中流出酸液，病鸡排黄绿色稀粪。有的病鸡有神经症状，头颈后仰呈“S”状（彩图24），站立不稳，转圈运动，最后衰竭死亡。亚急性或慢性早期症状不明显，渐进性瘦弱，直至死亡。

（4）病理变化　鸡新城疫以全身败血症为特征，以消化道和呼吸道病变表现最为明显，消化道以肠出血、有枣核样溃疡为特征，腺胃乳头出血对诊断鸡新城疫病有确诊意义，腺胃和肌胃交接处有出血点、出血斑（彩图25）。盲肠扁桃体出血、肿大、坏死，呼吸道可见鼻腔、喉、气管内有黏液和出血。

（5）诊断

① 病理学诊断。主要根据各器官出血、腺胃乳头出血、盲肠扁桃体出血状况为诊断依据，进行初步诊断。

② 病原学诊断。取发病初期病鸡肺、脾、肾等病理材料处理后，尿囊腔内接种9～10日龄无特定病原鸡胚，接种后48～60小时鸡胚死亡。

③ 血清学试验。用荧光抗体染色法或ELISA检查抗原。

④ 鉴别诊断。巴氏杆菌病无明显神经症状，心外膜出血特别明显，肝有灰白色小坏死灶，病料镜检可见，两极浓染巴氏杆菌，抗生素治疗有效。传染性支气管炎和传染性喉气管炎呼吸道症状明显，喉头有黏性分泌物，气管黏膜出血，没有神经症状发生。

（6）防治措施　平时做好免疫接种工作。制定严格的卫生防疫措施，防止外来病原侵入鸡群。以抗体监测为依据，用弱毒苗和油苗结合免疫。鸡新城疫苗有Ⅰ系、Ⅱ系、Ⅲ系、Ⅳ系4个品系。Ⅰ系为中等毒力疫苗，其他3种为弱毒力疫苗。弱毒苗适用于雏鸡，接种后一般不会引起不良反应。

2. 马立克病

马立克病是由马立克病毒引起的一种淋巴组织增生的肿瘤性疾病。

（1）病原　马立克病毒属于疱疹病毒群的B亚群病毒，能在鸡胚纤维母细胞及鸡肾细胞上繁殖，在毛囊细胞中产生核内包含体，对一般消毒药有很强的抵抗能力，较短时间内难将其杀死。

（2）流行病学　鸡是主要的自然宿主，蛋鸡对马立克病更易感染，虽经免疫但还有可能造成这种疾病的发生。

（3）临床症状　根据病变部位和临床症状可分为以下4种类型。

① 神经型。主要侵害外周神经。坐骨神经受侵害时可造成两腿瘫痪，或一腿向前伸，一腿向后伸，俗称“劈叉腿”（彩图26）；当侵害臂神经时，造成翅膀下垂无力。

② 内脏型。精神沉郁，采食下降，随着病程发展逐渐消瘦，最后甚至死亡。

③ 眼型。虹膜增生、褪色，瞳孔边缘不整，失明（彩图27）。

④ 皮肤型。可见皮肤上有肿瘤结节（彩图28）。

（4）病理变化　受害神经粗大，肌肉上有大小不等的结节，肌肉正常横纹消失。内脏器官（如心、肝、脾、肾、腺胃、肌胃等）可见有大小不等的肿瘤，腺胃剖检时可见到突起肿瘤，触摸时感到很坚硬，往往使病鸡消瘦衰竭。法氏囊萎缩，偶见弥漫性增厚，这种病变具有诊断意义。

（5）诊断　根据发病特点、临诊症状、病理变化可做出初步诊断。鉴别诊断鸡淋巴白血病：鸡淋巴白血病与马立克病发病日龄不同，鸡淋巴白血病多发生于16周以上的鸡，外周神经不受侵害，法氏囊结节性增生。

（6）防治措施　蛋鸡对马立克病很易感，发病后没有有效的治疗方法，所以做好预防工作十分重要。平时要做好卫生消毒工作，定期带鸡消毒，做好预防接种工作。

3. 传染性法氏囊病

传染性法氏囊病是由传染性法氏囊病毒引起的鸡的一种急性、高度接触性、危害雏鸡免疫功能的烈性传染病。

（1）病原　传染性法氏囊病毒属于双股RNA病毒科，对外界抵抗力很强，在污染的鸡舍内可存活3个月以上。pH值为9以上受到抑制，耐紫外线，碘制剂、氯制剂对其破坏性较强。

（2）流行病学　鸡最易感，主要发生于14～100日龄鸡，病鸡是主要传染源，通过消化道、呼吸道等途径传播。本病发生后呈尖峰死亡曲线，死亡率一般为30%～50%。

（3）临床症状　本病潜伏期2～3天，病鸡羽毛松乱如刺猬状，精神沉郁（彩图29），食欲缺乏，体温升高，排黄白色水样稀便，病鸡最后脱水导致衰竭死亡。

（4）病理变化　胸部、腿部肌肉有出血点、出血斑。病情严重者，法氏囊内有凝血块，法氏囊浆膜面水肿、呈胶冻样浸润；肝脏质脆、颜色变黄；肾脏肿大苍白，肾小管与输尿管中有尿酸盐沉积；腺胃和肌胃交接处有出血带。

（5）鉴别诊断　肾型传染性支气管炎雏鸡肾肿大，尿酸盐沉积。有呼吸道病变，气管充血、水肿，但无法氏囊胶冻样水肿。

（6）防治措施　加强卫生消毒工作，制定合理免疫程序。发病早期可紧急进行肌内注射高免血清或高免卵黄液1～2毫升，同时利用抗生素药物预防并发症。

4. 传染性支气管炎

传染性支气管炎是由传染性支气管炎病毒引起的仅发生于鸡的一种急性、高度接触性呼吸道传染病。

（1）病原　鸡传染性支气管炎病毒属于冠状病毒科，对高热抵抗力弱，56℃经15分钟就可灭活。一般常用的消毒剂很快就能将其杀死。

（2）流行病学　本病仅发生于鸡，各日龄的鸡均可感染，以雏鸡发病最为严重，4周龄以下的雏鸡多发。病鸡是主要传染源，通过呼吸道、污染的饲料、饮水、用具等经消化道感染。育雏室通风不良，高温、密度过大等也是本病发生的主要诱因。

（3）临床症状　病鸡呼吸困难，伸颈张口呼吸（彩图30），咳嗽，精神沉郁，羽毛松乱，翅膀下垂，且常有挤堆现象。成年产蛋鸡产蛋量下降，产软壳蛋，蛋黄和蛋白容易分离。肾型传染性支气

管炎呼吸道症状轻微，但下痢且粪便中混有尿酸盐，饮水量增加，最后脱水而死。

（4）病理变化　主要病变部位是气管、支气管和鼻腔内卡他性、浆液性和干酪样渗出物，气囊浑浊，可见点状干酪样物；肝脏稍肿大，呈土黄色。肾型传染性支气管炎的肾脏肿大、苍白，肾小管、输尿管扩张充满尿酸盐。

（5）诊断　根据临床症状及其病理变化可做出初步诊断。鉴别诊断出慢性呼吸道病的病原是支原体，传播速度没有传染性支气管炎迅速，抗菌药物有很好的治疗效果。

（6）防治措施　目前对传染性支气管炎没有特效的治疗方法，临床上常用抗生素和中药制剂对其进行治疗，但效果一般不佳。免疫接种是控制本病的首选方案，H120 株疫苗适用于 14 日龄雏鸡，安全性高，免疫效果好，免疫后 3 周龄保护率可达 90%以上。H52 株疫苗适用于 30 日龄以上的雏鸡，但有一定不良反应。油乳剂灭活菌苗适用于各日龄鸡。

5. 禽流感

禽流感又名禽流行性感冒，又称欧洲鸡瘟、真性鸡瘟，是由 A 型流感病毒引起鸡的一种高度接触性传染病。这种病病毒亚型多，易变异，传播迅速；强致病力毒株致死率高，是一种烈性传染病，是我国重点防治的禽类传染病之一。

（1）病原　禽流感病毒属黏病毒科 A 型流感病毒属。A 型流感病毒除感染禽类外，还可感染马、猪、海豹等动物以及人类。禽流感病毒血清型众多，根据血凝素和神经系统氨酸酶抗原性的差异可将其分成不同的类型。目前已确认有 15 个 H 亚型和 9 个 N 亚型。流感病毒对热的抵抗力弱。56℃经 30 分钟、60℃经 10 分钟、65℃经 5 分钟即丧失活性。直射阳光下 40～48 小时即可灭活病毒；紫外线直接照射，可以迅速破坏其感染性。粪便中病毒 4℃可存活 30～35 天，20℃可存活 7 天，堆积发酵的粪便中 10～20 天可全部灭活。

（2）流行病学　禽流感病毒主要感染鸡、火鸡和某些野禽，鸭、鹅及其他水禽的易感性较差，多为隐性感染或带毒。鸽子可以带毒，但很少发病。禽流感的传播主要是水平传播，患病禽和带毒禽从呼吸道和消化道排出病毒，污染饲料、饮水、用具等发生机械性传播。易感禽同病禽直接接触或间接接触而感染。病禽卵可带毒，雏鸡孵化出壳后即死亡。

（3）临床症状　禽流感的发病率和死亡率受多种因素的影响，高致病力毒株引起的死亡率和发病率可达100%。禽流感的临床症状较为复杂，易与鸡新城疫、鸡传染性支气管炎、鸡传染性喉气管炎、鸡传染性鼻炎、鸡慢性呼吸道病相混淆。潜伏期一般为15天，各种日龄都可感染发病。病鸡精神沉郁，羽毛蓬乱，垂头缩颈，肉仔鸡出现磕头表现，采食减少甚至废绝，拉黄绿色或白色稀粪。有的鸡群表现明显的呼吸道症状，有的症状很轻。病鸡鼻腔流清水样鼻液。鸡群首先出现采食量下降、饮水量增加，随后产蛋鸡出现产蛋率大幅度下降，产蛋率可由90%以上下降到0，大部分鸡群产蛋率下降到40%～60%或40%以下；蛋壳粗糙，软壳蛋、褪色蛋增多。有的鸡发病时头肿，单侧或双侧眼睑水肿，有的眼眶周围浮肿，成为金鱼眼甚至失明；冠和肉垂发绀、肿胀、出血和坏死；有的出现神经症状。

（4）剖检变化　病死鸡体况一般良好，但皮肤干燥、脱水；内脏浆膜出血，心冠脂肪、胸骨内膜出血，腹部脂肪和肌胃脂肪小点状出血，腺胃乳头出血、溃疡，在腺胃黏膜上有一层脓性分泌物，腺胃与食管交界处黏膜有条状出血；严重病例卵泡变形、破裂，腹腔内有破裂的新鲜卵黄，卵泡充血，严重者卵泡变黑、灰色、绿色、紫色等，输卵管内有豆腐脑儿样分泌物。最特征的变化是输卵管的子宫部水肿，喉头、气管充血，有黏性分泌物；肾脏肿胀，有尿酸盐沉积，呈花斑肾。

（5）诊断　由于禽流感的临床症状和病理变化表现不一，依据临床症状和病理变化难以确诊，必须以病原分离和血清学检验为依据方可确定。由于禽流感的症状和病理变化较复杂，症状、病变和新城疫极其相似，鉴别诊断时，患禽流感的产蛋母鸡输卵管内有豆

腐脑样分泌物，腺胃与食管交界处出血。胸骨内膜出血，脸肿、流泪等。确诊要依靠实验室检查，最方便的方法是进行血凝抑制试验，新城疫抗血清抑制不了禽流感病毒的血凝作用，反之亦然。

（6）防制措施　目前对禽流感没有特效的治疗方法，临床上常用病毒唑、病毒灵、金刚烷胺、严迪以及草药板蓝根、大青叶对其进行治疗，但一般效果不佳。目前，主要通过注射禽流感疫苗，预防本病的发生。

6. 鸡传染性喉气管炎

鸡传染性喉气管炎是由传染性喉气管炎病毒引起鸡的一种急性呼吸道传染病。35 日龄前的鸡不易感，是蛋鸡的一种严重传染性疾病。

（1）病原　传染性喉气管炎病毒属疱疹病毒科，有囊膜，核芯为双股 DNA。本病毒只有 1 个血清型，但不同毒株的毒力有一定差别。

（2）流行病学　本病一年四季都可发生。各种性别、品种的鸡都可感染，但以 4～10 月龄的成年鸡最易感。病鸡和康复带毒鸡是主要传染源，经呼吸道及消化道感染。由呼吸器官及鼻分泌物污染的垫草、饲料、饮水及用具，都可成为传播媒介。人及野生动物的活动也可机械地传播。这种病一旦传入易感鸡群，则迅速传开，全群感染需 1～2 周，感染率可达 90％以上。最急性型死亡率可达 50％～70％，急性型一般达 10％～30％，慢性型或温和型死亡率约 5％。

（3）临床症状　自然感染的潜伏期 6～12 天，人工气管接种 2～4天。患鸡初期的鼻液呈半透明状，流眼泪，眼睛有泡沫，眼圈肿胀，继而有结膜炎。其后表现为典型的呼吸道症状，呼吸时发出湿性罗音，咳嗽，有喘鸣音；病鸡蹲伏地面，张口呼吸。病情严重时，高度呼吸困难，甩头，痉挛咳嗽，咯出带血的黏液。分泌物不能咯出者，其分泌物将堵塞呼吸道窒息死亡。产蛋鸡的产蛋量迅速下降，直到康复后才能恢复。

（4）剖检变化　病变主要发生在呼吸道。在鼻腔和鼻窦中，多数病例可见有黏液性、脓性或纤维蛋白性渗出物。喙和口腔染有血液和黏液。急性病例的喉头和气管黏膜表现肿胀和高度潮红，有出血点。在喉头、气管内积有黏液性的渗出物或血凝块或有黄白色、灰色纤维素性干酪样假膜。

（5）诊断　根据发病特点、临诊症状、病理变化，可做出初步诊断。

（6）防治措施　在治疗上常选择使用平喘、利尿、消炎的中西药物以缓解症状，减少死亡。发病初期用喉气管炎弱毒疫苗紧急接种，效果很好。也可用惠华通喉散、喉支通、喉炎灵、神奇喉支清、瘟喉康等。疫苗有传染性喉气管炎弱毒疫苗，在4～6周龄进行点眼、滴鼻，隔42天再重复1次。

7. 鸡产蛋下降综合征

鸡产蛋下降综合征是由禽腺病毒引起的以产蛋率迅速下降、蛋壳异常、蛋畸形、蛋品质下降等为特征的病毒性传染病，给养鸡业造成了严重的经济损失。

（1）病原　禽腺病毒属于腺病毒科禽腺病毒属。本病毒对乙醚、氯仿不敏感，70℃经20分钟或0.3%福尔马林处理24小时可使病毒完全失活。这种病的病毒含有红细胞凝集素，能凝集鸡、鸭、鹅的红细胞。

（2）流行病学　产蛋下降综合征病毒的自然宿主是鸭和野鸡，但易感动物主要是鸡。褐壳蛋鸡最易感，白壳蛋鸡易感性较低，任何年龄的鸡均可感染。雏鸡感染后不表现临床症状，血清中也查不出抗体，只有到开产后，血清才转为阳性。产蛋下降综合征既可水平传播，又可垂直传播。被感染的鸡可通过种蛋和种公鸡的精液传递。病鸡的输卵管、泄殖腔、粪便、咽黏膜、肠内容物都可分离出产蛋下降综合征病毒。病毒可通过以上途径向外排毒，通过消化道和黏膜感染其他鸡。

（3）临床症状　产蛋下降综合征感染鸡群没有特别明显的临床症状，但是会突然出现产蛋大幅度下降的现象，产蛋率比正常下降20%～30%，甚至50%。同时，产薄壳蛋、软壳蛋、畸形蛋，蛋

壳表面粗糙，褐壳蛋色素丧失或变浅，蛋白水样，蛋黄色淡，或蛋白中混有血液、异物等。异常蛋可占产蛋量的15%以上，蛋的破损率提高。产蛋下降的现象持续4～10周后才恢复到正常水平。刚开产的新母鸡感染本病，产蛋率不能达到预期的高峰。个别病鸡表现精神不振、食欲减少、冠苍白、羽毛松乱、体温升高以及腹泻等症状。

（4）剖检变化　剖检病变集中在生殖系统，子宫和输卵管有炎症，输卵管管腔内有白色渗出物，黏膜水肿、苍白及肥厚，有的可见卵黄性腹膜炎。其他器官没有明显的特征性肉眼变化。

（5）诊断　根据发病特点、临诊症状、病理变化可做出初步诊断。

（6）防制措施　这种病无有效的治疗方法。但在16周龄接种产蛋下降综合征油乳剂灭活苗，或在母鸡开产前接种，可以避免强毒攻击所造成的损失，保护率100%。

8. 鸡大肠杆菌病

鸡大肠杆菌病是由一定血清型的大肠埃希菌引起的传染病。幼年鸡和成年鸡均可发生。其主要表现有脐炎、气囊炎、眼炎、心包炎、肝周炎、关节炎、腹膜炎、肉芽肿等。

（1）病原　这种病菌革兰染色阴性，非抗酸性，染色均匀一致，是不形成芽孢的短小杆菌，其形态和大小可以发生改变。许多菌株能运动，周身有鞭毛。

（2）流行病学　本病可引起各种类型、不同日龄等途径的鸡发生感染，以幼龄鸡为多。主要经呼吸道、消化道、受精和蛋传播，饲养管理不善、环境卫生状况差、营养不良等都是本病发生的诱因。

（3）临床症状　眼炎，大肚子，腹水，脐部发炎变红、变蓝、变绿，消瘦脱水，精神萎靡。

（4）剖检变化　典型病变有以下几种病型：急性败血症、气囊炎、心包炎、眼炎、输卵管炎、卵黄性腹膜炎、大肠杆菌肉芽肿等。

① 急性败血症。由大肠埃希菌引起的急性败血症主要发生于雏鸡，在成年鸡和育成鸡中常与鸡伤寒和鸡霍乱相类似。病鸡肌肉

丰满，嗉囊内充满食物，剖检发现肝脏是绿色，胸肌充血，有时肝脏内有小的白色病灶。

② 气囊炎。气囊炎主要发生于3～12周龄的仔鸡，6～9周龄发病率最高。气囊炎常常继发或并发于传染性支气管炎、新城疫、霉形体病等，因为这些病的病原增强了呼吸道对大肠埃希菌的易感性。吸入附有这种病菌的灰尘是易感气囊发生感染的最广泛的途径之一。鸡舍的灰尘和氨气导致鸡的上呼吸道纤毛失去运动性，从而使得吸入大肠埃希菌感染气囊。受感染的气囊增厚，胸气囊与肺之间、腹气囊与腹壁之间有灰色或白色干酪样凝块。轻微的炎症气囊上有泡沫；严重者可见鸡呼吸困难，有罗音、咳嗽、食欲消失，病鸡消瘦，最后死亡。

③ 心包炎。心包炎经常伴发心肌炎。心包囊呈云雾状，心外膜水肿，并被覆有淡色渗出物，心包囊内充满淡黄色纤维蛋白性渗出物。

④ 眼炎。眼炎是大肠埃希菌败血症的一种不常见的表现形式，经常是一侧眼睛和眼前房积脓、流泪、有泡沫、失明、脉络膜充血、视网膜完全被破坏。即使有些病鸡康复，但大多在发病后很快死亡。

⑤ 输卵管炎。当左侧腹气囊感染大肠埃希菌后，许多母鸡发生慢性输卵管炎，输卵管扩张、壁变薄，内有大量干酪样团块。这个团块随着时间的延长而增长。病鸡常在受到感染后的最初6个月死亡，发病后存活的鸡无产蛋能力，产蛋鸡也可能由于大肠杆菌侵入泄殖腔而患输卵管炎。

⑥ 卵黄性腹膜炎。产蛋母鸡可发生腹腔内大肠埃希菌感染。以急性死亡、纤维素性渗出物和游离的卵黄为特征。大肠埃希菌经输卵管上行至卵黄内，并在此迅速生长，由于卵黄落入腹腔，而造成腹膜炎。

⑦ 大肠杆菌肉芽肿。本病的特征是肝、盲肠、直肠、十二指肠和肠系膜发生肉芽肿，脾脏没有病变。

（5）诊断　根据发病特点、临诊症状、病理变化可做出初步诊

断。确诊则需要实验室进行细菌分离鉴定。

（6）防治措施　大肠埃希菌对多种药物都敏感，如氟哌酸、金霉素、新霉素、庆大霉素、土霉素、大观霉素、链霉素以及磺胺类药物。由于大肠埃希菌不断产生耐药性，使用前要做药物敏感性试验，以免用药无效。常用药物的使用方法：氟哌酸，拌料、饮水，每千克饲料0.5克，连用5～7天；庆大霉素，0.2%～0.3%的浓度拌料或饮水，连用5～7天。

9. 禽霍乱

禽霍乱也叫禽巴氏杆菌病、禽出血性败血症，发病率和死亡率很高。

（1）病原　这种病菌是一种革兰阴性菌，不运动，不形成芽孢，单个或成双存在。两极着色是鉴别本菌的一个重要特征。

（2）流行病学　产蛋鸡较雏鸡更易感本病，16周龄以下的鸡一般具有较强的抵抗力。自然感染鸡的死亡率通常是10%～20%，慢性感染鸡是传染的主要来源，病鸡的口腔、鼻腔和眼结膜的分泌物中含有大量的多杀性巴氏杆菌，污染了周围的环境，特别是饲料和饮水，引发本病传播。夏季发病率较高。

（3）临床症状　这种病的潜伏期较短，自然感染一般由数小时到3天。根据病程长短可分为最急性型、急性型和慢性型3种类型。

① 最急性型。病鸡常常无任何症状而突然死亡。有时正在进行采食、饮水等正常活动，突然倒地，扑动翅膀，挣扎几下很快死亡。多数在前日晚上关灯前还很正常，第2天早晨却发现已经死亡。死亡鸡通常是肥胖的，鸡冠发绀，输卵管内有硬壳鸡蛋未产出。

② 急性型。此型最多见。病鸡常见症状是精神沉郁、闭目打盹、羽毛粗乱、腹泻和呼吸加快，口腔排出黏液性物质，冠和肉髯发绀。腹泻的粪便最初为黄色、白色水样，稍后即变得略带绿色并含有黏液。产蛋量明显减少。

③ 慢性型。慢性型可由急性型病例转化而来，也可能是由于

感染了低毒力菌株而致。症状一般表现为病鸡局部感染；冠、肉髯苍白、肿大，鼻窦炎，鼻孔内流出少量黏液；腿或翅关节、脚和胸部常常发生肿胀，有时发生中耳炎、呼吸道感染，最终的结果可能是死亡或康复；康复后产蛋量明显下降。

（4）剖检变化　最急性死亡病例往往看不到明显病变，有时仅见心外膜有少量出血点。急性死亡病例主要表现肝脏肿大，表面有针尖大小灰白色或黄白色坏死点，质脆易碎；腺胃乳头间和肌胃角质层下可见出血点和出血斑；十二指肠黏膜弥漫性出血；心脏冠状脂肪和心外膜有大量出血点，心包膜增厚，内有多量淡黄色液体，并含有纤维蛋白渗出物；心肌和心内膜有大小不等的出血点。慢性病例多呈局限性感染。例如，肺脏有黄色干酪样病灶，严重病鸡卵泡软化或卵黄囊破裂；腹腔内脏表面附着干酪样卵黄样物质，有时可见脾、肾肿大等。

（5）诊断　根据发病特点、临诊症状、病理变化可做出初步诊断。确诊则需要进行实验室进行细菌分离鉴定。

（6）防治措施　目前没有任何一种菌苗能够取得较理想的预防效果，主要原因是因为巴氏杆菌本身的免疫原性较差，产生的免疫力不够持久。生产上使用较多的有两类疫苗，一类是灭活菌苗，另一类是弱毒苗。灭活菌苗接种是在2月龄时进行，氢氧化铝胶苗注射2毫升/只，油佐剂苗注射1毫升/只。注射后14天产生免疫力，免疫期3个月左右。弱毒菌苗注射后，常常出现部分鸡减食、沉郁及产蛋下降等不良反应；个别严重者会引起注射部位发炎、肿胀，甚至溃烂、死亡，应注意观察。无论是灭活苗或是弱毒苗，在第1次接种后，15天再进行第2次接种，强化免疫效果，可使免疫期持续5～6个月。药物治疗和预防：常用药物青霉素、链霉素、土霉素都有较好的效果。青霉素每只成年鸡肌内注射5万～10万单位，每天2次，连用3天。链霉素每只成年鸡肌内注射0.1克，每天2次。土霉素原粉拌料0.3%，连用15天。

10. 鸡白痢

鸡白痢是鸡白痢沙门杆菌引起的一种急性、败血性传染病。成

年鸡大多为慢性或隐性感染，没有明显的症状，可成为带菌鸡，是本病的主要传染来源。

（1）病原 本病病原为鸡白痢沙门杆菌，革兰染色阴性。病雏鸡的内脏器官，特别是肝、脾、卵黄囊、肠和胆汁以及心血都含有病菌。在成年带菌鸡的卵巢、睾丸、输卵管、输精管等生殖器官常可分离出病菌。

（2）流行病学 各种品种的鸡对鸡白痢都有易感性，但易感性有差异。重型鸡比轻型鸡易感，母鸡比公鸡易感。雏鸡感染后表现急性全身性感染，发病率和死亡率都很高；成年鸡则表现慢性、隐性感染。

（3）临床症状

① 雏鸡。一般呈急性经过，卵内感染者在孵化中常出现死胚、弱胚，不死的也常在出壳后1～2天内呈败血症症状而迅速死亡。出壳后感染的雏鸡，经4～5天的潜伏期后才表现出症状，死亡率逐渐增加，在10～14日龄死亡达到高峰。最急性死亡常无明显症状，稍缓型者表现精神沉郁、羽毛蓬松、畏寒怕冷、双翅下垂、闭眼昏睡、缩头聚集成堆；有的离群呆立、蹲伏，有的伴有呼吸困难症状。食欲减退、废绝，腹泻、拉白色糨糊样粪便，肛门周围绒毛被粪便严重污染，有时粪便干结封住肛门，造成排粪困难（彩图31）。最终因呼吸困难和心力衰竭而死亡。有的病雏发生关节炎，关节肿胀，不能站立行走，个别可发生眼球炎。

② 成年鸡。感染后常无明显症状，但多数母鸡产蛋量、种蛋受精率、孵化率下降。孵出的雏鸡成活率低，发病死亡率高。极少数母鸡表现精神委顿，头、翅下垂，排白色稀粪，产蛋停止，或因卵黄掉入腹腔而引起卵黄性腹膜炎。

（4）剖检变化

① 雏鸡。急性死亡者，病变不明显，仅见各脏器有充血、出血。肺部病变最常见，肺有充血、出血或坏死，呈紫红色或暗红色，有针尖状灰白色坏死点。病程稍长的卵黄吸收不良，心肌、心外膜、盲肠、大肠及肌胃上有灰白色坏死点或小结节；肝脏肿大变

性，淡白色或土黄色，充血或有条纹状出血；肾小管和输尿管充盈扩张，充满尿酸盐，盲肠中有干酪样物质而造成栓塞。

② 成年鸡。剖检可见卵泡变形（如鸭梨形、纺锤形、不规则形），质地改变，颜色变淡，无光泽。病变卵泡可掉入腹腔或阻塞输卵管而引起腹膜炎及腹腔脏器粘连，常伴有心包炎、心包液浑浊。重者心包膜增厚而不透明，逐渐粘连，心包液增多，在腹腔脂肪中或肌胃及肠壁中有时可见到干酪样坏死。成年公鸡的病变主要表现睾丸萎缩，质地变硬，同时有小脓肿。输精管扩大，内有干酪样渗出物，也常发现有心包炎、心包膜增厚不透明、心包液增多浑浊、心包粘连等病变。

（5）诊断　根据发病特点、临诊症状、病理变化可做出初步诊断，确诊则需要进行实验室细菌分离鉴定。

（6）防治措施　磺胺类、喹诺酮类等药物对本病都有一定的疗效。磺胺类药物以磺胺嘧啶、磺胺甲基嘧啶和磺胺二甲嘧啶效果较好，拌料浓度为 0.3%，连用 5～7 天；喹诺酮类饮水浓度为 0.02%，连饮 5～7 天。

11. 鸡慢性呼吸道病

鸡慢性呼吸道病又称鸡败血霉形体（支原体）感染，是由鸡败血支原体引起的一种鸡接触性慢性呼吸道病。

（1）病原　这种病原革兰染色阴性，着色较淡。对外界环境的抵抗力不强，对热敏感；但在 20℃的鸡粪中能存活 1～3 天，在低温条件下能长期保存。一般消毒药能迅速将其杀死。

（2）流行病学　各种年龄的鸡和火鸡都能感染，以 1～2 月龄时多见，少数也发现于鹌鹑、珠鸡、孔雀和鸽子。本病一年四季都可发生，但以寒冷季节较严重。病鸡和隐性感染鸡是本病的传染源。当病鸡与健康鸡接触时，病原体通过飞沫或尘埃经呼吸道吸入而传染。

（3）临床症状　本病一般呈慢性经过，病程 1 个月以上甚至可延续 3～4 个月。当临诊症状消失后，感染鸡发育受到不同程度的抑制。成年鸡感染很少死亡，仔鸡感染如无其他疫病并发，病死率

也低，若并发感染，病死率可达30%。产蛋鸡感染，一般呼吸症状不显著，而只表现产蛋量和孵化率低，孵出的雏鸡活力低。

(4) 剖检变化　主要是鼻腔、气管、支气管和气囊中含有黏液性渗出物，气管黏膜轻度浑浊、水肿，表面有增生的念珠结节状病灶，随着病情的发展，囊腔内含有大量干酪样渗出物，偶见肺炎病变。慢性病例眶下窦黏膜发炎，可使一侧或两侧眼睑肿胀；严重病鸡有时可发生纤维素性或化脓性心包炎、肝包膜炎。

(5) 诊断　根据发病特点、临诊症状、病理变化，可做出初步诊断。

(6) 防制措施　预防本病的根本措施是设法建立无病鸡群，尽可能做到自繁自养。杜绝本病传染源的侵入，净化种鸡群；严格执行消毒隔离措施，并定期做血清学检查。一旦发病，应用链霉素、四环素、卡那霉素、庆大霉素、环丙沙星、氟哌酸等药物，有良好的治疗效果。

三、寄生虫病

1. 鸡球虫病

鸡球虫病是由艾美耳属的多种球虫引起的以寄生在鸡的小肠和盲肠黏膜上皮细胞的一种急性流行性寄生虫病，2～6周龄雏鸡易感染。

(1) 病原　鸡球虫是一种原虫，世界上共报道有13种之多。对养禽业危害较大的有两种：一种是盲肠黏膜内艾美耳球虫，主要对雏鸡造成危害；另一种是寄生在小肠黏膜内的毒害艾美耳球虫，主要对青年鸡和成年鸡造成危害。球虫卵囊对外界抵抗力很强，一般化学消毒剂不易杀灭卵囊。

(2) 流行病学　本病多发生于3月龄以下的幼年鸡，15～50日龄雏鸡最易感，多发季节是每年4～9月，6～7月发病最为严重。

(3) 临床症状　病鸡精神沉郁，活动减少，食欲减退，逐渐瘦弱，粪便中带血。青年鸡和成年鸡有的可耐过，生产性能受到较大影响。

（4）病理变化　艾美耳球虫主要侵害盲肠，盲肠主要有以下变化：盲肠扩张充满气体，肠壁增厚，黏膜发炎，肠腔内有红色、暗红色血液或干酪样物（彩图 32）。艾美耳球虫主要侵害小肠中段，肠管肿大，肠壁增厚，黏膜上有出血点。

（5）诊断　根据流行特点、症状、病理变化可做出初步诊断。取鸡粪便，用饱和盐漂浮法检查，发现球虫卵囊即可确诊。鸡球虫病主要应和组织滴虫病进行区别，组织滴虫病引起盲肠和肝脏病理变化，盲肠肿胀，肠壁增厚、充血，渗出物发生干酪化，形成干酪样盲肠肠心。肝脏肿大、呈紫褐色，表面出现黄色或黄绿色的圆形下凹形病灶。

（6）防治措施　可进行疫苗和药物双重防治，做好环境卫生工作。防治药物有很多，主要有氯苯胍、氨丙啉、克球粉、速丹、呋喃唑酮等。进行药物防治时要掌握好剂量，每种药物治疗 1～2 个疗程后，要改用另一种药物治疗，防止球虫对药物产生耐药性。

2. 鸡绦虫病

（1）病原　棘沟赖利绦虫和四角赖利绦虫是大型绦虫，两者外形和大小很相似，长 25 厘米，宽 1～4 毫米。棘沟赖利绦虫头节上的吸盘呈圆形，上有 8～10 列小钩，顶突较大，上有钩 2 列，中间宿主是蚂蚁。四角赖利绦虫头节上的吸盘呈卵圆形，上有 8～10 列小钩，颈节比较细长，顶突比较小，上有 1～3 列钩，中间宿主是蚂蚁或家蝇。有轮赖利绦虫较短小，头节上的吸盘呈圆形，无钩，顶突宽大肥厚，形似轮状，突出子虫体前端，中间宿主是甲虫。棘沟赖利绦虫和四角赖利绦虫的虫卵包在卵囊中，每个卵囊内含 6～12 个虫卵。有轮赖利绦虫的虫孵也包在卵囊中，每个卵囊内含 1 个虫卵。

（2）临床症状　由于棘沟赖利绦虫等各种绦虫都寄生在鸡的小肠，用头节破坏了肠壁的完整性，引起黏膜出血，肠道炎症，严重影响消化功能。病鸡表现为下痢，粪便中有时混有血样黏液。轻度感染造成雏鸡发育受阻，成年鸡产蛋量下降或停止。寄生绦虫量多

时，可使肠管堵塞，肠内容物通过受阻，造成肠管破裂和引起腹膜炎。绦虫代谢产物可引起鸡体中毒，出现神经症状。病鸡食欲缺乏，精神沉郁，贫血，鸡冠和黏膜苍白，极度衰弱，两足常发生瘫痪，不能站立，最后因衰竭而死亡。

① 幼年鸡严重，成年鸡较轻。

② 病鸡精神不振，食欲早期增加，当自体出现中毒时，食欲减退，但饮欲增加，消瘦贫血，羽毛松乱，排白色带有黏液和泡沫的稀粪，混有白色绦虫节片。

③ 严重感染时，部分病例常有进行性麻痹，从两脚开始，逐渐波及全身，即出现瘫鸡，有时部分病例经过一段时间后鸡体中毒症状解除后不治自愈，但影响将来的生产性能。

④ 成年鸡感染本病一般不显症状，但影响免疫疫苗时抗体的产生，严重时，产蛋量下降或产蛋率上下浮动，个别严重病例出现腹腔积水即水档鸡和神经症状即瘫鸡，常因激发感染细菌或病毒而衰竭死亡。

（3）剖检变化

① 脾脏肿大。肝脏肿大呈土黄色，往往出现脂肪变性，易碎，部分病例腹腔充满腹水。

② 小肠黏膜呈点状出血，严重者，虫体阻塞肠道。

③ 部分病例肠道生成类似于结核病的灰黄色小结节。

④ 因长期处于自体中毒而出现营养衰竭和抗体产生抑制现象，成年鸡往往还表现卵泡变性坏死等类似于新城疫的病理现象。

（4）病理变化　剖检可以从小肠内发现虫体。肠黏膜增厚，肠道有炎症，肠道有灰黄色的结节，中央凹陷，其内可找到虫体或黄褐色干酪样栓塞物。

（5）诊断　鸡绦虫病的诊断常用尸体剖检法。剪开肠道，在充足的光线下，可发现白色带状的虫体或散在的节片。如把肠道放在一个较大的带黑底的水盘中，虫体就更易辨认。因绦虫的头节对种类的鉴定是极为重要的，因此要仔细寻找。剥离头节时，可用外科刀深割下那块带头节的黏膜，并在解剖镜下用两根针剥离黏膜。对细长的膜壳绦虫，必须快速挑出头节，以防其自解。

拣出的绦虫成虫，可用下述方法处理后观察。

① 将头节和虫体末端部的孕卵节直接（不需固定）放入乳酸苯酚液中，透明后在显微镜下观察。乳酸苯酚液的成分为乳酸1份、石炭酸1份、甘油2份、水1份。为了在高倍镜下检查头节上的小钩，可在载玻片上滴加一滴Hoyer氏液使头节透明。Hoyer氏液的配制：在室温下依次加入50毫升蒸馏水，30克阿拉伯胶，200克水合氯醛和20克甘油。有时为了及时诊断，可用生理盐水或常用水做成临时的头节压片，立即可作出鉴定。

② 取成熟节片直接（不经固定）置于醋酸洋红液中染色4～30分钟，移入乳酸苯酚液中透明，然后在显微镜下观察。醋酸洋红液的配制法：用45%醋酸配制的洋红饱和溶液97份，再加用冰醋酸配制的醋酸铁饱和液3份。醋酸洋红液需现用现配。

虫种的鉴别，还需要测量节片的长度和宽度，头节（在高倍镜下）顶突或吸盘钩（在油镜下）以及虫卵的大小和六钩蚴的钩长（在高倍镜下）。

通过对活禽的粪检可找到白色小米粒样的孕卵节片。某些绦虫（如膜壳绦虫）的虫卵可散在粪便的涂片中。

（6）防治措施　由于鸡绦虫在其生活史中必须要有特定种类的中间宿主参与，因此预防和控制鸡绦虫病的关键是消灭中间宿主，从而中断绦虫的生活史。集约化养鸡场，采取笼养的管理方法，使鸡群避开中间宿主，这可以作为易于实施的预防措施。使用杀虫剂消灭中间宿主是比较困难的。

经常清扫鸡舍，及时清除鸡粪，做好防蝇灭虫工作。幼年鸡与成年鸡分开饲养，最后采用全进全出制。制止和控制中间宿主的滋生，饲料中添加环保型添加剂，如在流行季节里饲料中长期添加环丙氨嗪（一般按5克/吨全价饲料）。定期进行药物驱虫，建议在60日龄和120日龄各预防性驱虫1次。

当鸡发生绦虫病时，必须立即对全群进行驱虫。常用的驱虫药有以下几种。

① 硫双二氯酚（别丁，Bithionol），鸡每千克体重 150～200 毫克，以 1∶30 的比例与饲料配合，一次投服。

② 氯硝柳胺（灭绦灵，Niclosamide），鸡每千克体重 50～60 毫克，一次投服。

③ 吡喹酮（Praziguentel），鸡每千克体重 10～15 毫克，一次投服，可驱除各种绦虫。

④ 丙硫苯咪唑（Albendazolum），鸡每千克体重 10～20 毫克，一次投服。

⑤ 氟苯哒唑（Flubendazolu），鸡按 3×10^{-5} 浓度混入饲料，对棘沟赖利绦虫有效，其驱虫率可达 92%。

⑥ 羟萘酸丁萘脒（Bunamidine hydroxynaphthoate），鸡按每千克体重 400 毫克，一次投服，对赖利绦虫有效。

3. 鸡蛔虫病

鸡蛔虫病是一种常见的肠道寄生虫病。在大群饲养情况下，雏鸡常由于患蛔虫病而影响生长发育，严重的引起死亡。

（1）病原　蛔虫可以在鸡体内交配、产卵，虫卵可以在鸡体内生长也可以随粪便被排出体外，地面上的虫卵被鸡啄食后进入体内造成鸡群感染。从吞食虫卵到发育成虫，需要 35～58 天。成年蛔虫虫体呈黄白色，雄虫长 50～76 毫米，雌虫长 60～116 毫米。

（2）临床症状　幼年鸡患病表现为食欲减退，生长迟缓，呆立少动，消瘦虚弱，黏膜苍白、羽毛松乱，两翅下垂，胸骨突出，下痢和便秘交替，有时粪便中有带血的黏液，以后逐渐消瘦而死亡。成年鸡一般为轻度感染，严重感染的表现为下痢、日渐消瘦、产蛋下降、蛋壳变薄。

（3）剖检变化　当剖解死鸡时，小肠内常发现大小如细豆芽样的线虫，堵塞肠道。虫体少则几条，多则数百条。肠黏膜发炎、水肿、充血。

（4）诊断方法

① 驱虫诊断。用驱虫药进行驱虫诊断，如发现鸡排出蛔虫即可确诊有蛔虫；方法是选取数只生长不良、消瘦的雏鸡，用驱蛔灵

或驱虫净（四咪唑）饲服，驱蛔灵的用量是每千克体重200～300毫克。

② 杀鸡诊断。如有必要还可杀鸡检查肠道情况，发现蛔虫即可诊断有蛔虫病。

（5）防治措施　做好鸡舍内外的清洁卫生工作，经常清除鸡粪及残余饲料，小面积地面可以用开水处理。料槽等用具经常清洗并且用开水消毒。蛔虫卵在50℃以上很快死亡，粪便经堆沤发酵可以杀死虫卵，蛔虫卵在阴湿地方可以生存6个月。鸡群每年进行1～2次服药驱虫。

治疗方法如下。

① 竹叶花椒15克，文火炒黄研末，每只鸡每次0.02克拌料喂，每天2次，连喂3天。

② 烟草切碎15克，文火炒焦研碎，按2%比例拌入饲料，每天2次，连喂3～7天。

③ 左旋咪唑片剂，每千克体重口服38～48毫克（有效成分）/天。

4. 鸡组织滴虫病

组织滴虫病又名盲肠肝炎或黑头病，是鸡和火鸡的一种原虫病，由组织滴虫寄生于盲肠和肝脏引起，以肝的坏死和盲肠溃疡为特征，也发生于野雉、孔雀和鹌鹑等鸟类。

（1）病原　组织滴虫病的病原是组织滴虫，它是一种很小的原虫。这种原虫有两种形式：一种是组织型原虫，寄生在细胞里，虫体呈圆形或卵圆形，没有鞭毛，大小为6～20微米；另一种是肠腔型原虫，寄生在盲肠腔的内容物中，虫体呈阿米巴状，直径为5～30微米，具有一根鞭毛，在显微镜下可以看到鞭毛的运动。随病鸡粪排出的虫体，在外界环境中能生存很久，鸡食入这些虫体便可感染。但主要的传染方式是通过寄生在盲肠的异刺线虫的卵而传播。当异刺线虫在病鸡体寄生时，其中卵内可带上组织滴虫。异刺线虫卵中约有0.5%带有这种组织滴虫。这些虫在线虫卵的保护下，随粪便排出体外，在外界环境中能生存2～3年。当外界环境

条件适宜时，则发育为感染性虫卵。鸡吞食了这样的虫卵后，卵壳被消化，线虫的幼虫和组织滴虫一起被释放出来，共同移行至盲肠部位繁殖，进入血流。线虫幼虫对盲肠黏膜的机械性刺激，促进盲肠肝炎的发生。组织滴虫钻入肠壁繁殖，进入血流，寄生于肝脏。

（2）临床症状　本病的潜伏期一般为15～20天。病土鸡精神委顿，食欲缺乏，缩头，羽毛松乱。头皮呈紫蓝色或黑色，所以叫黑头病。病情发展下去，患病活鸡精神沉郁，单个呆立在角落处，站立时双翼下垂，眼闭，头缩进躯体，卷入翅膀下，行走如踩高跷步态。病程通常有两种：一种是最急性病例，常见粪便带血或完全血便；另一种是慢性病例，患病土鸡排淡黄色或淡绿色粪便，这种情况鸡很少见。较大的土鸡慢性病例一般表现消瘦，土鸡体重减轻，鸡很少呈现临床症状。感染组织滴虫后，引起白细胞总数增加，主要是异嗜细胞增多，但在恢复期单核细胞和嗜酸性粒细胞显著增加，淋巴细胞、嗜碱性细胞和红细胞总数不变。

（3）病理变化　组织滴虫病的损害常限于盲肠和肝脏，盲肠的一侧或两侧发炎、坏死，肠壁增厚或形成溃疡，有时盲肠穿孔、引起全身性腹膜炎，盲肠表面覆盖有黄色或黄灰色渗出物，并有特殊恶臭。有时这种黄灰绿色干酪样物充塞盲肠腔，呈多层的栓子样。外观呈明显的肿胀和混杂有红、灰、黄等颜色。肝出现颜色各异、不整圆形稍有凹陷的溃疡状灶，通常呈黄灰色，或是淡绿色。溃疡灶的大小不等，一般为1～2厘米的环形病灶，也可能相互融合成大片的溃疡区。经过治疗或发病早期的雏火鸡，可能不表现典型病变，大多数感染鸡群通常只有剖检足够数量的病死禽只，才能发现典型病理变化。

（4）诊断　本病根据以下特征不难诊断：一是鸡常排出淡黄色或淡绿色粪便。取病鸡粪便作显微镜检查，在粪便中发现虫体；二是通过剖检病鸡发现典型病变；三是将病变边缘刮落物作涂片，或在肝病变组织切片中，在镜下可发现虫体。

（5）防治措施　由于组织滴虫的主要传播方式是以盲肠体内的异刺线虫虫卵为媒介，所以有效的预防措施是排除蠕虫卵，减少虫卵的数量，以降低这种病的传播感染。因此，在进鸡以前，必须清除禽舍杂物并用水冲洗干净，然后严格消毒。严格做好禽群的卫生管理，饲养用具不得乱用，饲养人员不能串舍，免得互相传播疾病，及时检修供水器，定时移动饲料槽和饮水器的位置，以减少局部地区湿度过大和粪便堆积。用驱虫净定期驱除异刺线虫，用药量每千克体重 40～50 毫克。

四、中毒病及其他

随着集约化养鸡业的发展，各种疾病也随之增多，运用药物预防和治疗疾病已成为养鸡场（户）的普遍手段。但是，由于工作人员对一些药物的药理特性、药物的用药时间、剂量和疗程掌握得不够准确；对疾病的对症下药运用失误或者是由于一些剧毒农药管理不严等诸多原因导致的鸡群药物中毒现象病时有发生，给养鸡户（场）造成了巨大的经济损失。虽然鸡群的中毒病与其他传染病不同，但是所造成直接经济损失却是相似的。一方面有些慢性中毒饲料使得鸡群利用率降低、生长发育不良、生产性能或产蛋率下降。另一方面有些鸡群因慢性蓄积性中毒或者是急性中毒可导致大批死亡。因此，集约化养鸡的中毒病也必须引起高度重视。

1. 喹乙醇中毒

喹乙醇是十几年来在我国畜牧养殖业生产中被广泛应用的一种抗菌、促生长性化学药物，但是鸡群特别是雏鸡和成年鸡对喹乙醇尤为敏感，极易引起中毒。

（1）临床症状及病理变化　患病鸡群急性中毒者突然死亡；慢性中毒者精神萎靡、呆立嗜睡、食欲下降或废绝、排绿黄色稀粪、流涎、产蛋量下降，畸形蛋或软壳蛋增多，鸡冠和肉髯发绀、行走摇摆，状似醉酒；有的患鸡呈现角弓反张症状。病理剖检可见消化道尤其是十二指肠呈弥漫性出血、充血；肝肿大、质地脆弱，胆囊充盈；心冠脂肪及心外膜有出血点，泄殖腔严重出血。

（2）中毒原因

① 对喹乙醇的药理学知识认识不足，通常情况下喹乙醇在防

治细菌性疾病时治疗量，内服20～30毫克/千克，每天1次，连用3天；预防用量，每吨饲料添加15～35克，连用1周。如果盲目增大剂量或使用时间过长都易引起鸡群发生中毒。

② 由于鸡群对喹乙醇特别敏感，平常使用剂量也比较小，因此，当作为饲料添加剂时必须计量准确、混合均匀。如果在拌料时搅拌不匀就容易引发鸡群发生中毒。另外，这种药不溶于水，但是在实践中有些养鸡人员贪图省事，将喹乙醇作为饮水投药，致使部分药物沉积在水底被鸡群饮用后，引起部分鸡群发生中毒。此外，几种含有喹乙醇的饲料同用，也极易因重复用药而导致中毒。

(3) 防治对策

喹乙醇中毒目前尚无特效解毒药物，其防治对策应注意以下几点。

① 在使用喹乙醇时准确掌握用药剂量。同时还要准确掌握用药的程序、用药时间和疗程，切忌大剂量、长时间反复用药。

② 在喂药、投药时，一定要将喹乙醇和饲料及其他载体充分搅拌均匀。具体方法是先用少量的饲料和定量的喹乙醇混合均匀，然后再用一定量的饲料和先前预混好的药料再次充分搅拌均匀，照此方法反复数次，直到将全部饲料搅拌完毕为止。另外，严禁将喹乙醇放入水中给鸡喂服。

③ 如果鸡群发生中毒应立即停止喂药，同时给患鸡喂服5%葡萄糖和维生素C（剂量按说明），对中毒有一定的缓解作用。对病情比较重的鸡群可用石膏30克、瓜篓30克、芦根50克、绿豆50克、石角20克，水煎2次，将2次药液混合后，供100只患鸡一天服用。

2. 马杜拉霉素中毒

(1) 临床症状及病理变化　中毒较轻者表现为食欲缺乏，互相啄羽，精神沉郁，死亡较少；严重者表现突然死亡，未死患鸡也表现精神极度沉郁，食欲废绝，鸡脖后扭转圈或两腿僵硬后伸，有的胸部伏地，少数患鸡兴奋异常，乱扑狂舞，原地转圈，后期两腿瘫痪，倒地死亡。剖检可见胸肌、腹肌、腿肌均有程度不同的充血出血；肝脏肿大，质地脆弱，有出血斑点；心脏表面有出血点和灰白色斑点；肠黏膜肿胀出血特别是十二指肠呈弥漫性出血。

（2）中毒原因

① 剂量不准、用量过大。马杜拉霉素是抗球王、灭球灵、克球皇等多种抗球虫子药物的有效成分，鸡群特别是雏鸡对此药比较敏感。一般情况下马杜拉霉素的用量：治疗用量按0.02%～0.04%的剂量在饲料中添加，连用3～5天；预防用量按0.01%～0.02%的剂量在饲料中添加，连用5～7天。因此，在生产中一定要严格控制剂量，切不可为了尽快康复，缩短疗程而盲目加大用量。

② 马杜拉霉素不溶于水，不能撒入水中给鸡饮服。在拌料喂药时也要按照上述喹乙醇的拌料方法进行，如果搅拌不均匀，就容易引起鸡群发生中毒。

③ 在用药之前要了解清楚所购买的饲料是否已添加了一定量的马杜霉素，如果已经添加，在使用时一定要慎重，切不可重复用药造成中毒。

（3）防治对策　由于目前对本药物中毒尚无特效解药，因此在防治时一定要遵以下原则：第一是一旦发现中毒现象，立即停止用药；第二是给患鸡饮用5%的葡萄糖或喂服维生素C，同时配合使用10%碳酸氢钠溶液，对病情严重者要直接肌内注射维生素C；第三是在混合用药时要注意与其他药物联合应用产生中毒。因为马杜拉霉素不能与某些磺胺类药物（如盐霉素、甲基盐霉素、牧宁菌素与磺胺二甲嘧啶、磺胺喹啉、磺胺氯嗪等）联合使用，否则就易发生药物中毒。因此，这些药物尽量避免同时使用。

3. 呋喃唑酮中毒

（1）临床症状及病理变化　病鸡精神沉郁、呆滞，羽毛蓬乱，两翅下垂，闭眼嗜睡，排黄色稀粪，采食量减少或食欲废绝，呼吸缓慢，站立不稳，有时头颈伸直，以喙尖触地，部分患鸡呈现不时摇头、转圈鸣叫、兴奋抽搐等神经症状，最后昏迷而死。剖检可见

口腔、胃、小肠等消化道可视黏膜黄染，内有黄色泡沫及液体状黏稠液体，肠黏膜充血、出血、变黄，肠管浆膜面呈黄褐色；心肌发硬，肝脏瘀血、肿大、胆囊充盈，肾脏也不同程度地肿大、充血。

（2）中毒原因

① 用药剂量超标，时间过长。通常情况下呋喃唑酮的用药标准：治疗剂量在饲料中按0.03%～0.04%的比例添加或按10～12毫克/千克内服，预防剂量是在饲料中按0.01%～0.02%的比例添加。但无论是治疗还是预防，其用药时间都不能超过5～7天，否则很容易引发中毒。

② 呋喃唑酮也不溶于水，因此不能作为水溶药物添加在水中让鸡饮用，只能和饲料混合让鸡服用。但是，在药物和饲料混合过程中一定要严格按照混合程序搅拌均匀。如果搅拌不匀就可能造成中毒。

（3）防治对策　由于呋喃唑酮中毒目前尚无有效的治疗方法。因此，防治对策应注意以下几点。第一是一旦发现鸡群中毒要立即停止给药，更换新鲜饲料，以防止中毒继续发生。第二是给患鸡饮用5%葡萄糖水，也可以用0.01%～0.05%的高锰酸钾溶液，同时配合使用维生素C和维生素B_1、维生素B_2。对病重鸡群要将维生素C和维生素B_1混合肌内注射。其具体用量，维生素C 1.0～2.0毫克/千克体重，维生素B_1 0.1～0.2毫克/千克体重，连用3天，每天2次。第三也可以给患鸡口服硫酸镁，以促进排出毒素，减少中毒。

4. 磺胺类药物中毒

（1）临床症状及病理变化　病鸡精神沉郁、全身虚弱、食欲缺乏或废绝，饮水增加，缩头卧地，呼吸急促；鸡冠和肉髯黄染，或可视黏膜黄染，苍白贫血，翅下有皮疹，粪便呈酱油色，有时也呈灰白色（这是因为磺胺类药物影响肠道微生物对维生素K和B族维生素的合成）；产蛋鸡的产蛋量急剧下降，同时还出现沙皮蛋、软壳蛋等畸形蛋（这是由于磺胺类药物影响碳酸盐的形成和分泌）。病理剖检可见，皮下、胸肌及大腿内侧肌肉斑状出血，血液凝固不良；肝脏肿大，质地脆弱，呈紫红色或黄褐色，有出血斑点；肾脏肿大4～5倍，呈土黄色，有出血斑点；输尿管变粗且充满白色尿酸盐，腺胃黏膜、肌胃角质膜下及小肠黏膜出血；有时可见关节囊腔内也有少量的尿酸盐沉积。

（2）中毒原因　应用剂量过大和使用不当。一般情况下磺胺类药物的混饲量为0.1%～0.2%，3～5天为1个疗程，第1个疗程结束后应停药3～5天再开始下1个疗程。由于磺胺类药物的种类很多，因此，养鸡户在用药时都要准确掌握每一种磺胺类药物的安全剂量，如果随意加大剂量就会发生中毒。例如，磺胺二甲嘧啶按1.25%混料饲料喂中鸡能使其体重减轻、生长缓慢。小鸡、产蛋鸡、体弱多病鸡对磺胺类药物更敏感，应慎重使用或禁用。

（3）防治对策　磺胺类药物中毒目前尚无特效药。在防治时应注意以下几点。第一要了解和掌握本药物系列产品的特性、剂量、疗程和配伍禁忌，做到科学合理用药；第二是在配料时要搅拌均匀，水溶性磺胺类药物在用药时一定要做到充分溶解；第三是一旦发现鸡群中毒应立即停止服喂带有磺胺类药物的饲料，保证供给充足的饮水，同时在水中加入0.5%～1%碳酸氢钠、葡萄糖、维生素C等药物。也可以在饲料中加入维生素C 0.2克，维生素K 5毫克，连续用药数日其症状基本消失。

5. 食盐中毒

（1）临床症状　鸡群发生食盐中毒后主要表现精神萎靡、食欲缺乏、饮水增加，随着病情发展，患鸡出现腹泻，由于食盐能改变血液的渗透压，在时出现神经过敏、惊厥、麻痹等症状。

（2）中毒原因

① 饲料搭配不当，含盐量过高。食盐虽然是鸡日粮中不可缺少的一种矿物质，但是鸡群对食盐十分敏感，用量稍大就容易发生中毒。一般情况下成年鸡每天每只用量为0.5～1克，幼年鸡饲料中食盐量为0.3%～0.5%，如果幼龄鸡饲料中含6%～8%的食盐可引起明显的口渴；当达到10%以上时可致大批死亡；当饮水中

食盐浓度为0.9%时几天内鸡群死亡率可达100%，所以食盐用量过大是造成中毒的主要原因。

② 鱼粉或其他富含食盐的副产品含量过高。在饲料中加入含盐量过高的鱼粉（主要是含盐量较高的劣质鱼粉）或其他富含食盐的副产品（主要是指酱渣、咸菜渣等腌制食品下脚料），超过了鸡所需的摄入量。

（3）防治对策　首先是要了解清楚使用的饲料中含盐量，然后准确计算所需添加食盐量；其次是要立即停止饲喂含盐量超标的饲料，对轻度和中度中毒的病鸡要供给充足的清洁饮水，症状可逐渐转好。对严重中毒的鸡群，要适当控制饮水，因为饮水太多会促进食盐的吸收扩散，可导致病鸡组织水肿和脑水肿，使症状加剧，死亡增多，可每隔1小时让其饮水10～20分钟。

6. 黄曲霉毒素中毒

黄曲霉毒素是黄曲霉菌某些菌株的代谢产物，广泛存在于各种发霉变质的饲料中，特别是花生饼、玉米、豆饼、小麦等。由于受潮、受热而发霉变质后，霉菌大量繁殖，其中主要是黄曲霉菌及其毒素。鸡吃了这些发霉变质的饲料即引起中毒。这种病多发生于雏鸡特别是6周龄以内的雏鸡，只要饲料中含有微量黄曲霉毒素就能引起急性中毒。成年鸡的饲料中含有黄曲霉毒素，一般引起慢性中毒。对黄曲霉毒素中毒目前无特效治疗药物。因此，严禁饲喂发霉变质的饲料是预防这种病的根本措施，一旦发现中毒时要立即更换饲料，加强护理。对急性中毒的雏鸡要配合饮用5%葡萄糖水，有轻微的保肝解毒作用。

7. 恩诺沙星中毒

（1）临床症状及病理变化　恩诺沙星是广谱抗生素，对很多细菌有很好的杀灭作用，但是用量过大就容易发生中毒。中毒鸡群主要表现采食量突然减少，病雏站立困难，卧地不起，伸颈张口，发出微弱的鸣叫，有的腹泻，死亡较快。病理剖检可见肝叶边缘为灰色坏死，肝表面有散在出血点。嗉囊充满食物、水和气体，腺胃黏膜脱落，有的病鸡十二指肠黏膜有出血斑点，肾脏呈暗红色瘀血。

（2）中毒原因　恩诺沙星中毒的主要原因是超剂量、长时间使用，一般情况下恩诺沙星的准确用量为20000毫升水加盐酸恩诺沙星原粉1克饮水给药，如果超剂量、长时间使用就容易引发中毒。

（3）防治对策　一是立即停止饮用恩诺沙星溶液。二是全部患鸡服用5%的葡萄糖水，同时配合使用0.1%维生素C饮水，每天2次；在饲料中添加2倍量的电解多维饲喂，这样能很快控制病情，使鸡群恢复健康。

8. 肉毒梭菌毒素中毒

（1）临床症状及病理变化　病鸡精神沉郁，两眼半闭，呆立嗜睡，两腿软弱无力，不能站立，腿、翅、颈麻痹，头颈无力伸直，易跌倒；严重的全身瘫痪。有的出现腹泻，排出绿色粪便；病鸡一旦发生肉毒梭菌中毒，死亡速度很快，日死亡率很高，一般情况下在出现症状后4～5小时内死亡。病理剖检可见：心肌及脑组织上出现出血点，小肠呈现出血性肠炎，泄殖腔中有尿酸盐沉积。

（2）中毒原因　肉毒梭菌毒素中毒是由于肉毒梭菌在生长繁殖过程中的代谢产物和所产生的毒素而引起的鸡群中毒。通常情况下肉毒梭菌广泛存在于自然界，这种菌本身并不会引起任何疾病，但是这些细菌在腐败的肉类、畜禽、鱼类、昆虫及老鼠的尸体内产生很强的毒素。鸡群中毒主要是由于使用了含有肉毒梭菌毒素的鱼粉等动物性饲料而造成的。

（3）防治对策　一旦发现中毒要立即停止饲喂原来的饲料，对病情较轻者要逐只滴服5%硫酸镁，对病情严重者要饮用5%葡萄糖水加链霉素（2000单位/只）。

9. 有机磷中毒

有机磷是农药的主要成分。造成鸡群中毒的原因多半是有机磷农药没有妥善保管，混入鸡饲料；在鸡舍中有机磷作为杀虫剂使用时，剂量过大或者是由于坏人投毒而造成鸡群大批死亡。鸡群中毒

以后主要表现为：患鸡神经高度兴奋，瞳孔收缩，肌肉震颤，呼吸加快，平滑肌痉挛，腹泻，过量后常因呼吸中枢抑制窒息而死。在生产中常用的解毒药有阿托品、解磷定、氯解磷定、双复磷、双解磷等。

[1] 尹兆正，李肖梁，李震华．优质土鸡养殖技术[M]．北京：中国农业大学出版社，2002.
[2] 魏刚才．土鸡高效健康养殖技术[M]．北京：化学工业出版社，2010.
[3] 李连任．散养土鸡实用技术[M]．北京：中国农业科学技术出版社，2014.
[4] 朱国生．土鸡饲养技术指南[M]．北京：中国农业大学出版社，2003.
[5] 赵红梅．优质土鸡养殖技术 100 问[M]．北京：中国农业出版社，2015.
[6] 周建强．科学养鸡技术[M]．合肥：安徽科学技术出版社，2011.
[7] 张大龙，王继英．土鸡饲养技术问答[M]．北京：中国农业大学出版社，2003.
[8] 吴依凡．土鸡饲养新技术[M]．北京：中国农业科学技术出版社，2011.
[9] 朱国生，石传林．土鸡饲养技术指南[M]．北京：中国农业大学出版社，2010.
[10] 魏刚才，刘俊伟．山林果园散养土鸡新技术[M]．北京：化学工业出版社，2011.
[11] 白献晓，任巧玲，王治方．鸡养殖技术精编[M]．郑州：中原农民出版社，2008.
[12] 魏刚才，张遂平．高效养土鸡[M]．北京：机械工业出版社，2014.
[13] 何俊．果园山地散养土鸡实用技术[M]．长沙：湖南科学技术出版社，2015.
[14] 王长康．土鸡健康养殖技术[M]．福州：福建科学技术出版社，2014.
[15] 魏刚才，张遂平．鸡病快速诊断与防治技术[M]．北京：机械工业出版社，2015.
[16] 陈宗刚．果园林地散养土鸡你问我答[M]．北京：机械工业出版社，2014.
[17] 赵昌廷．土鸡规模化放养新技术[M]．北京：中国农业科学技术出版社，2014.
[18] 陈宗刚，李惠和．果园山林散养土鸡[M]．北京：科学技术文献出版社，2015.
[19] 赵昌廷，王泉．林地放养土鸡新技术[M]．北京：中国农业科学技术出版社，2012.
[20] 李连任．土鸡生态放养关键技术问答[M]．北京：化学工业出版社，2016.
[21] 席克奇，曲祖一．鸡病鉴别诊断与防治[M]．北京：科学技术文献出版社，2005.

化学工业出版社同类优秀图书推荐

ISBN	书名	定价(元)
28821	土鸡(柴鸡)生态高效养殖与疾病防治	38
28681	新编肉鸡饲料配方600例(第二版)	38
27712	林地养鸡疾病防治技术	29
27738	一本书读懂安全养肉鸡	36
27756	实用山鸡高效养殖技术	20
26891	肉鸡快速饲养诀窍	30
26370	蛋鸡高产饲养法	35
26530	土鸡生态放养关键技术问答	25
26196	鸡病防治及安全用药(全彩)	68
25605	怎样科学办好中小型鸡场(第二版)	45
25642	四季识鸡病及鸡病防控(第二版)	29
25827	现代鸡病防制实战技术问答	35
23925	肉鸡规模化健康养殖与疾病诊治指南	35
23502	养蛋鸡高手谈经验	28
22672	零起点学办肉鸡养殖场	35
22744	鸡场卫生、消毒和防疫手册	35
22178	鸡的行为与精细饲养管理技术指南	30
22125	图解蛋鸡的信号与饲养管理	35

续表

ISBN	书名	定价(元)
22126	图解肉鸡的信号与饲养管理	25
21860	鸡传染病形态学诊断与防控	45

邮购地址：北京市东城区青年湖南街13号　化学工业出版社(100011)

服务电话：010-64518888/8800（销售中心）

如要出版新著，请与编辑联系。

编辑联系电话：010-64519829，E-mail：qiyanp@126.com。

如需更多图书信息，请登录 www.cip.com.cn。